材料疲劳损伤行为的
先进光源表征技术

Characterization of Material Fatigue Damage
via Advanced Light Source Tomography

吴圣川　胡雅楠　康国政　著

科学出版社

北　京

内 容 简 介

　　为充分利用先进光源实现材料缺陷演化及损伤行为的准定量表征，兼容于先进光源成像线站的原位加载机构的研制为力学工作者和材料科学家提供了前所未有的机遇，进而能够建立基于材料表面/亚表面和内部微观结构特征的更加准确的服役寿命模型和更为完善的强度评价方法。本书是在总结了著者近年来基于同步辐射成像技术研究铝合金熔焊接头和钛合金增材制件缺陷行为成果的基础上完成的，也是著者团队围绕"实验方法+仿真模拟+理论模型"等三个科学目标的初步系统性总结。

　　本书适合材料研发、结构设计及可靠性评价等专业的研究生、科研院所教师及工程技术人员参考使用。

图书在版编目(CIP)数据

材料疲劳损伤行为的先进光源表征技术/吴圣川，胡雅楠，康国政著.
—北京：科学出版社，2018.12
ISBN 978-7-03-060299-2

Ⅰ. ①材… Ⅱ. ①吴… ②胡…③康… Ⅲ. ①同步辐射–放射线发光–应用–金属材料–无损检验 Ⅳ. ①TG115.28

中国版本图书馆 CIP 数据核字(2018) 第 297751 号

责任编辑：刘信力／责任校对：邹慧卿
责任印制：吴兆东／封面设计：无极书装

科学出版社 出版
北京东黄城根北街 16 号
邮政编码：100717
http://www.sciencep.com

北京虎彩文化传播有限公司 印刷
科学出版社发行　　各地新华书店经销
＊
2018 年 12 月第 一 版　　开本：720×1000　1/16
2020 年 3 月第二次印刷　印张：15 3/4
字数：307 000
定价：168.00 元
(如有印装质量问题，我社负责调换)

序

  金属材料在循环载荷作用下的力学响应和裂纹萌生与扩展特性，对于工程结构抗疲劳设计及服役性能评价至关重要。长期以来，科学家通过表征表面裂纹长度和辨识疲劳断口来揭示小试样的破坏机理，依此预测大块金属材料的损伤行为，进而建立工程部件的设计及评价模型。随着对材料损伤机制的认识不断深入，人们迫切希望透过"自由表面"看清"内部世界"，从而建立基于材料表面/亚表面/内部微观结构特征的更加准确的服役寿命模型和更为完善的强度评价方法。近十年来，以第三代同步辐射光源为代表的先进光源成像技术为研究材料内部损伤行为提供了全新的研究手段。同步辐射光源是真空中接近光速运动的带电粒子 (如电子) 在轨道切线上发射出的电磁波，具有高亮度、高精度、宽频谱、窄脉冲、强穿透和无损伤等优异特性，是开展各种物质微结构原位、动态、无损和可视化研究的超级显微镜和精密探针。为实现材料缺陷演化及损伤机制的准定量观测，科学家研制出兼容于先进光源成像的多种原位加载机构，为基于成像大数据的含缺陷部件损伤行为的研究提供了前所未有的机遇。

  本书从实验技术开发、理论模型建立和仿真模拟预测等三大方面对材料疲劳损伤行为的同步辐射表征技术进行了全面、详细的阐述。全书共六章：第 1 章为引言，简要分析了基于同步辐射成像技术研究材料疲劳损伤行为的意义和背景；第 2 章阐述了辐射源的产生、特点、应用及成像技术，并简要介绍了 X 射线自由电子激光和散裂中子源；第 3 章回顾了国内外原位加载试验装置的研制和应用，重点介绍了著者近年来在同步辐射成像原位加载机构的最新成果；第 4 章论述了著者在工程材料疲劳损伤建模方面取得的主要进展；第 5 章为利用三维图像处理软件对同步辐射成像获得的缺陷和裂纹重构和表征方法，从定性角度分析熔焊接头、增材制件和复合材料的疲劳损伤行为；第 6 章为基于同步辐射成像获得的海量图像数据，借助商业仿真软件模拟真实工况下材料损伤累积和演化规律，同时基于细观损伤力学，研究以气孔率为损伤变量的失效机制。鉴于这一领域的研究方兴未艾，本书仅为抛砖引玉，共同推进工程材料服役行为研究。

  著者感谢国家自然科学基金面上项目 (资助号：11572267) 和重点项目 (资助号：11532010)、四川省科学技术计划项目 (资助号：2017JY0216)、牵引动力国家重点实验室自主研究项目 (资助号：2018TP L_T03)、机械结构强度与振动国家重点实验室开放项目 (资助号：SV2016-KF-21) 的资助。感谢法国 INSA Lyon 大学的 Buffière J Y 教授、英国皇家工程院院士 Withers P J 教授和欧洲同步辐射光源的

Helfen L 博士的愉快合作，以及中国科学院上海同步辐射光源的肖体乔研究员、谢红兰研究员、付亚楠副研究员和张丽丽副研究员，中国科学院高能物理研究所的袁清习副研究员和黄万霞副研究员在同步辐射 X 射线成像合作研究中的大力支持。中国科学院高能物理研究所的朱佩平教授在百忙中认真审阅了全部书稿，并提出了宝贵建议和细致补正，使我们少犯常识性错误；东北大学谢里阳教授对改进的样本信息聚集方法进行了认真审阅，点出了诸多不准确之处，一并表示感谢。还要特别感谢浙江大学的蒋建中教授、中国科学院高能物理研究所的董宇辉教授、合肥同步辐射装置的高琛教授、大连理工大学的王同敏教授、上海同步辐射光源的邰仁忠教授、北京科技大学的王沿东教授和王连庆教授、中国航空制造技术研究院的陈俐研究员和张杰副研究员、上海交通大学的焦汇胜教授、中山大学的孙冬柏教授、中国科技大学的胡小方教授和许峰教授等给予的指导和愉快的交流。感谢参与相关课题研究的余啸、喻程、张思齐、宋哲、李存海、吴正凯、谢成、段浩、鲍泓翊玺和罗艳等。

　　本书是在总结了课题组八年来在基于同步辐射光源研究金属材料疲劳损伤行为相关成果的基础上完成的，较为全面地阐述了同步辐射成像技术特点、原位成像加载装置研发、疲劳损伤评价模型建立、材料损伤的成像表征方法以及基于成像数据的损伤评价等核心研究内容。围绕同步辐射 X 射线成像技术，著者力图在"实验方法＋仿真模拟＋理论模型"等三方面形成一个研究链路。但是，以同步辐射光源为代表的光子科学的蓬勃发展给研究人员带来的全新的研究思路和机遇愈加广阔，相关成果推陈出新，加之著者知识水平与认识能力有限，书中难免有疏漏甚至错误之处，恳请大家批评指正。

吴圣川　胡雅楠　康国政

2018 年 10 月 20 日

目　　录

第 1 章　引言 …………………………………………………………………………… 1

第 2 章　同步辐射成像技术 …………………………………………………………… 4

2.1　同步辐射光源 …………………………………………………………………… 4

　　2.1.1　同步辐射光源的产生 …………………………………………………… 4

　　2.1.2　同步辐射光的特性 ……………………………………………………… 5

　　2.1.3　同步辐射装置 …………………………………………………………… 6

2.2　同步辐射成像技术 ……………………………………………………………… 8

　　2.2.1　同步辐射成像线站 ……………………………………………………… 8

　　2.2.2　同步辐射探测器 ………………………………………………………… 9

　　2.2.3　基于衬度的成像技术 …………………………………………………… 10

　　2.2.4　图像伪影的形成 ………………………………………………………… 14

　　2.2.5　伪影消除方法 …………………………………………………………… 15

2.3　X 射线自由电子激光 …………………………………………………………… 19

　　2.3.1　自由电子激光技术 ……………………………………………………… 19

　　2.3.2　自由电子激光的特性 …………………………………………………… 20

　　2.3.3　自由电子激光的应用 …………………………………………………… 20

2.4　散裂脉冲中子源 ………………………………………………………………… 21

　　2.4.1　中子的产生及特点 ……………………………………………………… 21

　　2.4.2　织构及残余应力测量 …………………………………………………… 22

2.5　本章小结 ………………………………………………………………………… 27

参考文献 ………………………………………………………………………………… 27

第 3 章　原位成像加载装置 …………………………………………………………… 29

3.1　加载机构的发展 ………………………………………………………………… 30

3.2　原位拉伸试验机 ………………………………………………………………… 35

　　3.2.1　主功能设计 ……………………………………………………………… 36

　　3.2.2　拉伸试验方法 …………………………………………………………… 37

3.3　原位疲劳试验机 ………………………………………………………………… 38

　　3.3.1　主功能设计 ……………………………………………………………… 38

　　3.3.2　作动机构设计 …………………………………………………………… 40

　　3.3.3　夹持结构设计 …………………………………………………………… 46

        3.3.4　信号采集模块 ·· 49
        3.3.5　系统集成及调试 ·· 53
        3.3.6　疲劳试验方法 ·· 54
    3.4　环境控制模块 ·· 55
        3.4.1　低温疲劳行为 ·· 55
        3.4.2　高温疲劳行为 ·· 57
        3.4.3　温控装置设计 ·· 58
        3.4.4　温控疲劳试验机 ·· 62
    3.5　旋转弯曲加载机构 ·· 64
        3.5.1　加载模式 ·· 64
        3.5.2　主功能设计 ·· 66
        3.5.3　作动单元设计 ·· 67
        3.5.4　夹持单元设计 ·· 68
        3.5.5　载荷单元设计 ·· 68
    3.6　本章小结 ··· 69
    参考文献 ··· 69
第 4 章　疲劳损伤评价模型 ·· 72
    4.1　样本信息聚集原理 ·· 72
        4.1.1　疲劳数据建模方法 ·· 72
        4.1.2　(X-x-x-x) 型数据 ··· 76
        4.1.3　(x-x-x-x) 型数据 ··· 78
    4.2　改进的样本集聚方法 ··· 79
        4.2.1　数据建模的改进方法 ··· 79
        4.2.2　两种数据的建模改进 ··· 80
        4.2.3　疲劳曲线拟合的改进 ··· 82
        4.2.4　车轴疲劳寿命估算 ·· 84
        4.2.5　车辆焊接结构材料 ·· 96
    4.3　疲劳裂纹扩展模型 ··· 102
        4.3.1　裂纹扩展的唯象模型 ·· 102
        4.3.2　裂纹扩展的理论模型 ·· 104
        4.3.3　概率疲劳裂纹扩展模型 ·· 125
    4.4　本章小结 ··· 130
    参考文献 ··· 130
第 5 章　材料损伤的成像表征 ·· 137
    5.1　损伤提取与重构 ·· 137

5.2　缺陷信息统计 ··· 149

5.3　网格模型优化 ··· 153

5.4　铝合金的损伤行为 ··· 156

　　5.4.1　熔焊铝合金 ··· 156

　　5.4.2　非焊铝合金 ··· 168

5.5　增材材料的损伤行为 ··· 173

　　5.5.1　增材制造技术 ··· 174

　　5.5.2　钛合金材料 ··· 175

　　5.5.3　铝合金材料 ··· 179

　　5.5.4　其他结构材料 ··· 181

5.6　复合材料的损伤行为 ··· 183

　　5.6.1　树脂基复合材料 ··· 183

　　5.6.2　陶瓷基复合材料 ··· 185

　　5.6.3　金属基复合材料 ··· 187

5.7　本章小结 ··· 189

参考文献 ··· 189

第 6 章　基于成像数据的损伤评价 ····································· 201

6.1　缺陷行为预测方法 ··· 201

　　6.1.1　临界缺陷的定义 ··· 201

　　6.1.2　应力集中效应 ··· 204

　　6.1.3　缺陷扩展区 ··· 211

6.2　缺陷致开裂行为 ··· 215

　　6.2.1　增材制造缺陷 ··· 216

　　6.2.2　铝合金焊接缺陷 ··· 219

6.3　细观损伤力学行为 ··· 222

　　6.3.1　损伤力学概念 ··· 223

　　6.3.2　细观损伤力学模型 ··· 224

　　6.3.3　熔焊接头的损伤机制 ··· 227

6.4　本章小结 ··· 233

参考文献 ··· 234

附录Ⅰ ··· 238

附录Ⅱ ··· 240

附录Ⅲ ··· 242

第1章 引　　言

预计至 2020 年，中国高铁运营里程达到 3 万公里，运营速度和总里程双居世界第一，超长寿命、极低成本、安全高效已成为轨道交通关键部件设计与运行的重要方向和目标。最近，国家宣布启动川藏铁路建设，标志着轨道交通在中国经济社会发展中的引领作用进一步得到加强。加之已设计、建造和运营在各种环境下的铁路车辆，例如极寒条件下的哈大高铁、高温条件下的京港高铁、大风沙漠中的兰新高铁，高速铁路必将挺进艰难山区和生命禁区。这些极端复杂服役环境对于车辆部件及结构的疲劳可靠性提出了更高要求。因此，传统的、基于材料表面 (二维区间) 损伤测量和基于材料平均响应 (三维同质化) 来构建的疲劳损伤模型的适用限界引起了学术界和工程界的重点关注，尤其在当前情况下是否应该关注表面以内的局部损伤响应及其对材料服役行为的影响。

工程构件在交变载荷作用下，因局部应力集中引起的不可逆损伤和裂纹萌生并导致其失效破坏的现象称为疲劳。可见，这一概念本身就包含了对材料进行全要素的或者非选择性的研究。然而，长期以来，科学家只能通过破坏性切片和疲劳断口来揭示简单形状小试件的破坏机理，依此预测大块材料的损伤行为，进而推证和应用至任意环境下的复杂结构。近十年来，以第三代同步辐射光源为代表的先进光源为全面表征材料服役行为提供了前所未有的机遇。作为先进光源的代表，同步辐射光源在应用于工程材料时，实现了从看得更深、更远到看得更准、更快的伟大飞跃。同步辐射光源的应用几乎遍及当今所有学科领域，强劲地推动着一个国家基础科学研究的整体水平和创新能力，并使得对各种工程结构材料进行宏观–细观–微观等跨时空尺度定量表征、力学响应特征建模及服役性能的准确预测成为可能。正因为大科学装置对一个国家技术核心竞争力和综合国力的巨大推动作用，中国已经建设完成东莞散裂中子源和上海 X 射线自由电子激光，以及在建设的各项技术指标位居世界三代光源前列的北京高能同步辐射光源。

为实现材料内部缺陷及损伤演化行为的原位、实时、动态观测，基于高亮度、高精度、宽频谱和窄脉冲的先进光源，各国学者研制出兼容于相应光束线配置的原位成像加载装置。除了大型商用材料试验机的基本功能外，这类原位加载设备应具备以下主要特点：体积小、重量轻、不遮光，同时平台兼容性强，维护简单，携带方便。从加载类型上看，分为原位拉伸加载、轴向疲劳加载和旋转弯曲加载；从环境气氛上看，可分为常温、低温和高温；从研究对象上看，轻质高强度的金属结构材料及各种复合材料是主流。目前同步辐射成像技术受到了材料、物理、力学等领域内学者的极大重视，结合世界各地著名的同步辐射装置，竞相研制高温、极寒、大载荷、高频率、多加载模式及复合物理和化学耦合环境作用下工程结构材料微缺陷和损伤演变的高精度专用原位加载机构，一定程度上提升了同步辐射装置的使用效能，并推动着材料疲劳研究领域的发展。这一领域的研究中，欧洲、美国和日本等的科学家做出了贡献，尤其以欧洲同步辐射光源 (ESRF) 相关光束线站的研究成果较为全面、深入和系统。在中国，著者从 2010 年即开始应用上海同步辐射光源 (SSRF) 成像线站开展高强度激光焊缝的软化机制，逐步深入到缺陷与疲劳损伤行为方面。2014 年，与基于先进光源开展材料损伤行为领域的顶尖科学家 Buffière J Y 教授合作，在 ESRF-ID19 成像线站率先开展铝合金焊缝的原位疲劳损伤行为研究，取得了丰硕成果。

回顾近八年研究历程，总体上来说，基于各自领域的科学技术问题来设计高通量实验，使用好同步辐射光源这一大科学设施并不容易。这是因为，与常规的扫描电子显微镜 (SEM)、光学显微镜 (OM)、透射电子显微镜 (TEM) 及电子背散射衍射技术 (EBSD) 等相比，先进光源成像产生的数据可能需要专业软件辅助并经过长达数月的处理才能获得理想结果。比如，对于同步辐射 X 射线成像，在短时间内就可能产生数百 TB 或者更多的海量科学数据。其中，基于三维图像处理软件将试验数据可视化自然是精确表征缺陷与疲劳损伤行为的重要环节。Mimics、Amira、Avizo 等三维可视化软件基于阈值设置、图像分割及三维重构等功能，能够准确解析出缺陷和裂纹几何特征，从定性和定量角度辅助分析材料的疲劳损伤行为。如果不能熟练掌握和应用这些数据处理工具，自然无法深入同步辐射成像的精妙世界。因此，本书也将在第 5 章中详细介绍相关软件及应用技巧。

近年来，一个值得注意的发展趋势是借助于同步辐射 X 射线成像获得的海量图像数据，在商业仿真软件 (如 SolidWorks、HyperMesh、ANSYS、ABAQUS 等) 中重建出部件几何特征以及缺陷的尺寸、数量、形貌、位置及分布，采用的材料多尺度力学行为模型及疲劳损伤演化表征方法，模拟真实加载工况下工程结构材料损伤累积及演化全过程，进而将科学家对材料服役性能劣化的认识从定性推向半定量和定量。这一思路是当前国际上材料与结构缺陷致疲劳损伤研究的先进分析方法，并使得仿真结果真正服务于结构设计及性能评价。

同步辐射 X 射线成像能够获得材料表面以下的损伤演化，但如何把这些新结果与既有工程材料评价的理论和方法相结合，是检验新结果、新理论和新方法的重要途径，也是同步辐射走向工程应用的关键步骤。为此，已经有一些学者尝试将传统材料损伤表征手段如数字图像相关技术、数字体积相关技术、声发射技术与数值模拟 (如有限元方法) 和先进的同步辐射成像技术相结合，从理论、实验和仿真等三个方面对材料疲劳损伤演化行为进行多角度评价。这一先进的研究方法是当前实验力学和工程材料领域发展的新趋势、新方向和新目标。

尽管如此,基于同步辐射 X 射线成像的材料缺陷与疲劳损伤行为这一研究领域总体上仍处于一种定性或者半定量阶段。随着先进光源的不断发展,吸引更多领域的学者关注和投入这一领域,实现与公认的疲劳损伤和寿命评价模型相互印证和支撑,是材料、力学和机械等学科学者的重要任务与机遇。

第 2 章　同步辐射成像技术

长期以来，科学家们迫切希望能够透过材料的"自由表面"看清楚整个材料的"微观世界"，从而建立一种多尺度力学响应的关联模型来定量评估材料及部件的服役行为。20 世纪 70 年代，医学 CT(Computed Tomography) 首先用于生物活体的健康诊断，立即展现出 X 射线成像方法的巨大魅力，而 CT 技术在工程科学技术领域中的广泛运用则得益于 90 年代以来建造的第三代同步辐射装置 (Synchrotron Radiation Facility)。这种装置产生的先进光源覆盖了从红外到硬 X 射线的连续电磁波谱，经过光学元件筛选后生成高亮度、高准直、高偏振、高纯净、窄脉冲的单色 X 射线，进而作为探针用于实时动态成像物体的各种信息。同步辐射光与物质的相互作用清晰揭示了更微观、更深层次的复杂结构，已成为当今众多基础学科 (材料、生命、物理、化学、医药等) 尤其是材料疲劳损伤研究的一种最先进又不可替代的科学工具 [1-4]。

2.1　同步辐射光源

人造光源是文明进步的象征，是人类改造自然的重要工具。电光源、X 射线和激光光源的相继出现，不仅把人类视野引入至肉眼不可见的微观世界，而且作为一种先进的探测手段用于认识一个全新的物质世界。作为第四次光源革命的代表，同步辐射光源实现了从看得更深、更远到看得更准、更快的伟大飞跃。因此，高性能同步辐射光源已成为反映一个国家科技核心竞争力的大科学装置。

2.1.1　同步辐射光源的产生

作为一种人工光源，同步辐射光源是真空中接近光速运动的带电粒子 (如电子) 在轨道切线方向释放出的电磁波。由于最早发现于美国通用电气的电子同步加速器上，因此被称为"同步辐射 (Synchrotron Radiation，SR)"光源。同步辐射光源的出现及应用给工程科学研究提供了前所未有的高端实验平台，强劲地推动着科学技术的飞速发展，已成为当今最重要的光源之一。

产生同步辐射谱的专用装置一般有三种：即电子储存环 (Storage rings) 中的弯转磁铁 (Bending magnet)、扭摆器 (Wigglers) 和波荡器 (Undulators)，如图 2.1 所示。弯转磁铁顾名思义就是使相对论电子的运动轨道发生圆弧偏转，从而连续稳定地产生电磁辐射，它是第一代和第二代同步辐射光源的重要部件。扭摆器和波荡器称为插入件，放置于储存环弯转磁铁间的直线段中。扭摆器由较宽、较强的磁铁周期性直线排列，电子在扭摆器中做幅度较大且近似正弦曲线的扭摆运动，从而显著增强了辐射能量和光子通量，保证了频谱连续分布。波荡器由若干组沿电子轨道周期排列的磁铁组成，电子在轨道平面内做幅度较小的正弦运动，从而得到准单色和相干的近似平行光。上述插入件连续释放出的电磁辐射不断叠加，最终获得亮度增加上万倍的、稳定的同步辐射光 [2-4]。

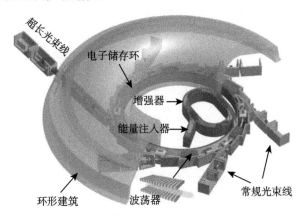

图 2.1 同步辐射装置的基本结构组成

从产生同步辐射光的能量、亮度及其应用需求上来看，1965~1975 年发展了第一代同步辐射光源 (基于加速器的共生型)，1975~1990 年发展出第二代同步辐射光源 (基于储存环的专用型)，1994 年至今则属于第三代同步辐射光源 (基于插入件的专用型)。在中国大陆，于 1991 年建成的北京同步辐射装置 (Beijing Synchrotron Radiation Facility, BSRF)、于 1992 年建成的合肥同步辐射装置 (National Synchrotron Radiation Laboratory, NSRL) 以及于 2009 年建成的上海光源 (Shanghai Synchrotron Radiation Facility, SSRF) 分别属于第一、第二和第三代同步辐射光源 [5]。

2.1.2 同步辐射光的特性

与日常接触的可见光和 X 光一样，同步辐射光本质上也是一种电磁波。英国数学家 Shortt G A 第一次用数学模型精确计算了电磁辐射导致被加速转向电子的能量损失 [4]。有趣的是，早期同步辐射被认为是高能加速器运行中的一种寄生品，并给理论物理学家和加速器设计及防护人员带来无穷无尽的烦恼。然而，1947 年以后近 20 年穷尽各种手段避免的电磁辐射却被发现是一种性能远比传统 X 光更为优越的高品质光源，于是人们对同步辐射光源的兴趣迅速增加。为了更深入地研究物质的基本结构，发达国家争先建造高能同步辐射装置，涌现出一大批高水平研究成果，从而造就了 20 世纪科学技术的春天。

同步辐射光源的主要特性包括 (见图 2.2[2-4])：(1) 宽频谱 (Wide spectrum)，从红外线一直到 X 射线，这为科学家提供了各领域所需的、特定波长的研究光源，尤其适合开展高通量实验；(2) 高亮度 (High brightness)，例如第三代同步辐射光源产生的 X 射线亮度是普通 X 光机的千亿倍或者更高，几乎可以穿透任何金属；(3) 高准直 (High collimation)，同步辐射光可以获得微米到纳米量级的聚焦光斑，尤其适合开展高空间分辨率的动态实验；(4) 高纯净 (High purity)，同步辐射光产生于超高真空环境中，不存在任何杂质源，保证了实验结果的科学性与准确性；(5) 高偏振 (High polarization)，同步辐射光具有天然的偏振性，尤其适合开展具有明显各向异性的材料实验；(6) 窄脉冲 (Narrow pulse)，同步辐射光具有优良的脉冲时间结构，间隔为几十纳秒至微秒量级，这对于开展材料损伤机制、化学反应过程、生命行为及环境污染微观过程的研究至关重要；(7) 可计算性 (Accurate calculability)，同步辐射光源的光谱分布、偏振特性和角分布等都可以通过理论公式精确计算，从而能够作为其他光源和探测器的标定器 [2-4]。

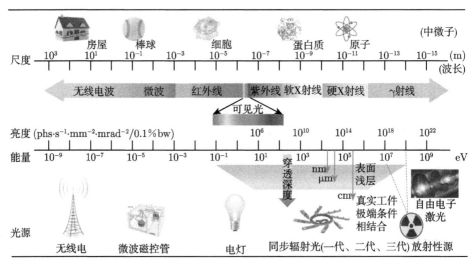

图 2.2　电磁波种类、特性及穿透材料深度关系

由此可见，同步辐射光源基本上涵盖了目前所有科学实验用光需求，这就为当代科学家和工程师提供了前所未有的实验手段和机会，尤其针对常规光源难以揭示的现象进行高水平、高通量的交叉前沿研究。

2.1.3　同步辐射装置

同步辐射光源的应用几乎遍及所有学科领域，它不仅能够提高一个国家基础科学研究的整体水平，层不出穷地产生新成果，而且能强劲地推动技术科学的革

新，是世界各主要发达国家优选建设的战略性大科学装置。目前，全世界正在运行
的同步辐射装置多达 50 余台，规划建造约 20 台。不包括规划建造的在内，美国有
10 台，日本 8 台，德国 7 台，俄罗斯 4 台，瑞典 3 台，中国 3 台，法国 2 台，意大
利 2 台，而巴西、加拿大、英国、瑞士、丹麦、西班牙、韩国、印度、新加坡、泰国、
约旦及澳大利亚各有 1 台。由此可见，同步辐射装置多为工业发达国家所拥有，也
在一定程度上反映了一个国家的科技实力。

同步辐射装置的主体由全能量注入器 (直线加速器和环形增强器)、电子储存
环、光束线和实验站等组成。最为典型的四个第三代高能同步辐射光源有位于日
本兵库县的 SPring-8 (Super Photon ring, 8GeV)、美国阿贡国家实验室的 APS
(Advanced Photon Source, 7GeV)、 法国格勒诺布尔市的 ESRF(European
Synchrotron Radiation Facility, 6GeV) 及德国汉堡的 PETRA III (6GeV)，分别
如图 2.3 所示。一般把电子能量为 2.4~3.5 GeV 的第三代同步辐射光源称为中能
光源，其中我国的 SSRF 能量最高，各项性能指标位居世界前列。

图 2.3 典型的第三代高能同步辐射装置 (图片来自网络)

鉴于同步辐射光源在前沿基础科学、工程物理和工程材料等战略高技术研究
中不可替代的作用，目前北京正规划建设高能同步辐射光源 (High Energy Photon
Source，HEPS)。HEPS 的能量范围为 5~6 GeV，束流发射度为 0.05~0.1 nm·rad，
建成后不仅将有效弥补我国在第三代高能区段光源的空白，而且将大大缩小与国
际先进光源的差距，为国家安全和工业核心创新提供强大的技术支撑 [6]。

2.2   同步辐射成像技术

肉眼可见是人类对物质世界的直接感官。如何借助先进的技术手段观测到肉眼不可见的未知世界则是人类改造自然的前提与基础。同步辐射 X 射线的亮度比普通 X 光高出数十个数量级，是开展物质微结构原位、动态、无损、可视化研究的首选精密探针 [7,8]。2003 年期刊 *Science* 第一次报道了昆虫呼吸全过程的清晰图像，时间分辨率达到了毫秒级。这一划时代的高分辨率成像技术为科学家开展工程材料 "制备—加工—服役" 全寿命周期的原位观测和定量表征提供了无限可能，为发展新型高性能结构材料指明了方向。鉴于高分辨三维成像的广阔发展前景，科学家开发出了多种成像技术用于工程材料疲劳损伤研究。

2.2.1   同步辐射成像线站

目前材料科学研究中常用的三维成像技术主要有原子探针、二次离子谱、透射电镜、聚焦离子束和 X 射线技术。其中唯有 X 射线成像属于非破坏性方法，适用的尺度范围也最广，尤其实现了深入到材料内部开展定量观测。根据 X 射线与物质的相互作用可分为基于透射 (Transmission) 的形貌成像术、基于荧光 (Fluorescence) 的元素成像术、基于衍射 (Diffraction) 的晶体成像术和基于散射 (Scattering) 的织构成像术 [1,9–11]。传统 X 射线透射成像集成到商用同步辐射装置后，最终使实时动态研究方法和定量表征大密度金属材料加载过程中的内部疲劳损伤行为成为可能。这种先进的三维成像技术称为同步辐射 X 射线显微断层成像 (Synchrotron Radiation micro Computed Tomography，SR-μCT)，其空间精度和时间精度分别可达亚微米级和微秒级。SR-μCT 是第三代高能同步辐射装置上的主流技术，因此国内外重要同步辐射装置都建有专门用于工程材料研究的 SR-μCT 实验站。

插入件磁铁辐射是第三代 SR-μCT 的理想光源，它不仅有助于消除伪影，而且显著降低了辐射剂量。将同步辐射 X 射线经过准直、单色和聚焦，引入实验站供用户开展各种科学实验的全套装置，称为光束线 (Beam line)。例如，将上海同步辐射装置扭摆器生成的同步辐射 X 射线，经过准直、单色和聚焦，引入 X 射线成像及生物医学应用光束线站的是 BL13W1 光束线。通常将光束线和所属的实验站合称为光束线站。上海光源 BL13W1 光束线站可提供光子能量范围为 8~72.5 keV 的单色 X 射线，可用于多种衬度 (吸收、相位、荧光等) 的无损、动态、定量、三维高分辨率成像，其中动态 μCT 的时间分辨率达到 2 Hz @ 6.5 μm/像素，是目前国内开展工程材料疲劳损伤实验的最佳光源。北京同步辐射装置的 X 射线成像光束线站 (4W1A) 是国内最先开展工程材料形变与损伤研究的光束线站，主要进行晶体形貌学、微米及纳米分辨成像等研究。4W1A 的白光模式为晶体形貌学和微米分辨成像提供较高平行度的光束，而单色光模式为基于波带片放大的纳米分辨成像提供聚焦照明的单色光束。早期合肥同步辐射装置也可以开展 X 射线成像研究，但软 X 射线成像光束线站 (BL07W) 的光源亮度和强度较弱，不适用于金属材料疲劳损伤研究。

综上所述，金属材料的疲劳损伤研究往往需要更高能量和更小发射度，这就只能由 40 keV 以上的硬 X 射线来承担。目前世界四大高能光源 (Spring-8、APS、ESRF、PETRA III) 的 X 射线能区均可扩展到 100 keV 以上，中国在建 HEPS 的设计能量将达到 300 keV，具备穿透厘米级金属的强大能力，使得对工程结构材料原位动态和极端工况下的高分辨研究成为可能，其成像能力如图 2.4 所示[12]。为了增强和支撑国家重大装备的核心创新能力，尽快把我国光源的发展和应用研究提升至国际先进水平，HEPS 专门建设了工程材料实验线站，最终能够实现复杂多场耦合环境下材料服役性能演变的原位观测和材料 — 环境相互作用的动态过程光谱–电化学原位测量和表征。

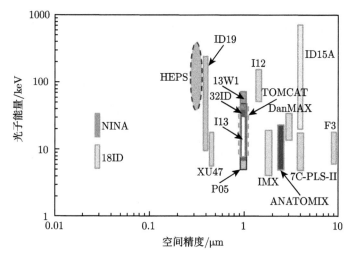

图 2.4　在建 HEPS 的同步辐射成像能力[12]

公开发表文献表明，世界四大高能光源皆建设了专门的高分辨 X 射线三维成像线站用于工程材料的疲劳损伤行为研究。例如日本 SPring-8 的 XU47 线站、美国 APS 的 8.3.2 线站、法国 ESRF 的 ID19 线站以及德国 PETRA III 的 P05 线站。而我国 SSRF 的 BL13W1 线站和同属于中能第三代光源的英国 Diamond 的 I12 线站也设计有加载机构供用户开展工程材料疲劳损伤成像研究。

2.2.2　同步辐射探测器

同步辐射光照射到样品上时，会产生衍射、散射、折射、透射、吸收等物理现象，相互作用后激发出荧光和光电子，引起物质的激发、电离和破碎等现象。科学家正是借助这现象，利用各种高灵敏探测器获得光源信号探索未知世界。自从 1895 年伦琴发现 X 射线后，胶片和成像板一直是射线照片的主要感光元件。电荷耦合器件 (Charge-Coupled Device，CCD) 探测器的运用使得物体的成像精度达到亚微米和纳米级，成像效率和质量也得到了大幅度提升。随着计算机处理速度的飞速发展，CCD 探测器已成为高能 X 射线源的标准成像设备，并一定程度上代表着一座同步辐射装置的实验能力和技术水平。

材料疲劳损伤实验对于探测器的要求是尽可能高的空间分辨率和时间分辨率。常用探测器有气体探测器、闪烁探测器、固体探测器、成像板、CCD 探测器、硅微条探测器和像素阵列探测器等，而 CCD 探测器和像素阵列探测器是最具发展前景的两类。间接型 X 射线 CCD 探测器的基本原理是通过闪烁体将入射的 X 射线转换为可见光，再通过光学耦合系统 (光纤或者光学透镜组) 把光学信号传送到 CCD 阵列，就可以对图像进行读出和重建。作为 X 射线透镜成像第一环节的转换靶，闪烁体是提高系统时间分辨率的关键因素。

同步辐射探测器的发展方向是高灵敏度、高探测效率、高时空分辨、高能量分辨、大探测面积等。目前国际上重点发展的同步辐射探测器有高灵敏度大面积探测器、高效探测单元、快速成像相机、时间分辨复合型像素计数探测器和能量分辨二维探测器等。这些探测器适用不同领域及研究对象，例如衍射和散射实验需要大的探测面积、高空间分辨及动态范围，谱学实验重点关注高能量分辨和低信噪比。成像实验的焦点在于提高空间分辨率，而动态行为研究更关注提高时间分辨率。上述各类探测器的发展将为探索工程材料在 "亚微观–微观–介观–宏观" 多尺度下的成分、组织、结构与服役性能的定量关系提供可能。

2.2.3 基于衬度的成像技术

光是一种波，也是一种粒子，即光的波粒二相性，它是发展各种成像技术的物质基础。作为粒子，光具有射线性质，照射样品，可以产生投影像；作为波，光经过样品时，样品对其可以产生吸收、衍射、折射和散射等作用，使得经过样品的 X 射线携带样品的多种信息。具有宽频谱、高亮度及窄脉冲等典型特征的高能同步辐射 X 射线源为发展新的成像方法提供了可能。根据 X 射线携带的不同信息，科学家发展出多种硬 X 射线成像技术，分别为吸收衬度 (Absortion contrast) 成像、相位 (Phase contrast) 衬度成像和 X 射线荧光 (X-ray fluorescence) 成像，以及各种衬度增强成像技术等。衬度 (Contrast) 是指相邻像素或者样品边缘两边的灰度差与灰度和的比值，它是决定一幅图像是否清晰的基本参数。

传统的、基于吸收机制的 X 射线成像技术仅仅利用样品的吸收作用就能获取样品的结构信息。然而，这种成像技术对吸收较强的重元素样品可以获得衬度较高图像, 但对密度差别较小、吸收较弱的轻元素样品的成像衬度较低。吸收衬度图像的衬度不仅取决于样品的吸收系数, 还与样品和探测器间距、X 射线硬化以及散射效应有关。除了衬度以外, 分辨率是决定图像清晰度的另一个关键参数。为了获得分辨率足够高的吸收衬度图像, 样品和探测器间距应该尽可能得小。吸收衬度成像是目前应用最普遍和发展最成熟的一种成像模式, 其主要理论基础是 Beer-Lambert 定律或者衰减定律 [4,5],

$$N_1\,(x,y) = N_0 \exp\left[-\int_{-\infty}^{\infty} \mu\,(x,y_1,z)\,\mathrm{d}z\right] \tag{2.1}$$

$$\mu/\rho = K \cdot Z^4 E^3 \tag{2.2}$$

式中, N_0 为入射能量 E 的光子总数, N_1 为沿光束传播的 z 轴方向穿过样品后的剩余光子数, 积分符号 $\int$ 的上下限无穷大代表从光源到探测器的累加, μ 为给定点处的线性吸收系数, ρ 为材料密度, Z 是材料的原子序数。

由于不同金属材料对 X 射线的吸收不同, 所以光子能量还应该与样品构成元素的特征相匹配。换言之, 并非 X 射线能量越高越好。例如为了获得吸收衬度和背景对比优化的图像, 上海光源 BL13W1 线站一般要求用户样品的光子透射率在 20%~30%。图 2.5 给出了不同金属材料在单色 X 射线下光子透射率为 20% 时样品的最大厚度曲线。

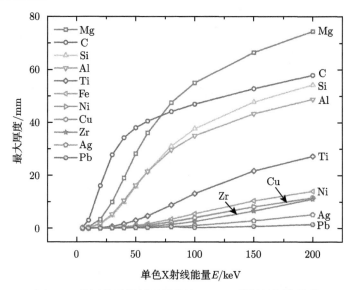

图 2.5 常用单质材料透射率为 20% 下的样品厚度估算

必须指出如果样品为给定厚度的合金材料, 应该对所有合金元素透射率进行平均得到一个参考试验能量值; 如果想在最优光子能段下开展某种合金材料的微结构损伤研究, 也同样需要对所有合金元素透射厚度进行平均。此外, 在选择样品尺寸时, 还需要考虑 CCD 探测器的像素尺寸和视场宽度。例如, 对于视场宽度为 2048 个像素的 CCD, 当像素尺寸分别为 0.65 μm 和 3.25 μm, 则样品尺寸分别不应大于 1.33 mm 和 6.65 mm。另外, 空间分辨率是金属材料疲劳损伤研究中尤其注重的技术指标。一般来说, 分辨率与高能 X 射线成像精度、缺陷衍射像的固有宽度、完美晶体 Bragg 反射角宽度、X 射线谱线的宽度及 CCD 探测器的像素尺寸 (空间分辨率一般为 2 倍像素) 等多种因素有关。

　　硬 X 射线能够轻易穿透轻元素样品, 导致探测器上光的吸收信号微弱。相比之下, 透射光的相位变化是吸收导致透射光振幅衰减的一千多倍, 这就是 X 射线相位衬度成像 (见图 2.6[10]) 利用光波相位调控光子流向获得相位衬度像的物理基础。相位探测的基本物理机制是通过探测相位引起的光强变化来探测样品, 其本质是把相位信号转变成探测器可以探测的强度信号。在国内, 北京同步辐射装置 4W1A 成像线站最早开展了硬 X 射线相位衬度成像的研究。根据相位信号可以把相位衬度成像分为三种: 第一种为探测样品相移的晶体干涉仪成像, 第二种为探测样品相移一阶导数的衍射增强 (Diffraction enhanced) 成像和光栅剪切成像, 第三种为探测器样品相移二阶导数的同轴相衬成像。虽然还会研究出新的相位衬度成像方法, 但是都可以根据所探测的相位信号对其进行分类。

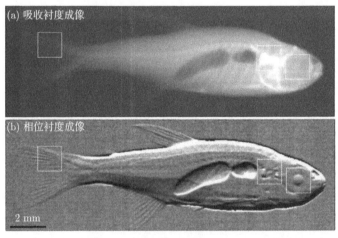

图 2.6　两种衬度机制获得的生物样品成像 (40 kV/25 mA 标准射线管)[10]

　　晶体干涉仪成像利用干涉条纹位移来获取样品的相移信号, 衍射增强成像和光栅剪切成像分别利用晶体和光栅的角度选择性, 获取样品的相移一阶导数信号, 同轴相衬成像利用波阵面传播一定距离获取相移二阶导数信号, 因而同轴相衬成像也称为相位传播成像。目前同步辐射广泛应用 X 射线相位衬度成像方法有: 衍射增强成像、光栅剪切成像和同轴相衬成像。

另外还有一种能够定性或者定量检测到物质内部元素空间分布的同步辐射 X 射线荧光成像技术, 在地质、冶金、石化、材料、医学、环境、考古和天文等领域中应用广泛。每种元素都有特征 X 射线荧光, 且谱线频率与原子序数密切相关, 这是 1923 年放射化学家 Hevesy G 发明 X 射线荧光分析的理论基础。或者说, 只要测得辐射出的 X 射线荧光谱线的能量或者波长, 就能判断元素种类; 若测得该谱线的强度, 就能预估该元素原子的含量信息。目前我国 BSRF 的 X 射线荧光微分析线站 (4W1B) 及 SSRF 的 BL13W1 线站和硬 X 射线微聚焦及应用光束线站 (BL15U1) 均可以开展物质内痕量元素和微区结构的定量检测。

上述方法都属于二维成像方法, 其缺点是在光束传播方向上各种样品结构在图像上会重叠在一起, 无法确定样品结构在传播方向上的位置。为了克服这个缺点, 必须发展 X 射线三维成像方法。迄今为止, 发展最成熟、功能最强大、应用最广泛的 X 射线三维成像方法是基于 Radon 变换数学的 X 射线计算机断层成像技术, 简称 X 射线 CT。X 射线 CT 可以与多种不同的成像方法相结合, 与 X 射线吸收衬度成像结合可以形成 X 射线吸收 CT, 与 X 射线相位衬度成像结合可以形成 X 射线相位 CT, 与 X 射线荧光成像结合可以形成 X 射线荧光 CT, 与基于波带片放大成像的 X 射线显微镜结合可以形成 X 射线纳米 CT。基于同步辐射 X 射线的三维显微断层成像技术能够获得金属材料疲劳损伤清晰的空间形貌和结构图像, 是工程材料服役行为的理想研究方法。这里简要介绍 CT 断层成像的基本原理和方法, 感兴趣的读者可以参阅相关文献。

无论是 X 射线吸收 CT 和 X 射线相位 CT, 还是 X 射线荧光 CT 和 X 射线纳米 CT, 采集样品三维结构信息的理论根据都是傅里叶中心切片 (Fourier center slice) 定理。根据傅里叶中心切片定理, 不用剖开样品, 就能采集到样品内部结构各方向上的傅里叶变换或者样品内部三维结构的傅里叶变换谱, 即样品的空间频谱。在获取样品的空间频谱后, 虽然利用逆傅里叶变换就可以重建出样品内部的三维结构, 但是 X 射线 CT 所用的重建算法不是常规的逆傅里叶变换, 而是和逆傅里叶变换等价的滤波反投影重建算法。与常规逆傅里叶滤波反投影重建算法相比需要的计算机资源少, 且重建图像的质量高。X 射线 CT 方法一般分为三个步骤: 第一步, 探测器拍摄得到样品从 0° 旋转至 180° 过程中各个方向上的投影像, 每一行像素完成样品一个断层的投影数据采集; 第二步, 对样品每一个断层每一个方向的投影数据进行傅里叶变换, 得到垂直于投影方向上所有投影像的一维空间频谱, 以零频为中心在垂直于投影的方向上排列所有投影像的一维空间频谱, 合成该断层的二维空间频谱; 第三步, 沿着垂直于投影的方向对样品的一维空间频谱进行斜坡滤波和逆傅里叶变换, 然后沿着投影的逆方向反投影 (回抹), 即可重建出样品的一个断层像。重复以上步骤，直到重建出样品的三维结构。

根据香农定理 (Shannon theorem)[1]：图像的采样频率大于等于其傅里叶变换最高频率的两倍，探测器采集样品旋转时的投影图总幅数需要满足确定扫描角度为 θ 时投影图的总幅数 M，即

$$M \geqslant \frac{\pi}{2} \cdot \frac{D}{\Delta x} \tag{2.3}$$

式中，D 为视场直径，Δx 为扫描路径上两点距离。

同步辐射 X 射线成像的另外一个发展是纳米分辨 CT 技术，其基本原理与常规 X 射线 CT 技术相同，主要的不同之处在于其分辨率为纳米量级。X 射线纳米 CT 实际上是利用 X 射线显微镜把样品中的纳米结构放大至微米级，然后用微米级探测器采集样品的投影数据。我国 BSRF 的 4W1A 线站可以开展纳米分辨 CT 研究，空间分辨率最高达到 30 nm。

2.2.4   图像伪影的形成

伪影 (Artifacts) 是指 X 射线成像中出现的与实际样品结构不一致的图像特征。同步辐射 X 射线 CT 成像中因样品–仪器的不匹配会造成各种伪影，在断层重建图像上经常会出现环形伪影、图像噪声、边缘伪影、运动伪影、半圆伪影及线状伪影等，如图 2.7 所示。伪影的出现不仅降低了重建图像的分辨率，而且给图像数据处理累积了误差。形成伪影的原因有多种，同步辐射光束强度在时间上的不稳定、空间上的不均匀、探测器像素光强响应不一致、样品转台和转轴的摇头摆尾等都会引起伪影，导致图像质量下降。

环形伪影是指二维断层成像中环绕着扫描设备旋转轴线的一系列同心圆环，一般认为是由于 CCD 探测器像素响应存在差别，或者闪烁晶体纯度不够等造成的。减少环形伪影最常用的方法是平场校正，具体做法是：首先采集有和无样品时的背底图像，同时数据在采集过程中按照一定的间隔记录背底图像；然后用有样品的投影图像除以背底图像即可在一定程度上消除这种伪影的产生。平场校正法不能从根本上消除环形伪影，因此还可以尝试像素均匀法，即在实验中按照特定的步长移动样品或者 CCD 探测器。当上述方法仍不能消除环形伪影时，还可以对重构的图像进行尺寸和形状过滤，或者重建中尝试采用正弦校正。与此类似，还存在如图 2.7(e) 所示的半圆伪影，主要是由于旋转轴发生偏移所致。在数据处理和图像重建中，只需要对发生偏差的旋转轴线进行调整就能消除半圆伪影。

当 X 射线的透射率较低时，二维断层重建图像的质量将显著降低。此时采用中值滤波不仅可以提高图像质量，还能保持边缘锐度，不至于图像的关键细节模糊，这对工程材料疲劳损伤过程的追踪尤其重要。边缘伪影是指重建后样品的表面存在锯齿状花纹现象，在对梯度材料进行研究时更易发生这种边缘增强效应。这是

由于同一束 X 射线穿过材料微区后的透射率发生了变化。此时可尝试减小样品与探测器之间的距离或者对样品表面进行打磨处理来减少这种伪影。

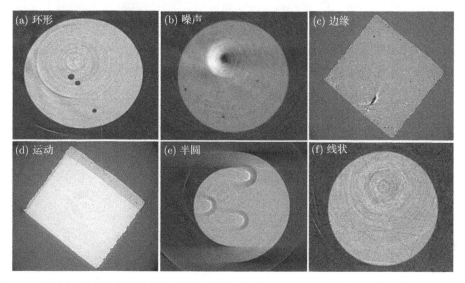

图 2.7　同步辐射成像中常见的几种伪影实例,其中 (a)、(b) 和 (d) 为增材制造钛合金圆棒试样,其余为铝合金激光复合焊缝板状试样

与实验样品或者步进马达扰动有关的图像污染称为运动伪影,造成重建后样品的质量严重下降。为消除这一现象,在开展材料损伤研究中,尤其应注意样品夹持的稳定问题。对于数据采集过程中可能发生的步进马达的不精确移动,可通过平移优化正弦曲线上每一根正弦图线来解决。还有一类图像污染现象是线状伪影,本质上也是一种噪声伪像,即在图像中存在大量无规律的或亮或暗的线型条纹,一般认为是由投影数据中的随机疵点产生的。在数学或者物理上,可采用基于雷当变换 (Radon transform) 的雷当域相对域值法来予以消除。

2.2.5　伪影消除方法

需要指出的是,上述 6 种伪影并非单独出现。考虑到物质内部结构及动态演化过程的复杂性和时变性,一张射线照片中可能会含有多种伪影。渴望得到一张完美的射线照片往往是不切实际的。因此不仅需要技术人员开发简单有效的算法,也需要实验人员综合运用多种软件工具耐心处理数据。本节以图 2.7(e) 中半圆伪像为例,讲解如何通过软件操作完成切片处理和提高图像质量。

X 射线断层成像实验完成后,得到样品的同轴相衬 CT 的投影图像数据,在获取用于三维重构的二维断层切片图像前,需要对投影数据进行相位恢复、切片重构、图像格式转换等工作,最终得到清晰的高质量样品结构图像。这一过程需要借助基于图像算法的软件进行完成。下面以 PITRE 和 PITRE_BM 软件为例,简要介绍上述流程,并针对一些关键技术和主要功能进行说明。

　　PITRE 和 PITRE_BM 软件是一款免费软件,用户可在网上下载使用。PITRE 软件采用滤波反投影和 GRIDREC 算法,主要功能有同轴相衬 CT 投影图像的相位恢复、衍射增强图像吸收、折射和散射信息提取、平行光 CT 切片的重构以及图像格式的转换和裁剪等。PITRE_BM 软件为 PITRE 软件的批处理器,附加于 PITRE 上,并用于支持 PITRE 全部功能。软件支持 tiff(8/16/32-bit),png(8-bit) 和 bmp(8-bit) 格式的图像,可以生成 32 位单精度浮点的 tiff 图像,采用 GraphicsMagick 图像处理库并提供 "12 位 —16 位" 图像转换方法,并支持意大利 INFN 研发的 PICASSO 探测器采集数据。在使用软件处理图像数据之前,要求成像数据文件中 CT 投影、白场像和暗场像的命名均由 "前缀"＋"后缀" 构成,三者的前缀分别为 "tomo_"、"flat_" 和 "dark_";后缀表示图像序号,必须按照图像顺序递增编号,且编号位数必须一样,例如 "tomo_0001,tomo_0002,tomo_0003,···,tomo_0010,···,tomo_0100 等"。此过程也可借助 ReNamer 软件辅助完成。

　　打开 PITRE 软件后,其主界面如图 2.8 所示。

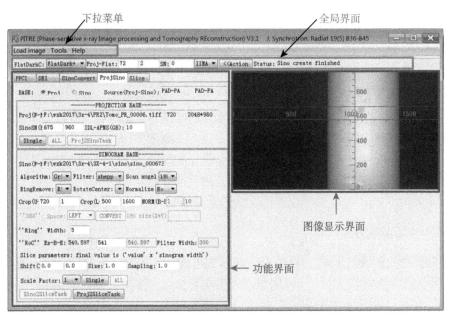

图 2.8　切片重建软件 PITRE 界面功能

下面以增材制造钛合金圆棒试样为例,简述投影重构切片的基本流程。

1) 对同轴相位 CT 的投影图像进行相位恢复

➤ 确定图像背景噪声矫正方式:从全局界面 FlatDarkC 选项中选择 FlatDark ＋,

更改 Proj-Flat 值为 72,2。在导入同轴相位 CT 投影图像数据之前，首先确定背景噪声矫正方式。如果是间隔采背景，选择 FlatDark ＋，如果是统一采背景则选择 FlatDark。本例中增材制造钛合金成像数据采用间隔采背景方式获取，采集 72 张 CT 投影后再采集 2 张白场像背景。

➤ 导入图像数据：在下拉菜单 Load image 中选择 PPCI(同轴相衬成像数据)，在弹出对话框中选择测试数据投影图中的任意一张图像并打开。

➤ 进行相位恢复：在 PPCI 功能界面中，设置 Energy 值为 60 keV，SDD 值为 0.18 m，Pixel 值为 3.25e-6 m，delta/beta 默认值为 1000。然后点击 Single，在弹出对话框中新建文件夹如 PR2 并保存，页面自动跳转至 ProjSino 功能界面，并在图像显示界面可以观察到相位恢复的结果。上述参数中 Energy 为采集数据时的光子能量，SDD 为样品与探测器间距离，Pixel 为探测器的像素值，delta/beta 值为样品相位因子与吸收因子的比值。需要根据不同样品并结合相位恢复结果手动调整，通常 delta/beta 值越小，边缘增强越强；delta/beta 值越大，图像越模糊。合适的 delta/beta 值，保证图像边缘增强基本消除同时不丢失图像细节信息。本例中 delta/beta 值选为 120。

➤ 使用 PITRE_BM 软件进行批处理：在 PPCI 功能界面中点击 Task，在弹出对话框中选择上一步建立的文件夹 PR2 并确认，将自动生成一个 Task 文档。然后打开 PITRE_BM 软件，在其主界面中依次点击 Load 和 Go，等待相位恢复完成。

2) 对经相位恢复的 CT 投影图像进行切片重构

➤ 导入相位恢复投影图像数据：在下拉菜单 Load image 选项中选择 Projection(投影图像数据)，在弹出的对话框中选择上一步经相位恢复后图像数据所在文件夹 PR2，选择任意一张并打开。

➤ 生成单张 Sinogram：在 ProjSino 功能界面的子界面 Proj 中，修改 SinoSN (BE) 值为 675-960。点击 Single，在弹出的对话框中新建文件夹如 sino 并保存。生成单张 Sinogram 时，SinoSN(BE) 起始值尽量选择在样品特征明显且靠中间部位处，因为中间部位的光强较高，且样品特征明显便于下一步的旋转轴心矫正。

➤ 调整旋转轴心：在 ProjSino 界面的子界面 Sino 中，修改 Crop(L-R) 值为 500-1600，保证试样特征信息在此范围内，接受 "RoC"Es-B-E 即系统推荐旋转轴心值，其余选项接受默认。在子界面 Sino 中点击 single，在弹出的对话框中选择 sino 文件夹并保存。页面跳转至 Slice 功能界面，并在图像显示界面可以观察到相应 SinoSN(BE) 起始值层数的切片重构结果。根据重构结果调整旋转轴中心 "RoC" 的 Es-B-E 值，进而消除因旋转轴的偏移而造成的半圆形伪影。如图 2.9 所示，分别为旋转轴中心值为 490 和 540 时图像显示界面内的切片重构结果。可以看出，在经过合适的旋转轴心调整后，可以有效消除半圆形伪影并显示试样内部缺陷特征。另外，默认 "Ring" 的 Width 取值为 5，其为环状伪影矫正的参数值大小，若矫正结果不理想可以适当增大此参数值。对于经相位恢复后的投影数据，Normalize 选项默认为 No，若改成 Yes 则相位恢复值将会丢失。

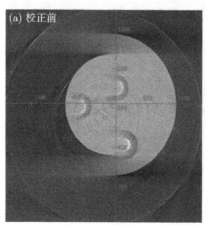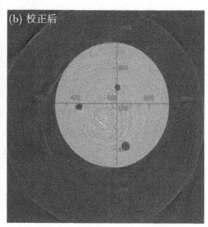

图 2.9　调整旋转轴心消除半圆形伪影

图 (a)(b) 分别为轴心为 490 和 540 时图像显示界面内的切片重构结果

▷ 使用 PITRE_BM 软件进行批处理：根据试样成像高度重新设定 ProjSino 界面的子界面 Proj 中 SinoSN(BE) 值为 50-950。然后在 ProjSino 界面的子界面 Sino 中点击 Proj2slice Task，在弹出对话框中建立新文件夹如 slice32 并保存，将自动生成一个 Task 文档。最后打开 PITRE_BM 软件，在其主界面中依次点击 Load 和 Go，等待切片重构完成。

3) 将 32 位重构切片数据转换为 8 位数据并裁剪

▷ 在 PITRE 主界面下拉菜单 Tools 选项中选择 Convert/crop/...images，在弹出的对话框中选择上一步生成的 32 位切片数据并点击任意一张打开。然后选择新生成 8 位图像数据的保存路径，新建文件夹如 slice8 并保存。在弹出的窗口中确认转化前后图像数据的位数，点击 Accept。

▷ 在弹出的新窗口中，确定是否需要剪切图像，点击 Yes，辨别样品的特征并选择需要裁剪的区域 (其中左键移动剪裁框，中键放大或缩小剪裁框，右键确定完成)。接下来根据需要选择是否调整灰度值和重新采样，本例依次在弹出窗口点击 No。最后在弹出的新窗口中确认图像转换信息及保存路径，点击 Yes 完成裁剪操作。

按照上述流程，可获取适用于三维图像重构的断层切片数据。更详细的软件操作及功能信息，如 PITRE 软件安装程序、说明书 *PITRE_Manual* 等，可登陆网页地址 http://webint.ts.infn.it/en/research/exp/beats2/pitre.html 获取。

2.3 X 射线自由电子激光

众所周知, 低发射度和高相干性是第三代同步辐射光源的典型特征。但当电子束发射度降至光波长 1/10 时, 已很难再提高同步辐射光的亮度。尖端科学技术及交叉学科的发展迫使人们寻求一种更亮的相干 X 射线, 这就是 X 射线自由电子激光 (X-ray Free Electron Laser, XFEL)。必须指出, 各国学者对于 XFEL 是否是第四代光源的定义尚有争议, 对其是否为第四代同步辐射光源也有异议。

2.3.1 自由电子激光技术

XFEL 是一种以相对论高品质电子束作为工作介质, 在周期磁场中以受激发射方式放大短波电磁辐射的新型强相干激光光源。XFEL 能够产生比第三代同步辐射光源亮度高数十亿倍、脉冲短一万倍和峰值强度高达 10^{20} W/cm^2 的高相干 X 光。XFEL 名曰激光, 但其与激光在产生机理上有着本质不同。按照产生 X 射线源的不同, 自由电子激光的产生模式有振荡型、高增益谐波放大型和自放大自发辐射型。美国直线加速器相干光源 (LCLS) 的成功开发极大地推动了世界范围内基于加速器的 XFEL 的发展, 为技术科学带来了前所未有的机遇与挑战 [13,14]。

自 20 世纪 90 年代在斯坦福直线加速器上发现 XFEL 以来, 美国和欧洲先后进行了一系列原理验证及关键技术研究。2005 年, 德国 FLASH 装置的软 XFEL 率先向用户开放。2009 年美国的 LCLS 装置的顺利出光, 标志着硬 XFEL 时代的正式到来。随后日本 SACLA 和韩国 PAL XFEL 也先后出光。目前有一批高性能 XFEL 正在建造, 包括德国 FLASH-II、欧洲 European XFEL、瑞士 Swiss FEL 等, 以及图 2.10 所示位于 SSRF 的硬 XFEL。鉴于硬 XFEL 对于未来尖端科技和国家战略安全的极端重要性, 上海硬 XFEL 的总体设计目标定位在世界上最先进的基

图 2.10 建设中的上海 XFEL 鸟瞰图 (图片来自网络)

于超导高重频直线加速器的大型 XFEL。这一总投资近 100 亿元的 "大国重器" 将于 2025 年建成使用，为国内外用户提供高分辨成像、先进结构解析、超快过程探索等尖端研究手段与国际协作平台。

2.3.2　自由电子激光的特性

XFEL 具有以下几个显著优点：波长连续可调、横向和纵向相干、峰值和平均亮度极高、光脉冲短至阿秒级、时空和能量分辨率极高，是目前任何光源都无法比拟的最先进 X 射线源。这些优异特性使得很多目前不可能实现的科学实验 (如超快、超微量分析、溶液蛋白质结构分析等) 成为可能，为生命科学、材料科学、信息科学、凝聚态物理、原子和分子物理、化学及资源环境科学等前沿学科实现新的突破提供了无限可能，也为新材料、新工艺等高新技术研发实现突破性进展提供了广阔的应用空间。

2.3.3　自由电子激光的应用

鉴于 XFEL 具备 "超高亮度、超短脉冲、完全相干" 的特性 (见图 2.11[12])，因此适合于更细微观层次和更高时空分辨的结构研究，包括：原子物理学、分子物理学

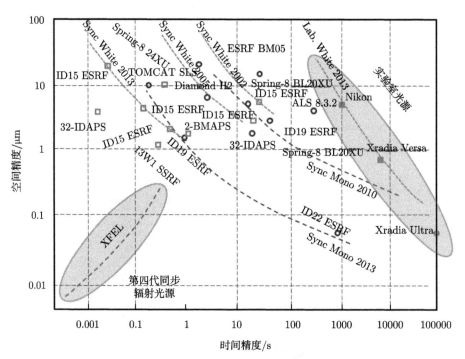

图 2.11　各种光源的时间与空间分辨关系 [12]

与物理光学：改进基础原子物理学的测量方法、实验技术和理论，观测从微米到埃的特征长度尺度上的分子间相互作用。

极端条件下的物质行为：对极端温度与密度条件下的物质制造与表征产生深远影响，为温稠密物质研究、近固体级密度等离子体的激光探测以及等离子体中各离子的激光–等离子体光谱贡献更多能力。

超快化学反应过程：在快速化学反应的初始阶段观测分子运动，直接跟踪键长与键角，以及气相和溶液相系统中由光化学导致的断键、光合过程、极端光激发水平下晶体样本长程有序的融化以及纳米颗粒中的动态过程。

结构生物学：在原子分辨率下对重要的生物结构成像，使用聚焦 X 射线束观测膜蛋白等难以结晶的系统以及细胞和病毒等不可重现的结构。

XFEL 所具有的超高时间和空间分辨特性，为材料疲劳损伤的原位表征提供了前所未有的机遇。基于 XFEL 光学测量技术，能够实时记录真实服役条件下疲劳裂纹尖端的损伤力学行为，尤其能够实现不同机制的纳米分辨显微成像，以及发展纳米界面层的结构定量表征。

2.4　散裂脉冲中子源

中子是组成物质的基本粒子之一，它与 X 射线一样，都是人类探索物质结构的精密探针。同步辐射 X 射线适用于对材料开展高分辨结构表征，但 X 射线衍射难以精确测定物质中轻元素的位置，同时能量过高反而不易测量原子和分子的转动和振动、蛋白质折叠等能量相对较低的动态特征等。因此科学家希望能找到一种高亮度和高通量的中子源，能像 X 射线一样拍摄到材料内部的微观结构，同时对材料的自平衡变形进行准确测定，这就是散裂中子源。散裂中子源通常由质子加速器、产生中子的靶站和中子散射谱仪等部分组成 [15,16]。

2.4.1　中子的产生及特点

中子散射是研究物质微观结构和动态过程的理想工具之一，散裂中子源是用来自大型专用加速器的高能质子流轰击重金属靶，引起原子核的散裂反应，从而释放出高能中子的大科学装置。与 X 射线相比，中子具有特殊优点，例如中子属于中性粒子，具有磁矩、穿透性强，能分辨轻元素、同位素和近邻元素，以及具有非破坏性特点。此外中子具有质量，其能量与质量和速度有关，由薛定谔方程来描述。当中子与物质相互作用时，几乎不受原子核外电子的影响，也就是相互作用较弱，这就决定了中子的如下三大技术特点 [1,17]：

一是穿透能力强，可穿透厘米级厚度的钢铁，便于装载高温、高压和强场等环境设备，开展极端条件下物质结构的动态研究。

二是对物质核外电子的扰动十分微弱，其散射结果可在量子力学一级微扰的框架内得到合理的解释。

三是对物质的破坏性小，有利于研究生物活性和大样品材料。

与反应堆的裂变中子源相比，散裂中子源有微秒量级的脉冲特性，中子散射谱仪可以采用飞行时间技术，极大地提高中子的探测效率。其次，散裂源能提供高通量的短波中子，容易实现大 Q 范围结构因子 $S(Q)$ 的全散射测量。最后，散裂中子源还具有成本低、不使用核燃料、较为安全可靠等特点，可对工程材料和部件直接开展更高精度的应变和织构测量。由于中子具有以上这些特点，有效弥补了 X 射线散射技术的一些缺陷，为生命、材料、化学、物理、纳米等领域的物质微观结构和动态行为研究提供功能强大的大科学平台。

1972 年在法国 ESRF 旁边的 ILL 实验室，建成了世界上最强大的反应堆中子源。进入 21 世纪，欧美和日本等发达国家均认识到能提供更高中子通量和中子利用效率的加速器中子源在现代科学技术中的重要地位，相继建设束流功率为兆瓦级的散裂源装置。目前世界上运行的散裂中子源有日本 KENS、美国 IPNS 和 LANSCE 及英国 ISIS，其中 ISIS 的有效中子通量最高。鉴于散裂中子源对一个国家多方面科技进步和工业应用有重大的支撑和带动作用，我国 2011 年开始在东莞市建设发展中国家的第一台中子源装置 —— 中国散裂中子源 (China Spallation Neutron Source，CSNS，见图 2.12)，并于 2017 年底打靶成功，即将对国内外用户开放。CSNS 的设计束流功率 100 kW，脉冲重复频率 25 Hz，它主要由一台 80 MeV 负氢直线减速器、一台 1.6 GeV 快循环质子同步加速器及其前后两条束流传输线、一个靶站和三台中子谱仪及相应的配套设施组成。CSNS 的建成和投入使用将有效缩短与世界前沿近 30 年的差距。

图 2.12　中国散裂中子源全景 (图片来自网络)

2.4.2　织构及残余应力测量

多晶材料的择优取向特征就为织构，一般用晶体学指数、直接极图、反极图、等面积投影及取向分布函数等方法来表示。X 射线衍射是宏观织构检测的有效手段，因此不能获得多晶材料局域的晶粒形貌，虽然检测范围较大，但精度不足。电子背散射衍射 (Electron Backscattered Diffraction，EBSD) 通过标定菊池花样实现了材料表面织构和微观结构测定，但要完成三维织构的精确表征，成本异常高昂。20 世纪 90 年代面探测器的发明开启了同步辐射 X 射线进行材料织构测量的新机遇。在透射中放置一个面探测器，就可以记录全德拜环，使尺寸从微米到厘米级局域非破坏性织构的测量成为可能，实现了材料局域更高精度和更高速度的三维织构测试。根据实验模式 (布拉格、德拜和劳厄) 的不同，同步辐射 X 射线衍射用设备也不尽相同。为了实现材料结构特征的探测，一般需在同步辐射光束线中配置准直镜、单色器和聚焦镜等三种光学元件，并选择合适的入射光波长、能量分辨率、X 射线强度、光源发射度及光束焦斑尺寸等基本束线参数。同步辐射光源高通量、波长连续可调等优点使高分辨粉末衍射的分辨率比常规光源粉末衍射高几倍到一个数量级，在物相定量分析和晶体结构测定中得到了广泛应用 [18,19]。

上述方法各有特点，但都很难获得大尺寸样品的三维高分辨织构。基于散裂中子源的中子衍射技术将能够有效弥补织构分析中穿透性、破坏性、精度低和取样小等诸多方面的不足。中子衍射技术是织构分析的强大工具，它尤其能够完美解析粗晶材料的织构测量和完整极图。晶体材料的 X 射线和中子衍射条件可用劳厄方程或者布拉格方程来表示 [18,19]，即有

$$n\lambda = 2d_{(hkl)} \sin \theta_{(hkl)} \tag{2.4}$$

式中，n 为反射级数，λ 为中子波长，d 为晶面 (hkl) 间距，θ 为衍射角。

众所周知，残余应力是材料内部非均匀应变所致。在材料及构件的制造加工和服役过程中均会产生残余应力，残余应力甚至决定着材料的服役性能。可以通过晶面间距 d 的变化来确定多晶材料的应变 ε 分布，再根据弹性本构关系或者胡克定律得到材料变形前后的应力 σ 变化，即有

$$\varepsilon_{ij} = (d - d_0)/d_0, \quad \Delta\theta = -\varepsilon_{ij} \tan \theta$$

$$\sigma_{ij} = \frac{E}{1+v}\varepsilon_{ij} - \frac{vE}{(1+v)(1-2v)}\delta_{ij}\varepsilon_{kk} \tag{2.5}$$

式中，d_0 为初始状态的材料晶面间距，$\Delta\theta$ 为衍射角变化，E 是杨氏模量，v 为泊松比，δ 为 Kronecker 函数，下标 i、j 和 k 为张量表达。

把衍射和断层成像结合起来开展材料疲劳损伤研究是目前同步辐射极具前景的发展方向。原则上，衍射和断层成像实验都可采用单色光或者白光。但由于白光的光子通量远强于单色光，因此数据采集会快得多，有利于提高时间分辨率；但空间分辨率则为单色光的五分之一。因此对于研究诸如裂纹萌生、蠕变损伤等动态行

为, 白光断层成像的优势较为明显。目前法国 ESRF 和美国 APS 均发展了块体材料织构分析方法, 其中 ESRF 的 ID19 线站和 ID11 线站发展了吸收和 (或) 相衬显微成像技术 (见图 2.13[15,16])。ID11 线站的发展目标是能够在数分钟内实现空间分辨率为 1 μm 的原位过程表征。

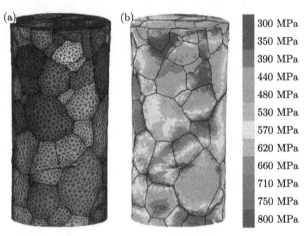

图 2.13   基于同步辐射衍射衬度成像的亚稳态粗晶 β 钛合金原位拉伸变形 [15,16]

(a) 基于晶粒形貌的单元网格; (b) 基于有限元的 Von Mises 应力分布

循环载荷下材料损伤行为是航空航天、高铁、核工业等领域服役安全设计的重要研究课题。传统的基于名义应力的无限寿命设计通过求取材料受载过程中的许用应力来确定部件或者结构的承载性能。基于断裂力学的损伤容限设计则承认材料或者部件中存在缺陷 (或者裂纹), 评估出剩余强度和剩余寿命。无论是无限寿命设计还是损伤容限设计, 都离不开对临界部位应力分布的提取与表征 [20,21]。应力谱仪可以测量工程材料及部件内部残余应力的分布, 是机械装备制造和性能评价的超级显微镜。例如核反应堆外壳、航空发动机叶片、火箭推进装置部件及复杂航天部件焊接结构等, 其中残余应力及疲劳损伤研究至关重要。

金属材料在应力载荷下的疲劳形变导致位错局域累积, 造成材料损伤及微纳米级裂纹形核。对于具有平面滑移特征的合金, 在疲劳过程中形成的驻留滑移带 (剪切带) 为损伤破坏的基本单元, 其形成与扩展决定材料的疲劳强度与寿命, 而滑移带 (剪切带) 的三维介观位错模型及时空分辨的动态演化是形变与损伤领域研究的热点与难点。但由于缺乏先进的表征手段, 有关形变带内局域应力/应变集中、亚结构演化及微观形变损伤过程的解释一直众说纷纭。最近, 我国著名学者王沿东教授利用美国 APS 的 34-ID-E 微束衍射线站原位表征了低堆垛层错能奥氏体不锈钢试样 (2.75×1.25×0.2 mm³) 在轴向拉压高周疲劳加载过程中亚微米尺度 (空间精度约 1 μm) 上的应力分布变化, 成功揭示了疲劳剪切带损伤的微观机制 [22], 如图 2.14

所示。

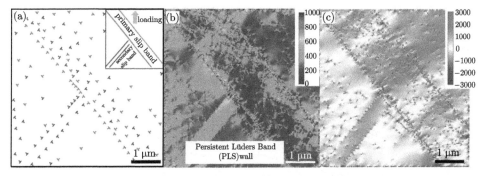

图 2.14 基于显微衍射成像实验的位错动力学仿真结果 [22]

(a) 位错松弛模拟；(b) 位错松弛后的 Von Mises 分布；(c) 矢量 q 方向的晶格应变场

研究表明 [22]，通过对疲劳剪切带位错结构引起的巨大应力梯度与微小取向梯度的精确表征，确定了亚微米尺度应力场的动态演化精细过程；揭示了几何必需位错对剪切带形成、剪切带交互作用及微观损伤的影响机理；以平面滑移金属低应变幅循环形变为例，澄清了交叉剪切带处应力集中引起疲劳寿命偏离经典 Coffin-Manson 定律的物理本质。同时利用具有三维分辨的同步辐射原位表征手段，开展块体材料局部形变与损伤破坏研究，根据晶粒取向相关的疲劳损伤测量，提出剪切带交互作用的新位错模型。这一研究成果对金属材料的疲劳断裂行为和使用寿命的准确预测及高性能构件的设计具有重要的指导意义。

一般认为，材料中的拉伸残余应力对裂纹萌生有促进作用，尤其是焊缝区域存在接近于屈服强度的残余拉应力，是造成焊接结构疲劳失效的重要原因。安全性是重大工程装备 (如核电、高铁、飞机等) 的首要设计目标。然而很多临界安全部件的寿命主要由裂纹萌生阶段控制，因此如何准确测定真实服役条件下裂纹尖端的应力分布及其演化规律是建立寿命预测模型的关键。基于德国 DESY 的 HARWI II 实验站，图 2.15 中给出了过载下紧凑拉伸 (Compact Tension, CT) 铝合金 6056-T6 试样裂纹尖端应力场实测结果与有限元模拟结果的对比 [1]。

由图可知，有限元模拟证实了同步辐射 X 射线衍射应力分布的准确性与可靠性。这一研究为本书提出的基于裂纹循环塑性行为的裂纹扩展速率模型提供了实验方法，对于准确表征材料疲劳损伤行为具有重要意义。然而同步辐射 X 射线衍射技术不易获得材料深部的应力梯度变化，且实验过程和数据处理较为复杂；散裂中子源是目前工程材料内部应变和应力无损表征的最理想手段，同时可根据材料的真实服役情况建设温度、气氛、拉伸及疲劳加载等样品环境。

应用中子衍射开展大体积材料甚至结构部件内应力的测定是散裂中子源的重大工程需求。由于残余应力是一种自平衡力，这就意味着残余应力会因为裂纹萌生和扩展而重新分布。中子衍射技术是极具发展前景的工程部件残余应力测试的先进手段，能够非破坏性深入厘米级深度获取残余应力分布。基于散列中子源的中子衍射所需要的试样形状没有限制，并且在获取完整极图时不需要对试样进行特殊处理。尤其重要的是，中子衍射能够获得较大尺寸样品的三维织构和残余应力分布的在线原位分析，这就需要采用数量众多的线探测器和面探测器。例如俄罗斯反应堆 IBR2 上的衍射仪装有 19 个探测器，美国 HIPPO 衍射仪上安装了 1360 个探测器。德国 GeNF 覆盖了从原子尺度到微米尺度的大尺寸范围的材料结构探测能力，两个衍射仪 Ares-2 和 FSS 专门用于研究金属合金及焊接残余应力。英国 ISIS 对核电站气冷堆的临界焊接组件进行应力表征，证实了焊接修复能够确保焊接结构完整性，从而使核电站的服役寿命延长近 5 年，节省了约 30 亿英镑的巨额资金，是应用中子散射开展工程研究的经典案例。

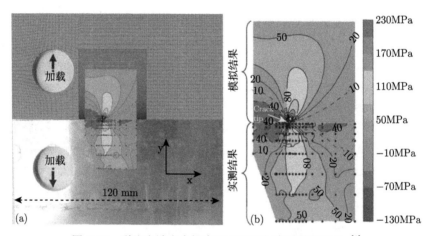

图 2.15   裂纹尖端应力场有限元预测与实测结果对比 [1]

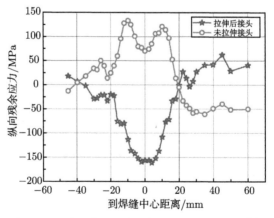

图 2.16   基于中子衍射的接头残余应力分布 [1]

德国中子源具备从原子到微米尺度的材料研究能力，已成功对 IN 718 高温合金涡轮盘和飞机铝合金激光焊接头的残余应力进行标定。图 2.16 给出了民航客机搅拌摩擦焊接 (Friction Stir Welding，FSW)2024 铝合金在预拉伸处理前后的残余应力比较 [1]，表明拉伸能够有效降低焊缝残余拉伸应力。

2.5 本章小结

由于具有优异的力学和物理性能，金属材料已成为最重要的一类工业用结构材料。然而由于金属特有的不透明性和较大的密度值，严重限制了人们采用动态实验手段准确表征服役条件下材料内部的劣变行为。现代大科学装置的飞速发展使得对材料微观结构及动态行为的跨尺度高分辨表征成为可能，从而在实验室就可以预测出各种极端复杂条件下材料的形变机制。其中同步辐射断层成像和衍射成像的复合表征技术将是未来材料疲劳损伤研究的重要方向。

近年来，高性能 X 射线源 (包括同步辐射光源、X 射线自由电子激光) 和散裂中子源等大科学平台在高新技术研发和重大装备评价中的作用和地位日益突显，已经成为一个国家基础学科布局和战略性技术核心竞争力的重要组成部分。目前，中子散射技术在生物、生命、医药等研究领域发挥着 X 射线无法替代的作用。散裂中子源与同步辐射光源互为补充，已经成为基础科学研究和新材料研发的最重要平台之一。研究人员应尽快了解大科学装置的基本原理和实验能力，创新研究手段，准确把握学科发展方向，积极主动开展学科交叉应用研究。

本章简要叙述了同步辐射光源的产生、特点及应用，如需要进一步了解，可参阅相关专业书籍和论文。同时考虑到材料损伤研究的完整性，本章也对 X 射线自由电子激光和散裂中子源进行了简单介绍与展望。后面章节将重点从实验技术、理论建模和仿真模拟等三方面对基于同步辐射光源的材料疲劳损伤行进行详细介绍。

参 考 文 献

[1] Staron P, Schreyer A, Clemens H, et al. Neutrons and Synchrotron Radiation in Engineering Material Science: From Fundamentals to Apllications. Second Edition. Weinheim: Wiley-VCH, 2017.

[2] 冼鼎昌. 北京同步辐射装置及其应用. 南宁：广西科学技术出版社，2016.

[3] 徐朝银. 同步辐射光源与工程. 合肥：中国科学技术大学出版社，2013.

[4] 麦振洪. 同步辐射光源及其应用 (上册、下册). 北京：科学出版社，2013.

[5] 肖体乔, 谢红兰, 邓彪, 等. 上海光源 X 射线成像及其应用研究进展. 光学学报，2014，34(1): 0100001.

[6]   姜晓明，王九庆，秦庆，等. 中国高能同步辐射光源及其验证装置工程. 中国科学：物理学、力学、天文学，2014，44(10): 1075-1094.

[7]   王绍钢，王苏程，张磊. 高分辨透射 X 射线三维成像在材料科学中的应用. 金属学报，2013，49(8): 897-910.

[8]   曹飞，王同敏. 同步辐射成像技术在金属材料研究中的应用. 中国材料进展，2017，36(3): 161-167.

[9]   Wilde F, Ogurreck M, Greving I, et al. Micro-CT at the imaging beamline P05 at PETRA III. AIP Con Proc, 2016, 1741: 030035.

[10] 朱佩平，朱中柱，何其利，等. X 射线相位衬度 CT 投影直线模型研究. 中国体视学与图像分析，2017，22(3): 257-270.

[11] Pfeiffer F, Weitkamp T, Bunk O, et al. Phase retrieval and differential phase-contrast imaging with low-brilliance X-ray sources. Nature Physics, 2006, 2: 258-261.

[12] Wu S C, Xiao T Q, Withers P J. The imaging of failure in structural materials by synchrotron radiation X-ray micro-tomography. Eng Fract Mech, 2017, 182: 127-156.

[13] Bucksbaum P H, Berrah N. Brighter and faster: the promise and challenge of the X-ray free-electron laser. Physics Today, 2015, 68(7): 26-32.

[14] 周开尚. 超高亮度 X 射线自由电子激光物理研究. 上海：中国科学院大学博士学位论文，2018.

[15] Ludwig W, King A, Reischig P, et al. New opportunities for 3D materials science of polycrystalline materials at the micrometre lengthscale by combined use of X-ray diffraction and X-ray imaging. Mater Sci Eng A, 2009, 524: 69-76.

[16] Zhang S Y, Evans A, Eren E, et al. ENGIN-X–instrument for materials science and engineering research. Neutron News, 2013, 24(3): 22-26.

[17] 姜传海，杨传铮. 中子衍射技术及其应用. 北京：科学出版社，2012.

[18] 毛卫民，杨平，陈冷. 材料织构分析原理与检测技术. 北京：冶金工业出版社，2008.

[19] 周玉. 材料分析方法 (第三版). 北京：机械工业出版社，2012.

[20] 吴圣川，朱宗涛，李向伟. 铝合金的激光焊接及性能评价. 北京：国防工业出版社，2014.

[21] Bathias C, Pineau A. 吴圣川，李源，王清远，译. 材料与结构的疲劳. 北京：国防工业出版社，2016.

[22] Li R G, Xie Q G, Wang Y D, et al. Unraveling submicron-scale mechanical heterogeneity by three-dimensional X-ray microdiffraction. PNAS, 2018, 115(3): 483-488.

第3章   原位成像加载装置

材料试验机是一种测定工程材料及标准部件疲劳性能的专用仪器，它具有载荷可选、频率可调、模式灵活、种类丰富等特点。20世纪50年代闭环液压伺服试验机的发明，是材料疲劳与断裂研究中的里程碑事件。材料试验机的研发不仅实现了短时间内获得设计和服役数据的目标，而且得到了材料在特定失效模式下的极限承载性能，已经成为新材料研发及结构性能评价的关键装备。

目前试验机品牌主要来自美国、德国和日本等三个工业发达国家，尤以美国和德国的试验机最具有代表性。例如，美国的材料试验机可以追溯到1880年的奥尔森式万能试验机以及1921年的威尔逊仪器，并在20世纪50年代迎来行业发展的黄金期，著名的MTS试验机就诞生于这一时期。德国也是世界上最早研制试验机的国家之一，其产品涵盖了绝大部分材料性能的测试，例如世界上最大负载为1万吨的液压伺服试验机以及最大负荷20 MN的万能材料试验机，并且产品结构趋于数字化、自动化、节能化和模块化。根据作动模式的不同，主流商用试验机大致可分为两类：电液伺服型和电磁谐振型，如图3.1(a)和(b)所示。

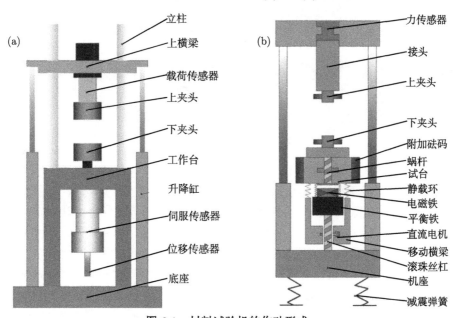

图 3.1   材料试验机的作动形式

(a) 电液伺服型；(b) 电磁谐振型

3.1   加载机构的发展

从主体结构上来看, 大型商用材料试验机一般有立式和卧式两种结构, 尤其以立式为主, 质量和体积均较大, 适用于大尺寸试样。目前材料试验机已经能够完全满足基于名义应力方法的无限寿命设计所需的疲劳寿命数据测试, 从而建立材料的低周疲劳应变–寿命曲线 (ε-N 曲线) 和高周疲劳应力–寿命曲线 (σ-N 曲线), 也完全能够满足基于断裂力学的损伤容限设计所需的抗疲劳断裂测试, 从而获取材料的疲劳裂纹扩展速率、裂纹扩展门槛值及断裂韧性。然而上述材料试验机仅能获得材料宏观的损伤关联参量 (例如循环寿命、疲劳裂纹扩展速率等), 很难揭示与损伤行为有关的微结构特征及其影响, 尤其不能在外部加载中实时观测试样中的损伤演化行为。为此, 一种把扫描电子显微镜 (SEM) 与疲劳加载单元集成一体的商用原位 SEM 疲劳试验机应运而生 [1], 如图 3.2 所示。

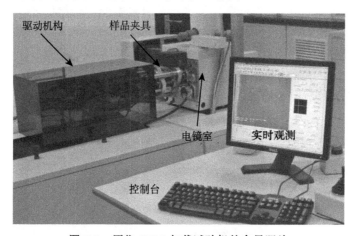

图 3.2   原位 SEM 加载试验机的全景照片

原位 SEM 试验机能够在疲劳加载的同时实现原位观测试样表面的损伤形成及其演变全过程, 还可以把温控系统集成进来, 从而研究不同温度下的材料劣变机理, 是研究材料疲劳损伤的得力助手。由于引入了原位 SEM 观察, 用户可以在维持最大裂纹张开位移以及尽可能低频率 (一般为 0.01 Hz) 的条件下放大感兴趣的区域至数千倍。尽管如此, 原位 SEM 疲劳试验机仅能观察试样一个外表面上的损伤演化过程, 如果亚表面或者内部萌生裂纹导致试样破坏, 这一失效过程通常很难捕捉到 (见图 3.3), 从而导致试验失败。此外, 用于原位 SEM 疲劳试验的材料试样尺寸一般较小, 例如厚度不宜超过 2 mm, 长度为 45 mm。为了准确观测缺陷 (如裂纹、气孔、未熔合等) 致疲劳裂纹萌生现象, 不仅试样表面要求繁琐的抛光处理,而且原位 SEM 加载单元也需要抽真空。

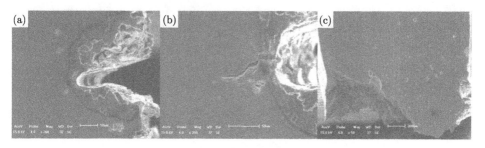

图 3.3　激光复合焊接 7075-T6 铝合金疲劳断裂

(a) $N=2$；(b) $N=5323$；(c) $N=5889$

从图 3.3 中可以看出，虽然在激光复合焊接 7075-T6 铝合金试样表面存在一个较为明显的缺口，疲劳加载到 5323 周次才发现裂纹在缺口处萌生，在 5889 循环周次时试样突然断裂。断口观察发现，试样的背面的裂纹萌生和扩展是导致试样失效断裂的主要原因，可见原位 SEM 疲劳试验仍然不能准确定位损伤源。

另外一种对试样表面变形及损伤进行准原位测量的辅助系统逐渐受到各国学者的认可，这就是数字图像相关技术 (DIC)，亦称之为数字散斑技术，基本配置如图 3.4 所示。DIC 是一种基于数字图像处理、计算机视觉原理和数值仿真的大视场变形测量的非干涉、非接触式光测力学方法。与损伤和断裂力学理论及数值计算理论相结合，DIC 技术可以相对准确地预测试样表面在各种载荷和服役环境下的损伤演变行为，是当前实验力学领域应用最广泛的光测力学方法之一 [2,3]。

图 3.4　标准 DIC 系统配置图 (图片来自于网络)

与原位 SEM 疲劳观测相比，DIC 技术能够监测的视场范围更大，尤其是能够把广域内损伤演化的位移场和应力应变解析出来，这对于定量表征材料的服役性能具有重要意义。然而 DIC 技术的空间精度在准确追踪微米级裂纹尖端场方面还是无法满足科学家对疲劳损伤演化准确表征的迫切需求。另外，DIC 技术使用的试样一般为平面应力构型, 对于大体积试样仍然无能为力。

随着对损伤空间演化行为的日益重视, 一种称为数字体积相关技术 (DVC) 的三维图像处理方法迅速发展起来 [3,4]。本质上, DVC 技术是 DIC 技术的三维扩展版, 但可以给出裂纹尖端的空间位移场及其应变场 (见图 3.5[3])。尽管空间分辨率不如 DIC 技术, 但 DVC 技术与数值仿真相结合, 能够定量表征出更接近真实加载和环境条件下材料断裂破坏机理, 显然与原位 SEM 疲劳观测相比, 能够给出材料内部更多的损伤形貌分布及演化信息。由此可见, 实时动态观察金属材料内部的缺陷分布及其演化行为已成为各国学者梦寐以求的科学目标。

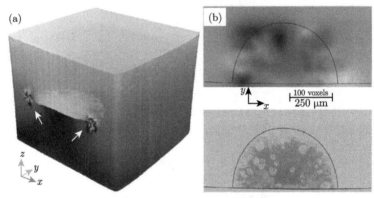

图 3.5 基于 DVC 技术和 X 射线成像的 N=160000 时裂纹前缘 [3]

(a) 位移场; (b) 裂纹形貌

同步辐射三维成像技术的发展及应用为基于三维图像数据的金属材料内部疲劳损伤研究提供了前所未有的机遇。为了利用高精度和高亮度的先进光源进行金属材料损伤演化过程成像研究, 各国学者研制出兼容于相应光束线配置的原位成像加载装置。法国 INSA Lyon 的 Buffière J Y 教授是较早开展这方面研究的著名学者之一 [5]。他首先设计了一台原位拉伸/压缩试验机, 通过步进电机和减速齿轮实现了轴向位移的控制, 位移变化设计范围为 $5 \times 10^{-4} \sim 1.0$ mm/s, 负载范围为 50∼ 5000 N。由于材料的疲劳损伤行为在工程和学术领域更为重要, 需求更为迫切, 随后他进一步研制了基于欧洲同步辐射光源的原位疲劳试验机。然而由于同步辐射光源机时的限制, 例如一般分配给用户的成像机时最多不超过 48 小时, 目前国内外基于同步辐射光源成像的原位疲劳损伤行为研究多为低周疲劳范畴。

在低周疲劳研究中, 由于同步辐射 X 射线成像中需要样品至少旋转 180° 才能完整采集一套 CT 数据, 且在样品旋转的过程中试验机不能对入射 X 射线有严重的阻挡。因此, 图 3.1 中所示带立柱的传统疲劳试验机并不能直接安装在同步辐射实验线站中开展材料原位加载成像的疲劳损伤行为研究。

原则上所有高能 X 射线均有潜力开展材料的疲劳损伤行为研究。目前能够广泛开展金属材料疲劳损伤研究的代表性同步辐射光源有法国 ESRF、日本 Spring-8 和美国 APS 及 ALS(Advanced Light Source)，原位加载装置实物分别如图 3.6(a)~(c) 所示；著名学者主要有法国 INSA Lyon 的 Buffière J Y 教授 [5]、日本九州大学的 Toda H 教授 [6] 及美国加州大学的 Bale H A 教授 [7,8]，其中后者装置可开展1000 °C 以上的高温拉伸试验。近年来，英国曼彻斯特大学的 Withers P J 教授在英国 Diamond 光源开展了各种材料的疲劳损伤机制研究，也开发了兼容 Diamond 光源的加载装置 [9,10]。鉴于原位加载装置的重要性，美国西北大学 Cao J 教授近年也在研制基于美国 APS 的疲劳试验机，但尚未真正用于实验研究。

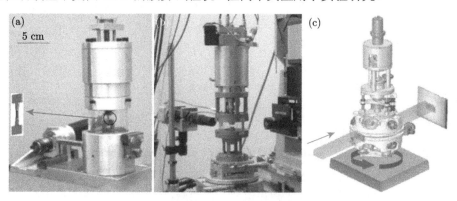

图 3.6　基于高能三维 X 射线成像的原位加载机构
(a) 基于 ESRF 的原位试验机 [5]；(b) 基于 Spring-8 的原位试验机 [6]；
(c) 基于 APS 的高温原位试验机 [7,8]

然而，必须指出的是，由于机械式驱动的设计特点，这些微型加载装置的最优可用载荷及频率分别约为 1000 N 和 10 Hz，目前难以实现应变控制或者闭环控制，这是基于同步辐射光源开展材料疲劳损伤研究的技术瓶颈。另外，这些试验机尺寸普遍较小，加之光源能量限制，在进行疲劳损伤成像试验中还无法采用标准试样或者大体积试样，因此只能定性地评估疲劳损伤演变行为。

除了轴向加载的原位装置外，美国 Barnard 等学者正在研制一种基于美国 APS 光源的高温弯曲加载试验系统，包括三点加载和四点加载两种夹具，分别如图 3.7(a) 和 (b) 所示 [11]。为了监测弯曲加载条件下的裂纹扩展及损伤演化，他们还配备了声发射设备。在氩气氛中，使用三点弯曲加载结构可以准确测量 1000°C 条件下试样中心区域裂纹长度，从而建立材料的 R 阻力曲线。从图 3.7(a) 可以看出，由于载荷施加位置的约束效应，三点弯曲加载的材料试样仍然存在 X 射线透射率不同的问题 (成像质量取决于试样最大空间特征尺寸)，导致更适用于轻质材料的问题。因此，图 3.7(b) 试图通过改变加载力方向来消除传统三点弯曲加载试验中 X 射线

透射率不同 (大的尺寸比) 导致的衬度问题, 目前仍在完善中。

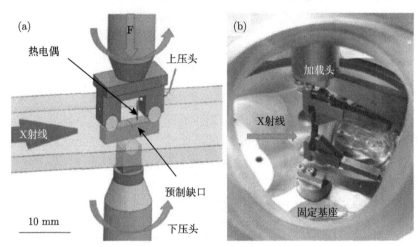

图 3.7   基于美国 APS 的弯曲加载机构 [11]

(a) 三点弯曲夹具; (b) 四点弯曲夹具

综上所述, 各类原位加载装置除了具备大型商用试验机的基本功能外, 还有以下特点: 体积小、重量轻、不遮光, 同时平台兼容性强, 维护简单, 携带方便。从加载类型上看, 分为原位疲劳加载和原位拉伸加载; 从环境气氛看, 分为常温、低温和高温; 从研究地域上看, 美国少见原位疲劳装置研发和相关研究; 从公开报道看, 近年来日本在基于同步辐射成像的材料损伤机制的研究方面处于停滞状态; 法国和英国分别基于 ESRF 和 Diamond 光源的研究比较活跃 [10-14]。

上海光源是第三代中能同步辐射光源, 是我国迄今最先进的大科学装置之一。胡小方教授在国内较早研制了基于先进光源的原位拉伸试验系统, 并成功用于粉末冶金材料、粉末烧结过程、纤维增强复合材料及碳纤维复合材料等失效机制的研究, 取得了一系列成果 [2,12]。如图 3.8 所示系统由微力加载、载荷输出控制和旋转定位等三个部分构成。微力加载系统利用大行程步进电机与高精度压电陶瓷的耦合驱动, 实现对小试件的精确加载; 旋转定位系统利用多维电控位移旋转复杂轴系实现对试件的精确定位和微结构演化的定量观测。

著者从 2011 年以来在上海光源成像线站 BL13W1 和微束衍射线站 BL15U1 开展了高强度铝合金激光复合焊缝和增材制造钛合金的强度和疲劳损伤机制研究, 2014 年与法国 INSA Lyon 的 Buffière J Y 教授合作在欧洲光源 ID19 线站首次开展了原位疲劳成像研究, 取得了一系列原创性高水平成果, 并研制出基于上海光源的原位拉伸和疲劳试验机 [15-24], 相关研究填补了国内空白, 使得我国在该领域的研究具有显著的学术影响力。然而, 随着北京高能同步辐射光源的加速建设以及即将开放运行的东莞散裂中子源等大科学装置的迅速发展，为充分利用先进光源开展高端科学实验，研制与先进光源兼容的、能够模拟真实服役环境的、具有多种加载模式 (例如拉伸、弯曲、疲劳等) 的大载荷和高频率原位成像试验机已迫在眉睫。

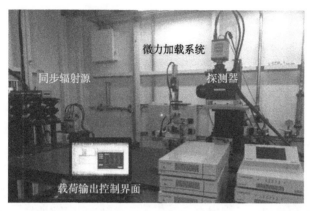

图 3.8　胡小方课题组研发的原位拉伸系统全景 (许峰教授提供)

　　基于上海光源成像线站的基本性能指标及原位加载结构的鲁棒性，本章拟从四个方面进行阐述，重点介绍原位拉伸和疲劳试验机研制中的关键技术，包括作动机构的设计及强度校核、夹持机构的设计和试样中心度、试验机减振和数据采集系统设计以及原位疲劳试验方法和调试等。需要指出的是，研制的原位拉伸和疲劳试验机同样可以在北京同步辐射装置 (第一代) 和合肥同步辐射装置 (第二代) 开展材料疲劳损伤实验，但后者已不具备需要的硬 X 射线源。

3.2　原位拉伸试验机

　　同步辐射光源为科学家研究材料疲劳损伤机制提供了一种划时代的高品质 X 射线。然而，要实现材料劣变行为的原位成像表征，还需要研制不同于商业大型试验平台的微型加载装置，并且与光束线站配置良好兼容。具体来说，实验站成像旋转台的承重能力和 X 射线的优化能量是设计原位加载装置时必须考虑的两个因素，前者控制着加载装置的总质量，而后者决定了试验装置的最大有效输出载荷。例如，对于轻质高强度的钛合金材料，根据其对 X 射线的吸收特性可以计算出，在优化能量为 55 keV 和 X 射线透射率为 25% 的条件下，钛合金试样成像区的最大直径不应超过 3 mm。这种情况下，便可根据钛合金的抗拉强度确定出原位加载装置的有效峰值载荷。

　　由此可见，决定加载装置试验能力的最重要因素是 X 射线能量。根据同步辐射光源的透射成像特点，一般来说材料的密度越小，用于成像试样的直径越大。考虑到尺寸效应和衬度差异, 目前同步辐射 X 射线三维原位成像研究疲劳损伤的材料多为轻质合金, 例如各种轧制铝合金 (Al-Si-Mg、Al-Mg-Si、2024、2A97、6061、7020、7050、7075)、Ti-6Al-4V 以及少量铸铁和复合材料等。

3.2.1　主功能设计

原位成像拉伸试验机的主要功能是指在轴向拉压载荷下实现材料内部损伤的演化成像, 主要特点为结构简单、易于实现、载荷较大。基于 SSRF 成像线站 BL13W1 的基本配置, 拉伸试验机采用立式结构, 如图 3.9 所示。试样周围加装高强度有机玻璃罩（PMMA）作为试验机承载单元, 减小金属支撑机构对 X 射线的强吸收影响。同时, 由于有机玻璃罩厚度均匀, 可以保证试验机旋转过程中对 X 射线的吸收基本一致, 因此 X 射线强度 ΔI 可近似等于样品吸收总量。但高能 X 射线对 PMMA 管有损伤作用, 需要定期更换玻璃罩。原位拉伸试验机有多种加载方式, 最简单的是通过转矩和自锁装置进行手动加载, 并在电脑上实时监测载荷。为确保试样对中度及加载过程中不至发生偏心, 图 3.9 中的夹具下端固定, 上端面对称配置四个螺钉, 另外两个旋紧螺帽用于施加载荷。为了防止加载中应力松弛导致载荷输出不准确, 还需要在加载单元上设计锁紧装置, 锁紧加载单元如图 3.10 所示。

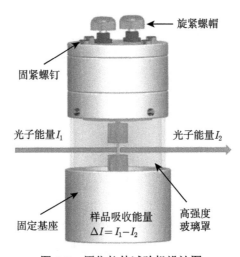

固紧螺钉 ←

旋紧螺帽 ←

光子能量 I_1　　　　　　　　光子能量 I_2

固定基座

样品吸收能量
$\Delta I = I_1 - I_2$

高强度
玻璃罩

图 3.9　原位拉伸试验机设计图

图 3.10 中的锁紧加载单元中, 载荷传感器安装在加载路径上, 以确保采样的准确性与可靠性。同时在旋杆上下加装滚子轴承, 起到承载和减小摩擦阻力的作用。旁边配置的锁紧螺钉用于锁紧旋杆, 固定其加载位置, 起到单调拉伸过程中稳定加载力和确保试样精确对中的作用。

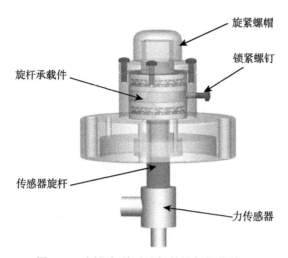

图 3.10 原位拉伸试验机的锁紧加载单元

3.2.2 拉伸试验方法

在对同步辐射光源成像线站精密转台勘察的基础上，按照前述结构及功能加工原位试验机部件，同时购置相关标准配件并组装。然后开展电磁信号兼容性调试，校准传感器载荷，分别在上海同步辐射光源 BL13W1 成像线站和北京同步辐射装置 4W1A 成像线站上进行系统调试，如图 3.11 所示。对多种金属材料如高铁车轴用 25CrMo4 合金钢、增材制造 Ti-6Al-4V、导弹固体燃剂、铝镁合金、激光复合焊接 7020 铝合金和 7050 铝合金、激光焊接 2A97 铝锂合金、铝镁铜搭接接头及不锈钢纤维材料进行原位拉伸观测，取得了预期成像效果，现以多孔不锈钢纤维材料拉伸过程为例对原位拉伸试验方法进行说明。

多孔金属纤维材料是一类超轻结构材料，具有冲击过程中能量吸收、吸声及结构承载等功能。目前人们已经对其力学性能与微观孔结构的本构关系进行了研究，但采用原位拉伸三维成像方法考察纤维及孔结构演化的研究并不多见，而这一变化对于澄清其变形机制至关重要。试样材料为多孔不锈钢纤维，厚度为 1.0 mm。优化的同步辐射 X 射线的光子能量为 30 keV，CCD 探测器的像素尺寸为 3.25 μm，曝光时间为 5 s，试样距离 CCD 探测器 170 mm，样品台旋转 180° 进行 CT 成像数据采集，步长为 0.5°。整个原位成像拉伸试验进程划分为 3 个阶段：试验中先扫描试样初始状态，随后进行静力加载，加载至指定力值后保持一段时间进行拍照成像，同一个载荷下，扫描一个完整样品一共采集 1083 张投影，耗时约 5000 s。图3.12 给出了不同加载阶段不锈钢纤维材料的损伤演化规律 [25]。

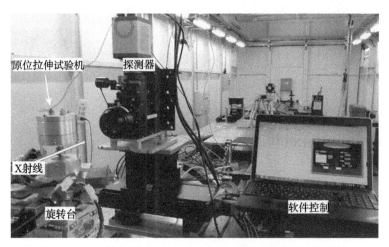

图 3.11　上海光源 BL13W1 成像线站的原位拉伸试验系统

图 3.12　不锈钢纤维不同变形状态的三维成像形貌 (西北有色金属研究院马军提供)

扫描结束后，利用专用软件对投影照片进行相位恢复、重构、灰度转换等操作，得到其二维切片图像，之后借助商业三维图像处理软件 Amira 进行三套 CT 数据拼接，获得纤维排列的三维图像。由图 3.12 可以清楚地看出，随着拉伸加载的进行，纤维束与加载方向的夹角逐渐变小，小角度纤维数量逐渐增加。

3.3　原位疲劳试验机

3.3.1　主功能设计

原位疲劳试验机在拉伸试验机的基础上增加作动机构与控制采集模块，整体设计如图 3.13 所示。光源是平行光，故试验机整体设计优先采用立式结构，同时采用有机玻璃罩作为立式的支撑件，使得同步辐射光透过玻璃罩直达试样而具有相同光强度的损失。拉伸疲劳试验机分为以下四个模块：疲劳作动单元、试样夹持单元、信号采集单元及电机控制单元 [25]。

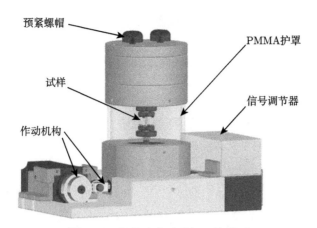

预紧螺帽

PMMA护罩

试样

信号调节器

作动机构

图 3.13　拉伸疲劳试验机三维模型

疲劳作动采用较为简洁的机械连杆传动方式, 伺服电机驱动连杆对试样进行加载。这种设计方式的好处在于试验机整体重量可以得到很大程度的减轻, 同时结构简单, 便于维护。缺点在于对机械部件精度要求高, 同时产生不可避免的机械噪声, 干扰信号的传递。此外, 精度控制有限, 不易形成闭环控制。

试样夹持采用螺纹连接和紧固方式, 可以很好地保证试样装夹紧凑, 载荷传递可靠。信号采集利用高速数据采集卡完成, 采集到的模拟电压通过换算得到实际载荷大小。模拟电压容易受电磁干扰, 携带很多不必要的白噪声, 甚至导致结果失真。因此需要根据奈奎斯特定理 (Nyquist's Theorem) 选用合适的采样频率。

一般来说, 电机的转动有两种控制方式, 即脉冲信号控制和伺服数字信号控制。根据伺服电机的控制原理还可分为速度环、位移环及转矩环等三类。根据相应的需要可以对电机进行适当的选择和调节。

由于同步辐射光源成像线站平台的空间及承重有限, 对疲劳试验机的整体设计也提出了严格的要求。以上海同步辐射光源 BL13W1 成像线站为例, 平台的载重量要求为小于等于 6 kg, 同步辐射 X 射线到平台底部距离为 70 mm, 试样至 CCD 探测器的距离应小于 30 cm。因此, 为满足上述设计要求, 采用的整体设计思路为: 先取整体空间尺寸为 $220\times150\times170$ mm^3, 再分单元进行单独设计。根据实验平台承重要求, 选材宜用质量轻、强度高的材料。对结构进行质量属性的评估, 总质量为 4.52 kg, 其他参数见表 3.1。

表 3.1　原位疲劳试验机的设计惯性参量(kg×mm^2)

参数	I_x	I_y	I_z	P_x	P_y	P_z
取值	0.97, 0.04, 0.2	-0.02, 0.99, -0.07	-0.24, 0.06, 0.97	1.10×10^4	2.03×10^4	2.06×10^4

所研制的原位疲劳试验机依托于大型光源硬 X 射线成像线站 (目前例如上海

光源和北京同步辐射装置),原位疲劳成像系统基本构成为:X 射线源、CCD 探测器、多自由度旋转台、原位疲劳加载机构和原位拉–拉软件系统。

3.3.2　作动机构设计

疲劳试验机的作动单元在试样加载过程中起着关键作用,并且在高频率往复加载的工况下,零部件极容易产生疲劳或者磨损,为设计加工带来了难度。从目前国内外发展的基于同步辐射光源的原位加载机构来看,仍然以机械式作动为主。以立式试验机为主体形式,作动机构可行的选择有:电液伺服作动、电磁谐振和机械式间歇作动等。电液伺服是利用电磁作动液压缸从而输出载荷,其优点在于动作连续可控,定位精确,运动平稳,是低周疲劳试验的主要作动形式;缺点在于维护繁杂,作动形式为低频作动,无法适应光源所需的高频疲劳加载。

电磁谐振是利用电磁振荡原理,电磁振动器作为动力源。当激振系统的振动频率达到了系统自身固有频率,系统发生共振,产生的微小激振力经过放大后作用在试样上,进而实现对试样的加载。电磁激励方式一般适用于高频疲劳试验,也是未来基于同步辐射 X 射线成像的原位疲劳试验机的重要发展方向。

机械式作动机构是利用机械结构的直线行程作为试验机系统的动力输入源,本质上是利用位移控制实现加载。常用的机械式间歇性运动机构有:棘轮机构、槽轮机构、凸轮机构、曲柄连杆机构及不完全齿轮机构。其中,凸轮连杆机构是一种常见的间歇式运动机构,原理如图 3.14 所示。

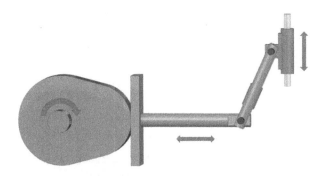

图 3.14　原位试验机所采用的凸轮连杆机构

为减小凸轮与推杆端面之间的磨损,提高原位疲劳试验机的整体使用寿命,在凸轮–连杆端加装滚子轴承;凸轮采用偏心设计,增加了从动件的行程,同时减小电机轴端的负荷;分别设定连杆的行程路径为正弦曲线和三角波曲线,根据机构的连接关系以及运动关系,计算凸轮的轮廓线。

前述机械作动机构可用简图 3.15 表示。设线段 MN 与水平线的倾角为 θ,根据速度瞬心原理,可得 M 点和 N 点速度之间的关系:

$$v_M \cos\theta = v_N \sin\theta \tag{3.1}$$

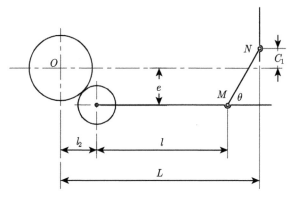

图 3.15 凸轮连杆计算示意图

根据几何关系, 同时消去 θ, 可得如下方程:

$$\frac{e + y_N}{L - x_M} = \tan\theta = \frac{v_M}{v_N} = \frac{\dot{x}_M}{\dot{y}_N} \tag{3.2}$$

同时有以下关系:

$$s(t) = x_M - l \tag{3.3}$$

采用变量分离法, 联立公式 (3.2) 和 (3.3), 即可求得凸轮从动端位移 $s(t)$ 与凸轮设计参数之间的关系。以正弦曲线为例, 运动关系表达式如下:

$$s(t) = L - l - [(e + C_1 + A\sin(\omega_1 t)^2 + C_2]^{\frac{1}{2}} \tag{3.4}$$

根据物理关系 $t=0$ 时 $y_B = C_1$, 设定边界条件, 可得

$$(e - C_1)^2 + C_2 = (L - l - l_2)^2 \tag{3.5}$$

联立以上各式, 代入凸轮轮廓参数方程中:

$$y_N = A\sin(\omega_1 t) + C \tag{3.6}$$

$$\left\{ \begin{array}{c} x_0 \\ y_0 \end{array} \right\} = \left\{ \begin{array}{c} e\cos\delta + \sin\delta(\sqrt{r^2 - e^2} + s(\delta)) \\ -e\sin\delta + \cos\delta(\sqrt{r^2 - e^2} + s(\delta)) \end{array} \right\} \tag{3.7}$$

$$\left\{ \begin{array}{c} x \\ y \end{array} \right\} = \left\{ \begin{array}{c} x_0 - r_r \dfrac{-\dfrac{\mathrm{d}y_0}{\mathrm{d}\delta}}{\sqrt{(\mathrm{d}y_0/\mathrm{d}\delta)^2 + (\mathrm{d}x_0/\mathrm{d}\delta)^2}} \\ x_0 - r_r \dfrac{-\dfrac{\mathrm{d}x_0}{\mathrm{d}\delta}}{\sqrt{(\mathrm{d}y_0/\mathrm{d}\delta)^2 + (\mathrm{d}x_0/\mathrm{d}\delta)^2}} \end{array} \right\} \tag{3.8}$$

式中，ω_1 为试样的加载频率，δ 为凸轮的转角，r_r 为滚子半径，且有

$$\delta = \omega_2 t \tag{3.9}$$

式中，ω_2 为电机额定频率。

利用 MATLAB 编写程序进行计算，容易求得凸轮轮廓相对于基圆中心的各个点的坐标。三角波形的凸轮轮廓计算首先假设试样端的运动方程为三角波，即随时间呈三角形周期变化，第 n 个周期表达式 $y_B = at + b$，并有

$$a = \begin{cases} k & \left[(n-1)\dfrac{m}{k}, \left(n-\dfrac{1}{2}\right)\dfrac{m}{k}\right] \\ -k & \left[\left(n-\dfrac{1}{2}\right)\dfrac{m}{k}, n\dfrac{m}{k}\right] \end{cases} \tag{3.10}$$

$$b = \begin{cases} -(n-1)m & \left[(n-1)\dfrac{m}{k}, \left(n-\dfrac{1}{2}\right)\dfrac{m}{k}\right] \\ nm & \left[\left(n-\dfrac{1}{2}\right)\dfrac{m}{k}, n\dfrac{m}{k}\right] \end{cases} \tag{3.11}$$

式中，$k > 0$，$m > 0$，三角波幅值与周期的计算关系为

$$y_{\max} = \frac{k}{2}, \quad T = \frac{m}{k} \tag{3.12}$$

联立以上各式，可得到 $s(t)$ 的表达式：

$$s(t) = x_M - l = at + b + L - e - l = \frac{a}{\omega}\delta + b + L - e - l \tag{3.13}$$

关于凸轮轮廓线的具体计算程序可参考本书附录 I。通过动力学仿真模拟可以进一步验证计算得到的凸轮轮廓线。此处简要介绍 SolidWorks 2014 中的动力学分析模块 Motion。在 SolidWorks 模型界面下，加载 Motion 运动模块插件，添加运动部件，对凸轮施加顺时针方向转速，转速为 400 r/min。添加运动路径，设定时间节点，进行仿真计算，取试样下端为结果生成来源，得到结果如图 3.16 所示，模拟的正弦运动轨迹与设计轮廓吻合。

然后对试验机的力学可行性进行评估，围绕运动的关键部件，可分为以下两部分：连杆的静强度校核和试验机整体的静强度校核。根据受力传递分析，作动机构上的力最终传递至试验机顶盖并以压力形式加载。ANSYS Workbench 是 ANSYS 公司推出的协同仿真环境，用以解决企业产品研发过程中 CAE 的异构问题，它能够对复杂机械结构系统的结构静力学、结构动力学、流体动力学、结构热、电磁场、耦合场等进行分析和模拟。

首先搭建 ANSYS Workbench-SolidWorks 联合仿真平台，将 SolidWorks 三维实体模型导入 ANSYS Workbench 中的 Geometry 中。建立几何模型的分析步骤，

从左侧 toolbox 中选择需要的分析模型：static structural。鼠标拖动图标至工作区内，出现 B 算例框图。双击 Engineering Data，弹出 properties 窗口，可修改材料参数，常用材料参数为：密度 (Density)、杨氏模量 (Young's Modulus)、泊松比 (Poisson's Ratio) 等。Properties 中还包含了材料的疲劳参数，如疲劳 S-N 曲线，可用于简单的疲劳强度评估。同时 ANSYS Workbench 提供了丰富的材料库，此处添加钛合金至模型中。

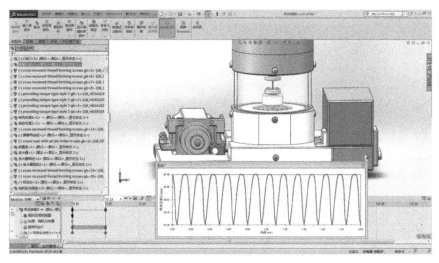

图 3.16 基于 SolidWorks 软件的 Motion 运动分析

将 SolidWorks 软件导入的几何模型 Transport 到分析模型中，鼠标拖动 A 框图中的 Geometry 至 B 框图中的 Geometry 中，两者之间出现一条连线，B 框图显示 Geometry 步骤完成，证明导入成功。然后双击 B 框图中的 Geometry，即可进入 design modeler 中，看到实体模型，检查是否有几何特征丢失，确保模型完整。在导入的实体模型中可赋予其适当的材料属性。

退回到 project 面板中，继续完成分析步骤。双击 Model 建立有限元分析模型。在 design modeler 中设置网格属性，点击 mesh，在左侧对话框中填入网格参数。网格划分常用的几种方法有：Tetrahedrons (四面体网格)、Sweep (六面体网格或金字塔网格)、Multizone (多形状混合网格)、Hex Dominant (六面体或棱柱网格)、Automatic 等。网格设置完成点击右键完成网格划分，见图 3.17 所示。

在 Setup 中设置边界条件，包括各种载荷和约束。必须注意，载荷和约束应与实际工况一致，以保证仿真结果的可靠性。根据该推杆的实际作动过程，在其滚子接触一端施加位移载荷，模拟凸轮作动；中间连杆连接处施加竖直向上的压力，模拟加载在试样一端力的反作用力。利用位移约束分别对推杆的两端施加 y、z 轴向约束，x 轴向无约束。模拟杆受到支撑形成的边界条件。Setup 完成后即可进行分析计算, 仿真结果如图 3.18 所示。

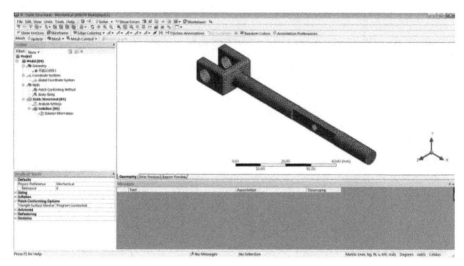

图 3.17 基于 ANSYS Workbench 的网格剖分结果

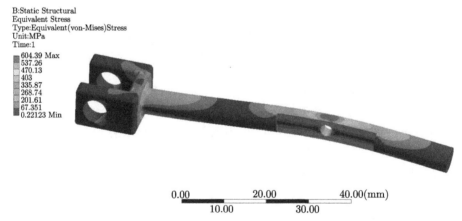

图 3.18 基于 ANSYS Workbench 的静力计算

利用 ANSYS Workbench 对试验机整体进行静力分析。分析步骤和上述类同, 注意装配体的分析需要添加接触设置。ANSYS Workbench 中的接触设置方法如下: 首先在图 3.19 中左侧模型树中点开 model, 出现 connections 选项, 点击 contacts, 显示该装配体中的每一处连接接触, 单击修改性质。基本连接方式有如下几种: bonded(绑定连接)、no separation(面接触)、frictionless(无摩擦) 等。

采用集中力的加载方式, 对试验机预紧螺帽施加垂直向下的各 500 N 的压力, 下底面进行全约束, 仿真结果如图 3.20 所示。从图 3.20(a) 可以清楚地看出, 最

终力会由顶盖传递至玻璃罩并产生较大的变形, 满载时 (1000 N), 其最大应力为
19.90 MPa, 周向分布在铝合金凸台的外圈, 小于材料的屈服极限。从位移云图可
见, 最大位移小于 0.1 mm, 肉眼几乎难以分辨。根据帕斯卡原理, 施加在试样上
的载荷由外力及截面面积共同决定, 考虑到一般使用过程中不会形成如此大变形,
故从静力学角度认为试验机的设计安全合理。

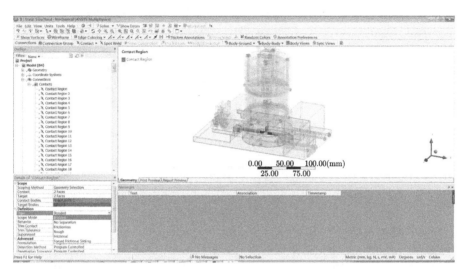

图 3.19 基于 ANSYS Workbench 的 Contacts 设置

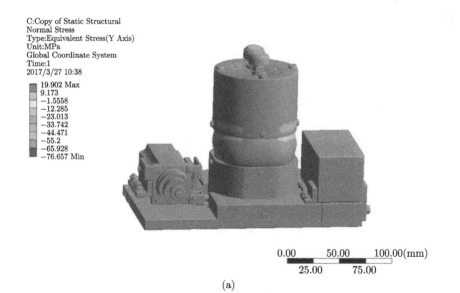

(a)

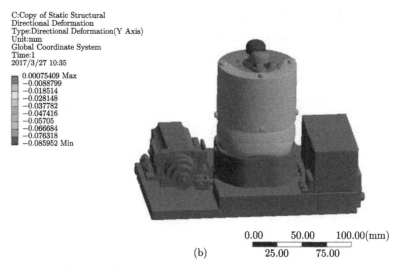

C:Copy of Static Structural
Directional Deformation
Type:Directional Deformation(Y Axis)
Unit:mm
Global Coordinate System
Time:1
2017/3/27 10:35

0.00075409 Max
−0.0088799
−0.018514
−0.028148
−0.037782
−0.047416
−0.05705
−0.066684
−0.076318
−0.085952 Min

(b)

0.00　　　50.00　　　100.00(mm)
　　25.00　　　75.00

图 3.20　基于 ANSYS Workbench 的试验机整体分析

(a) 应力分布；(b) 应变分布

3.3.3　夹持结构设计

原位疲劳加载机构采用立式单轴加载，必须保证同轴度，否则载荷偏出，不但对试样可能产生弯矩造成加载失真，同时还有可能产生压杆失稳，导致试样出现非预见性损伤，增加了研究难度。

在试验机的设计过程中，同轴度可以通过合理设计夹具得到保障。夹具设计是结构设计中极为重要的一环。首先介绍定位原理。六点定位原理指的是用六个支撑点分别限制试样/工件的六个自由度，从而在空间得到确定定位的方法，如图 3.21 所示。六点定位原理适用于任何形状，如果违背这个原理，试样在夹具中的位置就不

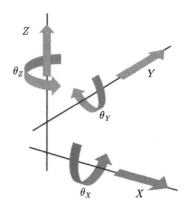

图 3.21　疲劳试验机定位基本原理

能完全确定。实际使用中，根据试样形状不同，定位表面不同，定位点的位置分布不同。定位宗旨是用最简单的方法使其在夹具中迅速获得正确的位置。

夹紧原理是夹具设计的基本规则，为保证试样夹持可靠性，应具有以下主要特点：夹紧过程中不改变试样位置；试样在夹具中不产生位移或振动，同时夹紧力又不会导致试样表面损伤；操作方便，结构简单，易于制造，成本较低，能实现自锁，初始力去掉后，仍能保证试样的夹紧状态。图 3.22(a) 为一个典型夹具夹紧示意图，图 3.22(b) 为原位疲劳试验机的实际设计夹具图。

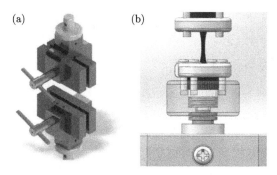

图 3.22　夹具设计实例

(a) 夹具示意图；(b) 夹具设计图

图 3.22(b) 中所示的夹持单元分为上下两部分，其中下夹具端采用加盖螺钉紧固的方式对试样下端进行夹紧。夹具内部放置弹性元件碟簧，用于减小系统零部件由于刚度导致的振动。碟簧选用可参照 GB/T 1972—2005 标准进行，并根据碟簧的特性选取合适的组合方式，如图 3.23 所示。

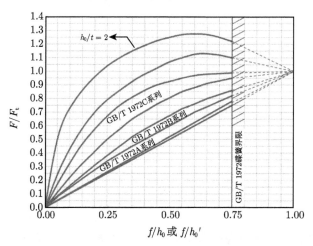

图 3.23　碟簧设计特性曲线族

碟簧的引入可以很好地吸收运动部件的刚性位移，从而实现降低振动和噪声的目的。但同时需要注意其弹簧特性，保证可消化刚性位移的自由变形量同时还要有足够的承载能力。图 3.24 为碟簧特性曲线的评估结果。

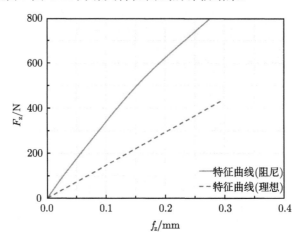

图 3.24   碟簧特性曲线拟合结果

图 3.22(b) 中的试验机上夹具同样是加盖螺钉紧固的方式进行夹持。需要注意的是，不同于下夹具，如图 3.25 所示上夹具的上端和传感器的下端为刚性连接，以保证试样上所受到的载荷能最真实地被力传感器所探测到。

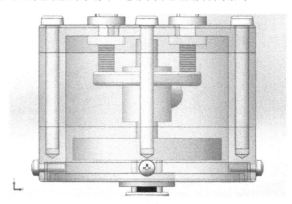

图 3.25   上夹具设计效果图

另外，还需要对传递载荷的运动部件直线度进行设计。在保证单轴加载同轴度方面，一个很重要的因素是载荷传递路径、位移和试样方向位于同一条直线上，否则会对试样产生干扰弯矩，造成试验结果不准确甚至试验失败。

传递载荷的运动部件需要保证始终位于同一条直线上，首先要保证运动部件的加工精度，尤其是直线度要求，对于表面粗糙度应尽可能低，以减小运动阻力。

其次，可在运动零部件环绕加装支撑部件，如直线轴承、滚针等。在试验机空间允许的情况下还可加装直线导轨。

3.3.4 信号采集模块

信号采集也指数据采集，是从传感器或其他信号源处模拟或在数字被测单元中自动采集非电量或电量信号，送到上位机中进行分析处理。

疲劳试验机的信号调节系统承担着采集试样上的真实载荷大小的重任，直接关系到所得到的试验数据真实性以及可用性。信号调节系统包括以下几个模块：电机控制模块，传感器信号放大模块，滤波模块，信号采集模块和采集软件模块。

伺服电机控制可通过伺服控制器实现。伺服控制器是一种高精度的定位系统，具有以下功能：

➤ 按照定位指令装置输出脉冲串，对工件进行定位控制；

➤ 伺服电机锁定功能：当偏差计数器的输出为零时，如果有外力使伺服电机转动，编码器会将反馈脉冲输入偏差计数器，偏差计数器发出速度指令，旋转修正电机使之停止在脉冲为零的位置上，称之为伺服锁定；

➤ 进行适合机械负荷的位置环路增益和速度环路增益调整。

伺服控制器有三种模式：(1) 转矩控制，通过外部模拟量的输入或直接的地址赋值来设定电机轴对外输出转矩的大小，主要应用于需要严格控制转矩的场合；(2) 速度控制，通过模拟量的输入或脉冲频率的调节来控制转动速度；(3) 位置控制，是伺服中最为常用的控制模式，一般通过外部输入脉冲频率来确定转动速度的大小，通过脉冲的个数确定转动的角度，所以通常应用于定位装置。

电机的控制采用位置控制模式，通过发送脉冲至伺服驱动器，实现伺服电机的作动。脉冲发送装置选用北京双诺 USB MP4623 数据采集卡，发送双路脉冲，分别控制电机正反转；电机及驱动器选用松下 A5 II 系列 100 W 伺服电机及驱动器，采用单相供电驱动，16 位增量式编码器附带在电机尾部实现电机的伺服控制。上位机采用 VS 2008 进行开发完成，界面如图 3.26 所示 [26]。

信号处理和采集可集成在一起进行开发，最大程度上减小噪声带来的干扰。根据传感器的指标要求，使用电压为 3~10 V，兼顾使用安全与高灵敏度，拟给传感器使用供电电压 8 V。由输出灵敏度指标，输出电压为 8 mV。假定采样满量程为 ±2 V，放大倍数最大为 250 倍。采样位数为 16 bit，即每次采集到的数据大小为 2 byte，分度值为 1/65536。信号调节系统的设计框图如图 3.27 所示。拟设计的电压放大器倍数最大为 64，最大输出电压 5 V，差分信号为 ±2.5 V，共模电压为 2.5 V，输入失调电压小于 0.1 mV，响应带宽为 80 Hz。

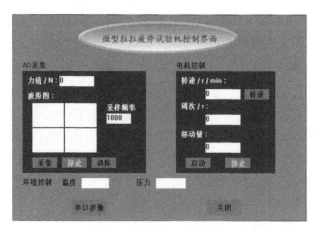

图 3.26   原位疲劳试验机上位机 UI 界面

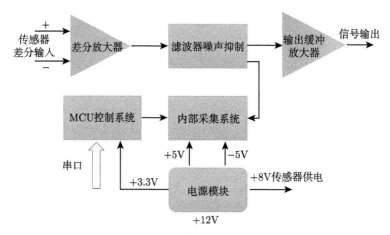

图 3.27   信号调节系统原理框图

信号放大器是传感器信号放大模块最关键的部分，直接影响信号调节系统的指标实现，应该具备足够大的电压放大倍数和尽量小的噪声系数，然而普通的运放往往无法满足上述要求。本系统采用仪器专用的低温漂、高输入电阻零漂移差分放大器。为了满足放大器放大倍数的在线调节，实际选用可程控放大倍数的放大器。放大器倍数可以选择 0.0625、0.125、0.25、0.5、1、2、4、8、16、32 和 64。

输出缓冲放大器可实现两个功能，一个是完成放大后信号的差分变单端，另一个是该放大器为低输出阻抗放大器，避免负载对系统的牵引影响。该放大器与内部采集信号无关，只影响输出给外部的信号。内部采集仍然采用直接差分采集，降低共模信号和噪声信号的影响。由于信号经过前级放大器的放大，信噪比已经明显提高。试验机研制中对输出放大器的要求并不需要过高，只需采用普通的运算放大器即可。采用无放大倍数的负反馈方式，输出与输入直接相连。

滤波器主要由两部分组成，一是低通类型的放大器，截止频率 >80 Hz，在运放上加入电容负反馈，使放大器具有积分特性，从而在硬件上滤除高频噪声。第二部分是采集系统的数字滤波器，ADC 采用 $\Delta\Sigma$ 型，时钟高达 4.096 MHz，通过信号抽取和 FIR 滤波器实现低通功能。内部采集系统采用 TI 公司 ADS1120 16-Bit ADC，其具有低功率、低噪声的优点。

MCU 选用稳定性较好的 Microchip 公司的 PIC 单片机，型号为 PIC18F45K22，一般认为该系列单片机比其他单片机的抗干扰能力要强。串口由 TTL 通过 R232 芯片转换电平，输出标准 232 电平。直接通过 PC 的 232 端口进行通讯，也可外接 232 转 USB 数据转换线实现和 PC 的 USB 通讯。

电源包含 4 组，其中 3.3 V、5 V、8 V 均采用 LDO 稳压，由外部输入 12V 获得，这种方式效率较低，但纹波特性较好。–5 V 组无法由 LDO 直接获得，可通过开关稳压器变换，本系统采用 Buck-Boost 的方式变换，主控制器采用 MPS 的电源芯片 MP1593DN，最大耐压达 28 V。由于输出负电压，实际最大耐压只有 23 V，这对于 12 V 输入系统，有很大的余量。为了降低纹波，可并联多级 LC 滤波器。

PC 端软件采用 Visual C++6.0 设计，串口通信使用 Microsoft 控件。该文档程序显示实时采集数据，并具有调零、设计灵敏度等功能。采集数据可以同步保存成文件，供试验完成后分析使用。MCU 端程序采用 C 语言设计，使用 CCSC 编译器。UI 界面如图 3.28 所示[26]。

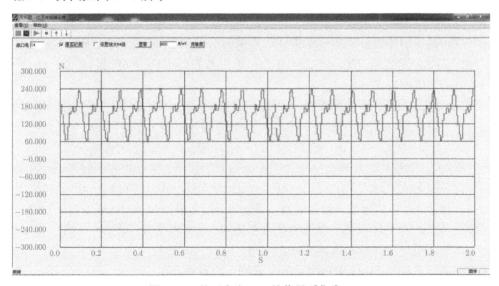

图 3.28 基于个人 PC 的信号采集窗口

对于频率相对比较低的信号，空间电磁场感应到传输线上的电势干扰主要是共模信号，抑制放大器输入此类干扰信号必须采用真正意义上的差分放大器，伪差分放大器对共模信号的抑制往往不如真正的差分放大器。伪差分放大器可以通过单电源放大器提高共模偏置电压，相对比较方便，而真正的差分放大器必须双电源供电。噪声谱的抑制包括三个措施。首先采用低噪声的放大器。放大器本身引入的噪声通常由噪声系数决定，即噪声系数 = 输出信噪比/输入信噪比。任何实际器件都只能恶化信噪比，目标是恶化得尽量少，这就需要选择低噪声的放大器。

由于热噪声通常为白噪声，所以有

$$P_{\mathrm{nf}} = kTB \tag{3.14}$$

式中，k 是玻尔兹曼常数，T 是环境温度，B 是频带宽度。

前两项都无法降低，考虑实际项目要求的频率响应比较低，完全可以通过降低频带宽度获得更低的噪声功率，从而降低对信号的影响。这就要求设计合适的滤波器，能够让信号无损通过，而对噪声有较强的抑制。第三个措施是改善电源质量。电源的质量不好，可能让放大器的输出全是电源噪声。由于输入的是正电源，差分放大器要求是双电源，线性稳压器无法实现把电源由正转为负，所以必须采用开关电源的方式，然而开关电源有很大的纹波，远高于一般线性稳压器。在设计中，拟采用解决方案为先由开关电源转换成负电压，然后再经过线性稳压器得到高质量的电源。输出信号采用单端输出，由输出缓冲放大器实现差分变单端，由于经过前级放大器，信号已经比较大，共模信号对输出的干扰相对较小。为了抑制输出的馈线干扰，放大器采用低阻抗输出。

完善的原理图设计是实现优良性能系统的基础，但若在最后 PCB 实现中没有设计好，仍然会功亏一篑。PCB 的几个可能引入的问题有：EMI 设计、差分信号线设计和阻抗匹配的设计。

EMI 设计，其中非常重要的一个环节是腔体设计。本系统中，电路内部最大的自身干扰源是负电压的开关电源。为了降低开关脉冲对放大器的影响，采用分腔设计，电源与放大器分处于两个空腔，将他们空间的辐射干扰进行隔离。

板上 EMI 设计主要是数字信号与模拟信号的隔离，信号线的走线布局，尽量避开有可能干扰的地方。信号差分线应尽量保持长度一致，可以进一步降低共模信号的干扰。信号线尽可能走最短的线，遇到电源等环节则绕过。良好的接地措施也是必不可少的，PCB 板设计将其背面全部接地，信号和器件只在其中一面。

由于本系统设计中没有负反馈放大器，所以输入和输出信号不能形成空间或者内部的闭环反馈，以避免高增益放大器产生自激振荡。

3.3.5 系统集成及调试

试验机在使用前需要进行系统调试。首先是疲劳试验机与实验线站平台的兼容性问题。根据上海光源 BL13W1 成像线站提供的平台资料,试验机需放置在 Kohzu 精密位移台上,随台面转动。在试验机平台底面加装十字型工装,嵌入在精密位移台上,如图 3.29 所示。

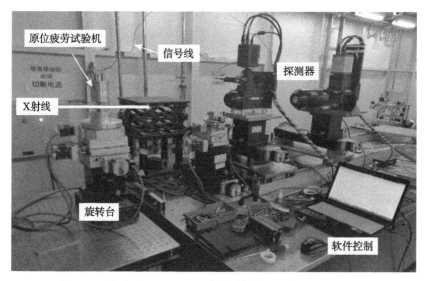

图 3.29 上海光源 BL13W1 线站的原位成像疲劳试验系统

试验之前需要进行传感器的标定。传感器的标定就是测定传感器输入量和输出量之间的关系。标定的基本方法是利用一种标准设备产生的已知非电信号 (如标准力、压力、位移等) 作为输入量,输入至待标定的传感器中,得到传感器的输出量。然后,将传感器的输出量与输入的标准量作比较,从而得到一系列的标定曲线。

按照传感器的类型及用途的不同,标定可以分为静态标定和动态标定。由于获得一个已知的稳定动态信号源较为困难,故动态标定一般先以静态标定为基础。如果传感器的输出及显示系统与输入信号之间是线性关系,则单点标定就足够了;若为非线性结果,则需要进行多点标定,以获得一组标定曲线,使显示幅度与待测物理量一一对应。但是,通常不论系统是线性的,还是非线性的,都应绘制出响应曲线。图 3.30 所示为一般传感器的标定步骤。

标定时需有一个长期稳定而且比被标定的传感器精度更高的基准,而这个基准的精度则需用更高一级的基准器来标定,称为精度传递。按照计量部门规定的标定规程,只能用上一级标准装置来标定下一级传感器。

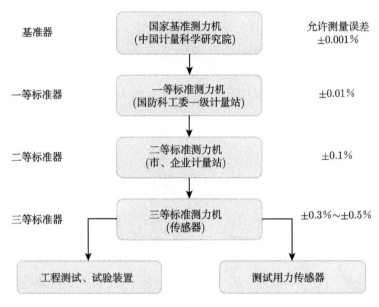

图 3.30 一般传感器标定步骤

3.3.6 疲劳试验方法

本节针对原位三维成像的疲劳试验方法做简单介绍。基于同步辐射的原位疲劳试验机在上海光源 BL13W1 线站对 7020 铝合金、25CrMo4 钢等材料进行了原位疲劳试验，现以 7020 铝合金疲劳试验为例进行介绍。

试样材料为 7020 铝合金复合焊对接接头，焊缝位于试样中心，试样厚度为 1 mm。同步辐射 X 射线光子能量为 22 keV，CCD 探测器的像素尺寸为 3.25 μm，曝光时间为 0.5 s，试样距离探测器 17 cm。试验机频率为 8 Hz，应力比为 0.25，最大加载载荷为 230 N。样品台旋转 180°进行拍照，步长为 0.25°，同一个应力水平下，扫描一个完整样品一共采集 720 张投影，约耗时 360 s。

整个试验分为 10 个疲劳阶段：试验中先对初始状态进行扫描，随后根据前一个阶段重构出的损伤图像决定下一个阶段的加载周次，确保裂纹张开状态，进行成像。一个阶段的原位成像耗时约为 1 h。

利用专用软件对扫描图像进行相位恢复、重构、灰度转换等操作，再用图像重构软件 Amira 或者 Mimics 进行图像拼接，最终得到如图 3.31 所示的疲劳裂纹萌生和扩展图像。其中，图 3.31(a)~(f) 分别对应于疲劳循环周次 $N=0$、3000、4500、11000、14500 和 26000 时的损伤状态，而试样总寿命约为 30000 周次。

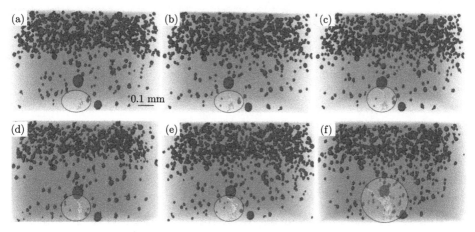

图 3.31 激光复合焊接 7020 铝合金的原位疲劳成像结果

由图可知，随着加载的进行，疲劳裂纹 (黄色部分) 从图 3.31(a) 所示的焊缝下表面的固有缺口处萌生和扩展，并趋向于焊缝中较大尺寸的气孔 (蓝色部分)，穿越气孔后继续向气孔密集区域扩展，最终导致疲劳断裂。一旦进入气孔后，便出现如图 3.31(c)~(e) 中所示的裂纹扩展减速现象，主要原因可能是气孔使裂纹尖端产生了钝化；如果要使得疲劳裂纹继续扩展，需要继续加载，如从图 3.31(e)~(f) 共需要 11500 周次，约占总寿命 30%，表明气孔的存在对于疲劳裂纹扩展具有局部减速效应。

3.4 环境控制模块

通常的疲劳数据是在室温下使试样表面直接与环境气氛接触，并施加循环拉压或弯曲载荷进行实验得到的。然而，在某些特定的服役环境中，零件需要在高于或低于室温的温度下工作。温度变化在一定程度上影响着材料的损伤机制及服役可靠性。基于室温疲劳数据的零件抗疲劳设计，用于低温环境中必须考虑发生脆性断裂的风险；而用于高温条件下的材料，必须考虑疲劳性能的劣变行为。总之，温度对疲劳会产生不同的影响，引起各种不同的疲劳失效方式。

3.4.1 低温疲劳行为

与室温相比，低温条件下材料疲劳强度较高，温度越低疲劳强度越高，如表 3.2 所示。温度降低时，软金属的疲劳强度提高数值比硬金属大。低温下材料的疲劳性能改变有两种原因：其一，材料的力学响应不同，低温下拉伸性能比室温下高，这与塑性变形的抗力增加相关；其二，低温下由于材料中化学过程的反应速率和扩散率降低，因此环境对于疲劳性能的影响有所减小。

表 3.2　典型工程材料的低温疲劳极限 [27]

材料	循环周次 N	疲劳极限 σ_{-1}/MPa					
		20 ℃	−40 ℃	−78 ℃	−118 ℃	−253 ℃	−269 ℃
铜	10^6	98	—	—	142	235	255
黄铜	5×10^7	171	181	—	—	—	—
铸铁	5×10^7	58	73	—	—	—	—
软钢	10^7	181	—	250	559	—	—
碳钢	10^7	225	—	284	612	—	—
镍铬钢	10^7	529	—	568	750	—	—
硬铝	5×10^7	112	142	—	—	—	—
铝合金 2A14	10^7	98	—	—	166	304	—
铝合金 2A11	10^7	122	—	—	152	274	—
铝合金 7A09	10^7	83	—	—	137	235	—

表 3.3 中的实验数据大多在 $N=10^6$ 条件下得到的, 此处利用低温与室温条件下疲劳强度的比值, 对低温影响疲劳性能的程度进行讨论 [27]。结果表明, 与光滑试样相比, 低温条件下缺口试样疲劳强度的提高程度要偏小, 这主要是低温下金属材料的韧性降低所致。缺口试样的韧性和塑性降低得更多, 即缺口和裂纹对低温更为敏感, 低温下断裂韧性下降明显, 导致试样断裂时的临界疲劳裂纹长度急剧减小, 裂纹形成寿命可能占有几乎整个低温疲劳寿命。因此, 低温下工作的重要零部件, 应尽量减小应力集中, 以防在低温下出现脆性断裂。

表 3.3　低温环境中材料的疲劳极限变化

材料	$\dfrac{\text{低温下的疲劳极限}}{\text{室温下的疲劳极限}}$（平均值）			$\dfrac{\text{缺口试样低温下的疲劳极限}}{\text{缺口试样室温下的疲劳极限}}$（平均值）	
	−40 ℃	−78 ℃	−188 ℃	−78 ℃	−186∼ −196 ℃
碳钢	1.2	1.3	2.6	1.10	1.47
合金钢	1.05	1.1	1.6	1.06	1.23
不锈钢	1.15	1.2	1.5	—	—
铝合金	1.15	1.2	1.7	—	1.35
钛合金	—	1.1	1.4	1.22	1.41

对于弹性应变幅分量起主要作用的高周疲劳, 抗疲劳性能在低温下有所提高, 反之, 对于塑性应变幅分量起主要作用的低周疲劳, 其抗疲劳性能一般随温度的降低而降低, 这可能是由于在裂纹很短时就发生脆性断裂所致。

低温对于疲劳裂纹的扩展性能的影响, 一般认为, 当应力强度因子幅值 (ΔK) 较小时, 即在门槛值和 Paris 区, 低温下的疲劳裂纹扩展较慢, 这可能是由于裂纹尖端循环塑性的降低或环境对疲劳性能影响程度的削弱; 而对于较大的 ΔK 值时,裂纹具备较高的扩展速率,该现象和低温下较低的韧性有关。

3.4.2 高温疲劳行为

材料在高温循环载荷作用下,疲劳寿命随加载频率降低、拉应变保持时间增加和温度升高而降低,这种现象可归因于疲劳—蠕变—环境的交互作用。高温下的金属疲劳失效机理要比室温失效行为复杂,高温下经受变动载荷的零部件,除了蠕变行为和应力松弛外,还必须考虑疲劳和腐蚀等环境因素的影响。蠕变、疲劳和环境三个因素不是独立存在的,而在实际的生产过程中许多重要的零部件,在服役时往往会经历复杂的环境和载荷历程,因此更容易发生高温疲劳破坏,如汽轮机、燃气轮机的叶轮和叶片、柴油机的排气阀等。通常,高温疲劳具有以下特点:

(1) 高温疲劳的疲劳曲线不存在水平部分,即疲劳强度随循环周次增加不断降低。因此,高温下材料疲劳强度一般用 $5×10^7$ 或 10^8 次的疲劳强度表示。

(2) 高温疲劳总伴随蠕变发生,温度越高蠕变所占比例越大,疲劳和蠕变交互作用也越强烈。不同材料显著发生蠕变的温度不同,一般当材料温度超过 $0.3T_m$(熔点) 时蠕变显著发生,使材料的疲劳强度急剧降低。例如碳钢温度超过 300~350℃,合金钢温度超过 350~400℃时发生蠕变,引起材料的疲劳极限急剧降低。

(3) 高温疲劳极限与蠕变极限、持久极限的关系对高温服役零件具有重要意义。实验表明,在较低温度时材料的蠕变极限、疲劳极限高,而在高温时均有不同程度地下降。但前两者的下降速度远高于后者。

此外,高温疲劳对加载频率有较高的敏感性,频率的降低延长了载荷作用时间,蠕变损伤成分增加,裂纹扩展速度加快,因此材料的疲劳寿命和疲劳极限均会降低。图 3.32 给出了不同材料基本疲劳极限随温度的变化规律 [27]。

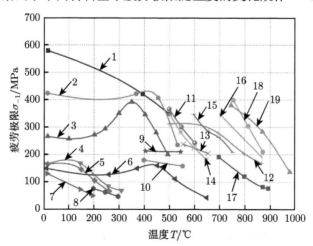

图 3.32 温度升高对材料疲劳极限的影响规律

在图 3.32 中，1 为钛合金 (含铝)，2 为 Ni-Cr-Mo 钢，3 为低碳钢 (C0.17)，4 为铝铜合金，5 为铝锌镁合金，6 为高强度铸铁，7 为镁铝锌合金，8 为镁锌锆钍合金，9 为铜镍合金 (Ni30-Cr0.5-Al1.5)，10 为铜镍合金 (Ni30-Mn1-Fe1)，11 为合金钢 (Cr2.7-Mo0.5-V0.75-W0.5)，12 为奥氏体镍铬钼钢，13 为奥氏体钢 (Cr18.75-Ni12.0-Nb1.25)，14 为合金钢 (Cr11.6-Mo0.6-V0.3-Nb0.25)，15 为奥氏体钢 (Cr13-Ni13-Co10)，16 为钴合金 (Cr19-Ni12-Co45)，17 为奥氏体钢，18 为镍铬合金 (Cr15-Co20-Ti1.2-Al4.5-Mo5)，19 为镍铬合金 (Cr20-Co18-Ti2.4-Al1.4)。

温度升高影响材料的滑移，高温使晶界弱化并且氧化速率提高，从而影响裂纹萌生过程。高温下位错易发生攀移，进而产生交滑移。对于层错能低的材料，温度升高能促进持久滑移带形成，微裂纹正是由这些持久滑移带发展而成，因而温度升高加速了表面疲劳裂纹的萌生。在空气中，晶界弱化归因于蠕变损伤和晶界氧化的综合作用。材料所经历的循环波形是晶界弱化模式的决定性因素，如果材料承受连续的对称循环应变，晶界弱化主要归因于晶界氧化；在不对称的慢—快和带有拉应变保持时间的循环应变作用下，不论在真空中还是在空气中，蠕变损伤引起的晶界弱化是影响疲劳裂纹萌生抗力的主要因素。

除了上述的循环波形特征外，材料的化学成分、显微组织和外部环境同样对高温疲劳行为有着显著的影响。高温疲劳是一个复杂的课题，涉及疲劳、蠕变和环境等几个与时间有关的过程的交互作用，这些过程在高温疲劳损伤中的相对作用因材料而异，上述三个微观机理在高温疲劳中的作用仍需大量的研究工作加以分析。

3.4.3　温控装置设计

为了更准确地揭示温度对材料疲劳失效机制的影响，基于现有的原位疲劳试验机，进一步开发出适用于同步辐射装置的温控机构，搭建了基于同步辐射光源成像的温控疲劳试验系统，如图 3.33 所示。

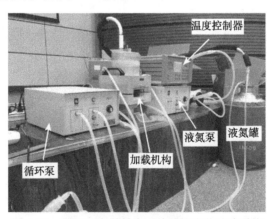

图 3.33　基于同步辐射光源的温控疲劳试验系统

由图 3.33 可知，温控系统由三大模块组成，分别包括：温度控制模块、温度执行模块、外壳水循环模块。各模块间进行适当的连接，并合理的规划和布置相应管路及电缆。为了安全和方便，所有的电缆及管线都有不同的适用接头连接器。

温度控制模块由 Instec 生产的 mK2000 温度控制器、专用温控软件 WinTemp 以及电阻温度探测器 (Resistance Temperature Detector, RTD) 共同组成形成闭环反馈控制。mK2000 是 Instec 温控装置通用控制器，能进行多段可编程温控，与该公司先前的控制器相比，在控制性能不变的基础上，其具有体积小的优点，如图 3.34 所示。控制器可实现 24bit A/D 转换，温度控制分辨率可达 0.01 ℃的精确显示。控制器内置过温断电保护，从而保证机器故障时的安全工作。配合专用温控软件 WinTemp，可从计算机端进行温度控制和数据处理，在不连接计算机的状态下，也可直接通过控制调节面板，进行温度的调整。温度测量单元采用 100 Ω 铂质 RTD 电阻温度探测器，RTD 是用铂金属丝制成的测温度电阻器，具有精度高、分辨率好、安全可靠、使用方便等优点，可以直接测量温度控制过程中气体介质的温度，RTD 的线性度优于热电偶和热敏电阻。对于铂来说，误差一般在 0.01%，除误差和电阻较小以外，RTD 与热敏电阻的接口电路基本相同。为确保测量温度的准确性，需要通过标准样品对测定温度进行标定。

图 3.34　Instec 生产的 mK2000 温控装置通用控制器

温度控制算法则采用工程实际中应用最为广泛的调节器控制规律 PID 控制，即比例、积分、微分控制，又称 PID 调节。PID 控制器是一个在工业控制应用中常见的反馈回路部件，由比例单元 P、积分单元 I 和微分单元 D 组成。PID 控制的基础是比例控制；积分控制可消除稳态误差，但可能增加超调；微分控制可加快大惯性系统响应速度以及减弱超调趋势。目前，闭环自动控制技术都是基于反馈的概念以减小不确定性。反馈理论的要素包括三个部分：测量、比较和执行。测量的关键是被控变量的实际值，通过与期望值相比较，用两者之间的偏差来纠正系统的响应,执行调节控制。温度控制模块是由传感器测定被控变量的实际值,并输入给控制器进行与预期值温度的比较,从而做出升温或降温的反馈响应,输出控制信号,由温度执行模块执行升温或降温动作,实现温度的控制调节。

WinTemp 是 Instec 温控装置的专用 Windows 软件。软件可实时显示温度数据曲线,能实现 mK2000 温控器的所有温控操作,包括恒温保持、全功率变温、恒定速度变温、多段可编程温控、校准点设置等功能,用户可根据需求进行多组合任意温控参数的设置。另外,软件还有温度数据采集记录功能,实时插入注释,数据可存储为 Excel 文件,方便数据的处理分析。

温度执行模块是温度设定实现的基础硬件,由 LN2-SYS 液氮制冷系统、LN2-P2 循环泵和 HCP421G–CUST 冷热台共同组成,相应硬件均由 Instec 提供。

LN2-SYS 是专用于 Instec 温控装置的液氮制冷系统,由 LN2-P4 液氮泵、干燥器、LN2-D10H-CUST & LN2 Dewar 型液氮罐盖和液氮罐等四部分组成,如图 3.35 所示。使用液氮作为冷源,通过热交换过程实现制冷,其中液氮泵为充气泵,液氮泵输出气体经干燥器过滤,由定制的 LN2-D10H-CUST & LN2 Dewar 液氮罐盖进气口输入至液氮罐,液氮罐内部与外界环境形成一定的压差,使得液氮从 LN2-D10H-CUST & LN2 Dewar 出口导管流向热台,从而达到材料试样温度控制的目的。干燥器的作用是去除液氮泵输出气体中的水分,从而避免水蒸气遇到液氮凝固结冰堵塞导管。液氮制冷系统受到 mK2000 温度控制器控制,根据反馈输出结果执行相应的停机、运行以及功率调节等动作,从而保证低温的恒定。目前温控装置的制冷效果最低可至 −190 ℃,最大降温速率可达 40℃/min。

图 3.35　温控控制器及液氮制冷系统组件

HCP421G-CUST 冷热台是温度执行模块的重要结构,是温控命令执行的关键核心。HCP421G-CUST 冷热台是一款为适应同步辐射试验机基于标准型 HCP421G 气密冷热台开发的一款用户自适用的温度控制执行机构,其工作原理和 HCP421G 气密冷热台相同。图 3.36 给出了标准型 HCP421G 气密冷热台的基本结构,气密腔室内设有通往腔室的独立充气口,制冷液氮和其他气体则由该充气口进入。冷热台通过电阻丝加热,使气密腔内的温度升高,形成高温气体氛围,实现给试样加热以及高温环境的模拟。加热丝、RTD 以及液氮制冷系统的相关管路均集中于冷热台中部的正方形银块内。为了适用同步辐射加载装置，HCP421G-CUST 冷热台在HCP421G 气密冷热台中的正方形银块中进行了开通孔处理，同时在孔的内壁上预留部分充气口，以保证液氮和其他气体的通入。

图 3.36　HCP421G 气密冷热台的基本结构

为方便试样装卡，冷热台分成两部分，下部出气口连接有 LN2-P2 循环泵，作用是吸出多余气体避免气密腔内压力过高；且充气口与出气口斜对称布置，经LN2-P2 循环泵的抽吸作用，加快内部气体循环，从而快速实现气体氛围的温度控制。LN2-P2 循环泵抽出的气体，经塑料导管接入 LN2-D10H-CUST 型液氮罐盖内，以防止液氮使空气中的水分凝固成冰，使液氮罐盖与液氮罐固结。此外，在冷热台外壳配备有外壳水循环系统，一定程度上减少了温度对机械结构的影响。

外壳水循环冷却模块用于调节试验机的外壳温度，其目的是对冷热台隔热层外机械结构的二次保护以及保障操作人员的安全。借助水的比热容大、吸热快的优点，利用循环水泵抽取水泵内部容器的水，循环水经 T 型塑料软管叉开，分别引入冷热台上下两部分，进行外壳保护调温处理。

上述温控系统的整体接线图如图 3.37 所示，其主要工作原理是：温度控制模块根据用户需求，进行相应执行命令设定；比较 RTD 测量的温度实际值，发出温度执行模块执行动作，并不断的反馈修正，直至达到参数设计预期值。制冷时，LN2-P4液氮泵接收 mK2000 温度控制器的控制命令，根据不同的温降速率设定，对液氮泵工作功率进行自修正，从而控制液氮的流量，以达到目标温降速率。当要升温时，控制器在控制液氮的流量同时，启动电阻丝加热，达到冷热的相对平衡，实现温度的升高。在上述整个动作执行过程中，LN2-P2 循环泵始终打开且受 mK2000 温度控制器控制，与各动作单元协同作用保证整个温度过程的实现。为了保护机械结构，整个过程中要始终保持外壳循环冷却模块处于开机状态，其具备专有的控制系统，独立于 mK2000 温度控制器控制。

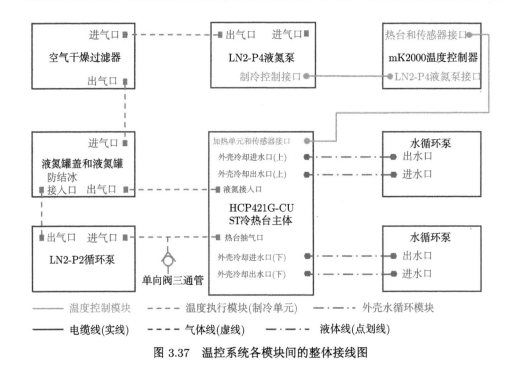

图 3.37　温控系统各模块间的整体接线图

3.4.4　温控疲劳试验机

3.4.3 节详细描述了温控系统的主要组成及工作原理，而如何实现温控系统与现有原位疲劳试验机的兼容，是当前首要解决的技术性难题。为了满足基本需求，开展了试验机机械结构的二次开发工作，其基本结构、作动方式及测力系统均保持不变。一方面可以保证温控试验机与原有的疲劳试验机之间的机械零件共用，实现经济成本的缩减；另一方面减少了操作的复杂性。因此在该部分其作动原理、强度校核以及力的测量等相关内容不做重复的累述，仅仅讨论试验机与温控系统的兼容实现以及疲劳试验机的机械部分和温控系统协同工作过程。

关于试验机和温控系统的兼容实现问题，此处是通过把冷热台分为上下两个部分，并且保证中部承载轴心贯通来完成的。原位成像试验机所用冷热台有别于标准冷热台的设计理念，如图 3.38 中试验机三维图和剖视图所示。冷热台上下部分通过透明亚克力罩连接，保证 X 射线的正常穿过。热台和各机械结构接触部位均由石棉进行隔温处理，减少热传导等能量耗散。在试验机的外部预留温度控制模块、温度执行模块以及外壳循环冷却系统的接入口，通过这些结构的相互连接，各模块间相互协作，共同完成温度的控制与实现。

试样通过图 3.38 中的亚克力门处装入，并固定好内部扇形挡板，封闭扇形亚克力门，形成一个类封闭的状态，进而减小与外界环境的热交换。试样放置于相对较为密封的冷热台中部夹具位置，为保证试样均匀受热，其可旋动的耐高温不锈钢门，于试样周围形成圆柱形筒状保温结构，仅预留中部约 5 mm 空隙用于 X 射线通过，能够顺利实现试样目标区域的成像观察。

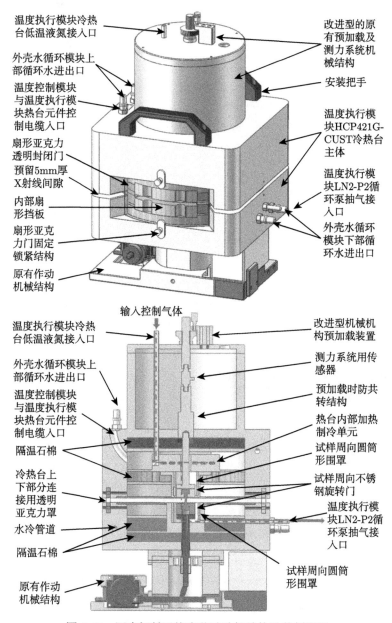

温度执行模块冷热台低温液氮接入口

改进型的原有预加载及测力系统机械结构

外壳水循环模块上部循环水进出口

安装把手

温度控制模块与温度执行模块热台元件控制电缆入口

温度执行模块HCP421G-CUST冷热台主体

扇形亚克力透明封闭门

温度执行模块LN2-P2循环泵抽气接入口

预留5mm厚X射线间隙

内部扇形挡板

外壳水循环模块下部循环水进出口

扇形亚克力门固定锁紧结构

原有作动机械结构

输入控制气体

温度执行模块冷热台低温液氮接入口

改进型机械机构预加载装置

外壳水循环模块上部循环水进出口

测力系统用传感器

温度控制模块与温度执行模块热台元件控制电缆入口

预加载时防共转结构

隔温石棉

热台内部加热制冷单元

试样周向圆筒形围罩

冷热台上下部分连接用透明亚克力罩

试样周向不锈钢旋转门

水冷管道

温度执行模块LN2-P2循环泵抽气接入口

隔温石棉

原有作动机械结构

试样周向圆筒形围罩

图 3.38 同步辐射温控疲劳试验机结构及其剖视图

　　温控疲劳试验机机械结构和温控系统的工作过程，本质上可以认为是两个独立系统的配合作用行为，机械结构为温控系统提供运行辅助及温控气体流向引导，温控系统为机械结构内部试样提供工作环境以满足实验要求。结合图 3.38 对两部分的工作过程进行描述：在试验机运行前，使温控系统处于开启状态，温控系统根据 3.4.3 节中叙述原理运行，其温度气体流向如图中虚线所示；待温度达到预设目标之后，调节机械结构预加载装置，读取测力系统用传感器的数值，满足载荷设定条件之后，固定锁紧预加载机构；运行电机动力源，机械作动连杆在动力源的作用下，实现试样轴向方向的上下运动，从而完成预加载荷的卸载—还原过程，即载荷的循环加载过程。电机控制系统可设定电机运行频率和运行周次，以满足用户加载需求。

3.5　旋转弯曲加载机构

3.5.1　加载模式

　　轴类零件是高铁、飞机、船舶、汽车、桥梁等重要的旋转机械构件。在役的旋转轴类零件经常出现疲劳失效现象。在旋转弯曲过程中，轴类零件要承受某一恒定方向弯矩的往复加载，久而久之，轴类零件就会出现疲劳失效现象，尤其是表面存在损伤的情况下，因此对人们生产安全造成了极大的威胁 (见图 3.39)。在这种情况下，能够较为准确地预测受旋转弯矩载荷轴类零件的疲劳寿命、预防轴类零件在工作中出现疲劳失效则显得刻不容缓。

图 3.39　德国高铁 ICE3 车轴及车轮断裂脱轨事故

　　旋转弯曲疲劳试验机能够模拟轴类零件在旋转过程中受到弯矩的现象，为研究在旋转过程中受往复弯矩载荷的轴类零件的疲劳寿命提供了有效的实验数据。在旋转弯曲试验中，试样旋转并承受一弯矩。产生弯矩的力恒定不变且不转动。试样可装成悬臂，在一点或两点加力；或装成横梁，在四点加力。试验一直进行到试样失效或超过预定应力对应的循环次数为止。

传统的光学显微镜和电子显微镜等方法仅能获得材料表面疲劳裂纹，而内部气孔、夹渣、组织等引起的三维疲劳裂纹及其耦合行为与表面完全不同。第三代高能 X 射线计算机断层扫描技术具备亚微米空间和微秒时间分辨率及百 keV 级的卓越探测能力，较常规 X 射线机的试验水平高出几个数量级，是目前唯一可穿透大块金属材料进行疲劳损伤演变可视化研究的大型科学装置。微型的原位疲劳试验机与先进的同步辐射 X 射线成像相结合使得科学家能够深入到材料内部，高精度、高亮度、高准直、高效率、非破坏性和原位实时地探测到疲劳损伤和断裂的过程及其演变规律，这对于准确评估材料强度和寿命具有无可替代的科学意义。

通过调研，目前已经商业化及其他专利中所述旋转弯曲疲劳试验机结构都无法匹配同步辐射光源对试样进行原位的三维成像。其一，旋转弯曲疲劳试验机大都采用卧式结构，无法与同步辐射光源装置相匹配；其二，试样受到试验机不同程度的遮挡，无法进行原位 X 射线透射成像；其三，已经商业化的旋转弯曲疲劳试验机所匹配的试样尺寸过大，无法利用同步辐射光源进行成像。目前传统的旋转弯曲疲劳试验机结构如图 3.40 所示。

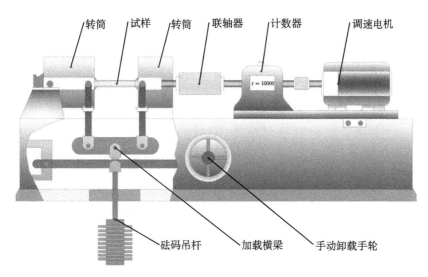

图 3.40 传统旋转弯曲疲劳试验机结构简图

传统旋转弯曲疲劳试验机的基本原理为：试样通过弹簧夹头与滚筒相连，同时滚筒内的滚动轴承起到支撑试样的作用。联轴器向试样传递调速电机的旋转运动，计数器记录试验转速以及转动圈数。试验机通过加载横梁、砝码吊杆及砝码对试样施加恒定载荷。在试样的旋转过程中，加载装置不动，则在试样的横截面上产生一个交变应力，该交变应力属于对称的循环交变应力。当试样发生疲劳断裂时，停止电机旋转，转动手动卸载手轮使加载横梁与砝码吊杆分离。

传统的旋转弯曲疲劳试验机存在着自动化水平低、无法实现载荷的无级调节及数据实时显示等问题，而本节所提出的可用于高能 X 射线进行三维成像的悬臂式旋转弯曲原位疲劳试验机则在这些方面进行了改进。

3.5.2 主功能设计

基于同步辐射光源的悬臂式原位旋转弯曲疲劳试验机依托于大型国家装置同步辐射光源平台，由于成像试验台的承重有限，对疲劳试验机的整体设计提出了严格的要求。基于以上要求，设计出了一款适用于同步辐射光源、可用高能 X 射线进行三维成像、能够进行悬臂式原位旋转弯曲疲劳试验的试验机。试验机主要由载荷施加单元、试样夹持单元、作动单元、数据采集与控制单元组成。设计的这款可用高能 X 射线进行三维成像的悬臂式旋转弯曲原位疲劳试验机外形如图 3.41 所示，试验机结构如图 3.42 所示。

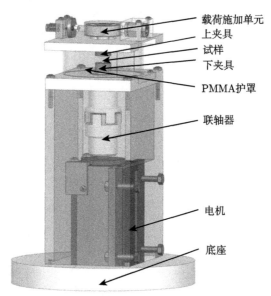

图 3.41 可用高能 X 射线进行三维成像的悬臂式旋转弯曲原位疲劳试验机简图

图 3.42 中所示各部件为：1. 上夹具套筒，2. 上夹具，3. 载荷传感器，4. 载荷施加支座，5. 螺纹套筒，6. 下夹具，7. 深沟球轴承，8. 卡块，9. 梅花形弹性联轴器，10. 电机前后固定座，11. 光源平台与底座连接件，12. 上夹具套筒支撑座，13. 加载机构支座，14. 玻璃罩，15. 试验机支座上盖板，16. 试验机支座，17. 电机上下固定座，18. 伺服电机，19. 试验机底座，20. 光源平台，21. 光源发射器，22. 光源接收器，23. 数据采集与电机控制器，24. 图像处理单元。此外，还有一些附件，例如圆柱滚子轴承、载荷施加螺钉、直线轴承及试样卡块等。

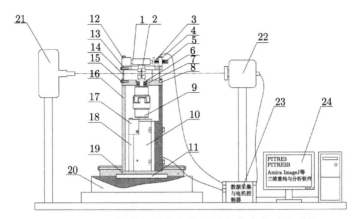

图 3.42　基于同步辐射成像的旋转弯曲疲劳试验系统

试验机采用伺服电机作动，通过梅花形弹性联轴器将旋转运动传递至试样，由夹具带动试样进行旋转运动。试样上夹具连接载荷施加单元，通过拧动螺钉对轴状试样施加径向力，从而使试样弯曲。同时通过安装在载荷施加单元上的力传感器，能够准确地得到施加载荷的大小，从而对试验变量进行控制。试验机通过玻璃罩连接上下部分，试样周围基本无外物阻挡，在疲劳试验的过程中，同步辐射光源能够通过玻璃罩穿透金属试样进行同步辐射成像，得到材料内部损伤的三维图像，清晰、准确地反映材料内部结构在旋转弯曲疲劳过程中的演变规律，为研究材料在旋转弯曲疲劳下的缺陷以及裂纹演变行为提供了不可或缺的技术装备。

3.5.3　作动单元设计

旋转弯曲疲劳试验机的作动单元在试样加载过程中起着关键作用，通过带动试样旋转来实现对试样的往复加载。本试验机采用伺服电机驱动，通过梅花形联轴器连接电机轴与试样夹具，实现试样旋转运动，结构设计如图 3.43 所示。

图 3.43　试验机作动单元结构图

3.5.4 夹持单元设计

该旋转弯曲疲劳试验机夹持单元分为上夹具、下夹具两部分，分别与载荷施加单元和作动单元相连接，起到了固定试样、带动试样旋转以及传递载荷的作用。考虑到试验机需要与同步辐射光源平台相匹配，在夹具部分添加了类似于键与键槽的机械结构，能够在仅仅拆卸试验机夹具部分的情况下实现试样的安装工作，简化了试样的夹装。其具体设计方案如图 3.44 所示。

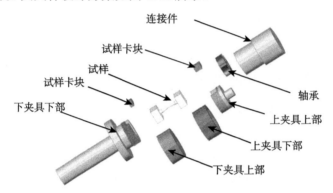

图 3.44   疲劳试验机夹持单元结构简图

3.5.5 载荷单元设计

目前，已经商业化的旋转弯曲疲劳试验机一般通过砝码及杠杆机构对试样进行载荷施加。为匹配我国同步辐射光源平台，本试验机对旋转弯曲疲劳试验机的载荷施加单元进行了修改。如图 3.45 所示，本实验机的载荷施加单元由螺纹套筒、上夹具套筒、载荷传感器、直线轴承等零件组成。

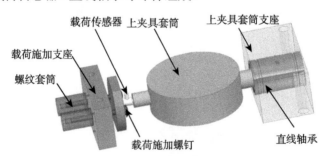

图 3.45   试验机载荷施加单元结构图

试验机具体载荷施加步骤如下所述：通过拧动螺纹套筒，带动上夹具套筒产生垂直于轴向的位移，进而使图 3.45 中上夹具对试样产生拉力，试样发生弯曲变形；同时上夹具套筒对载荷传感器施加同样大小的压力，当载荷传感器采集到的力信号达到预设要求以后，停止拧动螺纹套筒，保持力不变，启动伺服电机，试样开始进行旋转运动并且在横截面上受到一个大小不变的交变应力。

3.6　本 章 小 结

基于高亮度和高精度的同步辐射光源，科学家需要研制兼容于先进光源成像的原位加载机构，实现金属材料内部缺陷演化及疲劳损伤机制的准定量观测。随着东莞散裂中子源和北京高能同步辐射光源的相继建设和交付使用，研制原位加载设备开展材料高通量服役行为表征已迫在眉睫。本章简要阐述了国内外材料疲劳损伤原位加载装置的研制和应用情况，重点介绍了著者近年来应用同步辐射光源开展金属材料疲劳损伤研究中原位成像加载装置的最新成果。

总体而言，目前世界范围内对基于同步辐射光源等大科学装置的原位成像加载机构的重视仍然严重滞后于人们对新材料研发及服役行为评价的迫切需要。然而，由于无法实现载荷和位移的精确控制，当前多数研究尚不能准确和定量表征材料的疲劳损伤行为，成为一大技术瓶颈。同时，已研发的原位加载机构的试验能力大多局限于轻质合金或者毫微试样，因而研发高加载频率、大试验载荷、多环境耦合及多加载模式等功能的原位加载机构依然任重而道远。

一个值得关注的方向是，越来越多的研究者正在尝试把传统的材料损伤表征手段如 DIC 和 DVC 技术、声发射技术等与数值仿真 (如有限元方法) 和先进的同步辐射三维成像技术结合起来，从理论、实验和仿真等三个方面对材料的疲劳损伤演化机制进行多角度评价。另外，随着各国散裂中子源和自由电子激光装置的逐步建成，对于材料及部件内部残余应力场的研究将成为热点前沿课题。

参 考 文 献

[1] 吴圣川, 朱宗涛, 李向伟. 铝合金的激光焊接及性能评价. 北京: 国防工业出版社, 2014.

[2] Xu F. Quantitative characterization of deformation and damage process by digital volume correlation: A review. Theo Appl Mech Lett, 2018, 8(2): 83-96.

[3] Lachambre J, Réthoré J, Weck A, et al. Extraction of stress intensity factors for 3D small fatigue cracks using digital volume correlation and X-ray tomography. Int J Fatigue, 2015, 71: 3-10.

[4] 刘欢. 基于高速 DIC 的疲劳裂纹尖端位移、应变场测量与研究. 杭州: 浙江工业大学硕士学位论文, 2015.

[5] Buffière J Y, Maire E, Adren J, et al. In situ experiments with X-ray tomography: An attractive tool for experimental mechanics. Exp Mech, 2010, 50(3): 289-305.

[6]   Teranishi M, Kuwazuru O, Gennai S, et al. Three-dimensional stress and strain around real shape Si particles in cast aluminum alloy under cyclic loading. Mater Sci Eng A, 2016, 678: 273-285.

[7]   Bale H A, Haboub A, MacDowell A A, et al. Real-time quantitative imaging of failure events in materials under load at temperatures above 1600 ° C. Nature Mater, 2013, 12: 40-46.

[8]   Haboub A, Bale H A, Nasiatka J R, et al. Tensile testing of materials at high temperatures above 1700℃ with in situ synchrotron X-ray micro-tomography. Rev Sci Instrum, 2014, 85: 083702.

[9]   Withers PJ. Mechanical failure: Imaging cracks in hostile regimes. Nature Mater, 2013, 12: 7-9.

[10] Wu S C, Xiao T Q, Withers P J. The imaging of failure in structural materials by synchrotron radiation X-ray micro-tomography. Eng Fract Mech, 2017, 182: 127-156.

[11] Barnard H S, MacDowell A A, Parkinson D Y, et al. Synchrotron X-ray microtomography at the advanced light source developments in high-temperature in-situ mechanical testing. IOP Conf Series: J Phy: Conf Series, 2017, 849: 012043.

[12] 许峰, 胡小方. 基于先进光源的内部力学行为实验研究进展. 中国科学: 物理学、力学、天文学, 2018, 48(9): 094611.

[13] Withers P J. Fracture mechanics by three-dimensional crack-tip synchrotron X-ray microscopy. Phil Trans Roy Soc A, 2015, 373: 20130157.

[14] Stock S R. Recent advances in X-ray microtomography applied to materials. Inter Mater Rev, 2008, 53(3): 129-181.

[15] 吴圣川, 吴正凯, 胡雅楠, 宋哲, 康国政. 增材材料高通量试样制备方法、表征平台和表征实验方法: 中国, 20181084144.6, 2018-07-27.

[16] 吴圣川, 谢成, 吴正凯, 康国政, 刘宇杰. 一种采用 X 射线三维成像的悬臂式旋转弯曲原位疲劳试验机: 中国, 201810852157.5, 2018-07-30.

[17] 吴圣川, 宋哲, 胡雅楠, 吴正凯, 康国政. 同步辐射用真空/高压可调幅原位疲劳试验机及其组件: 中国, 201810191637.8, 2018-03-08.

[18] 吴圣川, 宋哲, 吴正凯, 康国政. 一种夹持机构以及同步辐射原位成像疲劳试验机: 中国, 201810191671.9, 2018-04-03.

[19] 吴圣川, 吴正凯, 宋哲, 康国政, 胡雅楠, 刘宇杰. 高频原位成像疲劳试验机: 中国, 201810304049.4, 2018-04-03.

[20] 吴圣川, 宋哲, 张思齐, 康国政. 模拟多环境的同步辐射原位成像拉伸试验机及其试验方法: 中国, 201710122427.2, 2017-03-03.

[21] 吴圣川, 宋哲, 张思齐. 含温控机构的同步辐射原位成像疲劳试验机及其试验方法: 中国, 201611213181.1, 2017-05-17.

[22] 吴圣川, 张思齐, 宋哲. 改进的同步辐射光源原位成像的疲劳试验机作动机构: 中国, 201610447764.4, 2016-10-12.

[23] 吴圣川, 张思齐. 可用同步辐射光源进行原位成像的疲劳试验机及试验方法: 中国, 201510 760647.9, 2016-02-17.

[24] 吴圣川, 张思齐, 张卫华. 改进的同步辐射光源原位成像的疲劳试验机夹持机构: 中国, 201610238936.7, 2016-07-13.

[25] 张思齐. 基于同步辐射 X 射线三维成像的原位疲劳试验机开发及应用. 成都: 西南交通大学硕士学位论文, 2017.

[26] 吴圣川, 张思齐, 康国政. 原位成像微型拉压疲劳试验机控制系统软件. 计算机软件证书号 2017SR112105, 2016-12-15.

[27] 秦大同, 谢里阳. 疲劳强度与可靠性设计. 北京: 化学工业出版社, 2013.

第4章 疲劳损伤评价模型

众所周知，材料的服役行为受到各种外部因素和本身属性的影响，是载荷、时间与环境等的函数。本章拟从两个方面对疲劳损伤模型进行论述：一是传统的基于名义应力方法的损伤评价模型，例如基于小样本数据的疲劳 P-S-N 曲线，通过对样本信息聚集方法的改进，同时实现疲劳试样个数和疲劳寿命曲线拟合的改进；二是基于低周疲劳行为的疲劳裂纹扩展模型，本书称为基于断裂力学理论的损伤容限设计和剩余寿命评估模型，它综合考虑了裂纹闭合效应和裂纹扩展数据的离散性。本章试图基于同步辐射成像解释材料损伤失效机制，例如韧性材料孔洞形核、长大和聚合现象，以及裂纹尖端塑性区空穴长大并相互连接成为长裂纹，依次建立和验证裂纹扩展模型。

4.1 样本信息聚集原理

4.1.1 疲劳数据建模方法

随着高速列车速度的不断提升，工况渐趋恶劣，因缺陷引起的事故急剧增加。研究表明，车辆结构 (锻造车轴、焊接车体、焊接构架、铸造部件等) 中约 2/3 的破坏是由疲劳引起的。为确保装备服役的安全性、可靠性及经济性，建立基于代表性材料试样的概率疲劳寿命曲线 (疲劳 P-S-N 曲线) 就成为创新结构设计与开展寿命评价的重要课题 [1]。然而，常规试验方法具有样本大、费用高和周期长的特点，因此探索基于小样本的疲劳统计和表征方法一直是热点研究方向。

近年来，针对小样本数据处理，国内外学者进行了深入研究。傅惠民等 [2,3] 采用异方差回归方法进行整体分析，在保证精度的前提下，有效减少了试样数量。赵永翔等 [4] 采用协同概率外推法，将基本疲劳 P-S-N 曲线协同外推至超高周疲劳，获得了该寿命区间的疲劳 P-S-N 曲线。Guida 等 [5] 借助 Bayes 方法和先验信息，在先验分布的理论表达上提出了新的思路。Klemenc 等 [6] 采用双参数 Weibull 分布描述寿命分散性，能够实现疲劳 P-S-N 曲线的快速拟合。谢里阳 [7,8] 提出样本信息聚集原理并结合摄动搜索寻优技术，得到更为精确的疲劳 P-S-N 曲线。上述方法理论推导严密，但在精度及可靠性等方面仍有改进空间。

本节将通过改进对数寿命标准差 (下称 "标准差") 参数的摄动搜索方式，使较低级应力标准差取最大值 (指与其他方法相比，改进方法求解的较低级应力下标准差的取值)，同时对各级应力下取得准确标准差的有效试验数目也做出修正。为了证明改进的样本信息聚集原理 (简称为改进方法) 的正确性与可靠性，开展了实测载荷下高铁空心车轴的疲劳寿命评估，然后推广至车辆焊接结构，包括铝合金车体、受电弓和转向架构架等关键焊接结构。

众所周知，在同一级应力水平下，即使试样完全相同，疲劳寿命也会有明显不同，这种差异主要源于内部缺陷、表面质量、试验条件等。循环次数 N 的准确预测与应力值 S 和存活率 p 均有关，三者共同构成一个空间曲面。在该三维面上，每一应力水平存在一个寿命点与某一存活率 p 相对应，把所有这些点连接起来就得到所谓的疲劳 P-S-N 曲线。一般地，常规疲劳试验数据拟合出的是存活率 $p = 50\%$ 的中值疲劳寿命曲线，亦称为 (均值) 疲劳 S-N 曲线。然而，由于该曲级的失效概率太大，不利于工程应用，因此往往需要依据产品标准推证出更高存活率的疲劳 P-S-N 曲线。

一般地，把疲劳试验分散性的研究对象设定为疲劳寿命的对数，这主要是由于对数寿命接近于正态分布。同时，作为随机变量的疲劳寿命通常较大，采用对数表示更加简洁。假设对数疲劳寿命 $\log(N)$ 服从正态分布，后文统称为疲劳寿命 N，则对应的正态概率分布函数 F 为

$$F(N) = \int_0^N \frac{1}{\sigma\sqrt{2\pi}} \exp\left[-\frac{(N-\mu)^2}{2\sigma^2}\right] \mathrm{d}N \tag{4.1}$$

式中，σ 和 μ 分别为某应力水平下的疲劳寿命标准差和疲劳寿命均值，后文简称为标准差和均值，$F(N)$ 表示疲劳寿命低于 N 的概率，见图 4.1(a) 阴影部分所示。

很显然，随机变量大于 N 的概率为 $1 - F(N)$。为了建立疲劳寿命 N 与存活率 p 之间的关系，需要把式 (4.1) 进一步表示为标准正态概率分布。关于标准正态概率函数及疲劳寿命模型此处不再赘述，感兴趣的读者可查阅相关书籍。

考虑到疲劳寿命分散性，把试验过程分为 "试样抽取" 和 "寿命形成" 两个阶段。在试样抽取阶段，每一个试样的寿命特性在子样分布中具有特定的概率分位点，而寿命形成阶段为该试样在某一应力水平下得到的实际寿命结果。虽然同一试样无法完成如图 4.1(b) 中所有应力水平的疲劳试验，但认为其在子样分布中具有相同的概率分位点，这就是概率分位点一致性原理 [9–11]。

根据图 4.1(b) 所示，可用公式表示同一试样的概率分布，即有

$$p(N_{ji}) = p(N_{ki}) \tag{4.2}$$

式中，N_{ji} 表示编号为 i 的试样在第 j 级应力下的对数寿命，$p(N_{ji}) = p(N_j < N_{ji})$ 表示第 j 级应力下试样的寿命小于 N_{ji} 的概率。

为将各级应力水平下的试验数据处理过程与 $p(N_{ji}) = p(N_j < N_{ji})$ 的计算相结合，可以引入随机变量抽取过程来描述两者之间的关系。假设某一试样的高周疲劳寿命结果用随机变量 X 表示，则其概率密度函数为 $f(X)$。疲劳试验的随机抽样过程相当于在概率密度函数的母体中抽取一个子样 x_i。具体试验过程为在应力级 S_j 的作用下，子样 x_i 产生一个对应寿命 N_{ji}。对于整个样本而言，这意味着通过应力 S_j 作用，样本的性能概率分布可以转化为试样的寿命概率密度分布 $p_j(N)$。把相应的试样性能观测值从小到大排列为 $x_1, x_2, \cdots, x_{\mathrm{m}}$，在循环应力 S_j 作用下，则对应试样的对数疲劳寿命依次为 $N_{j1}, N_{j2}, \cdots, N_{jm}$，且有 $p(X < x_i) = p(N_j < N_{ji})$。

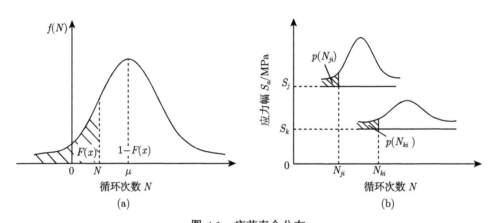

图 4.1   疲劳寿命分布

(a) 正态分布曲线；(b) 概率分位点一致性

假设对数疲劳寿命 N_{ji} 满足正态分布 $N(\mu, \sigma^2)$，则有

$$p(N_j < N_{ji}) = \Phi\left(\frac{N_{ji} - \mu_j}{\sigma_j}\right) \tag{4.3}$$

式中，μ_j 和 σ_j 分别表示 j 级应力下的对数寿命均值和标准差。

同理，循环应力 S_k 作用下试样的对数疲劳寿命 N_{ik} 也满足正态分布。把疲劳寿命进行标准化 $N(0,1)$ 处理，则概率分位点一致性原理表示为

$$\frac{N_{ji} - \mu_j}{\sigma_j} = \frac{N_{ki} - \mu_k}{\sigma_k} \tag{4.4}$$

这就说明，不同应力水平下各寿命样本点之间存在一一对应的关系。因此，可把某一应力下疲劳寿命等效为另一应力下的寿命，实现样本信息的聚集，即由小样本转化为“大样本”，从而根据“大样本”数据进行寿命评价。

具体地, 由式 (4.4) 得到 j 级向 k 级应力等效后的寿命结果:

$$N_{ji}^e = (N_{ji} - \mu_j)\frac{\sigma_k}{\sigma_j} + \mu_k \qquad (4.5)$$

式中, N_{ji}^e 表示 N_{ji} 等效到 k 级应力下的寿命。

通过以上疲劳试验样本信息的聚集处理, 可由小样本疲劳寿命数据得到较为准确的大样本疲劳 P-S-N 曲线有效提高了试验的可靠性。

一般情况下, 获得较为准确的疲劳 P-S-N 曲线的大样本疲劳试验需在若干应力级下完成 (一般选取 4 级), 原始的样本信息试验方法 (下文简称为原始方法) 要求每级应力水平下完成 15 个以上试样的疲劳试验。对于试样个数较少的小样本试验, 本书给出的处理方案是, 根据试验数据拟合出中值疲劳 S-N 曲线 (即存活率为 50%的疲劳 S-N 曲线), 中值寿命和应力值之间的关系用 $s = Cn^b$ 描述, 式中 s 为循环应力幅值, n 为疲劳寿命, C 和 b 为拟合常数。这里的中值疲劳 S-N 曲线是由所有的数据点进行最小二乘法拟合得到的。因此, 即使试样个数低于 15 个 (如每组 3 个数据点), 全部的试验数据 (例如 12 个) 也足以较为准确地拟合出中值疲劳 S-N 曲线。

由式 (4.5) 可知, 寿命等效过程需要确定不同应力水平下的标准差。然而, 迄今还没有公认的、准确描述各级应力与标准差的定量模型 [9]。相关研究表明, 不但均值 μ 与循环应力水平 S 之间存在近似线性关系, 而且标准差 σ 与应力水平 S 之间也存在一种近似的线性关系 [7-10]。因此, 标准差 σ 与应力水平 S 的关系可用以下公式来描述:

$$\sigma_i = \sigma_k + K(S_k - S_i) \qquad (4.6)$$

式中, K 表示标准差与应力水平关系的斜率。

由此可见, 若已知标准差 σ_k, 则标准差和应力水平可由斜率 K 唯一决定。在确定了基准标准差 σ_k 和斜率 K 后, 可由式 (4.6) 完成不同应力下对数寿命的等效。对于同一试样而言, 这一等效过程改变了该试样的寿命形成过程, 即将原来某一级应力下的疲劳寿命转变为不同应力级下的疲劳寿命。该过程的合理性由式 (4.6) 来确保, 即确定出合理的斜率 K 值。而不同应力级标准差的正确性, 可由等效寿命标准差与已知标准差的比较来保证。

在确定合理的标准差与应力水平关系的基础上, 以 k 级应力 S_k 为基准, 将其他组对数寿命数据等效到 k 级应力水平下。显然等效数据与对应试样在该级应力下做出的实际数据在理论上是一致的, 即等效寿命也能真实反映出试样的寿命分布规律。图 4.2 为 3 个应力水平 S_j、S_k 和 S_{j+n} 下的疲劳寿命分布规律及数据点。

如果以 S_k 作为基准应力, 将 S_j 和 S_{j+n} 下的寿命数据点等效为应力水平 S_k

上对应百分位的数据 (例如数据点 N_1 等效为数据点 N_1'，数据点 N_2 等效为数据点 N_2')，显然，各级应力下的寿命数据的相对分散性在等效过程中并未改变，而且等效的数据点也能真实反应应力 S_k 下对应百分位的对数寿命。这一过程可称为样本信息的聚集。由此可见，该级应力下的有效寿命数据由于聚集作用由 5 个达到 15 个。这样一来，该组数据的标准差及疲劳 $P\text{-}S\text{-}N$ 曲线必然更加准确。

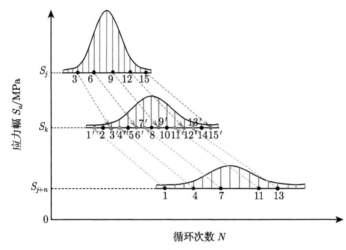

图 4.2　不同应力水平下疲劳寿命的等效过程

考虑到等效寿命分布与实际该应力下寿命分布一致性，若想准确确定某级应力下的寿命分布，必须得到准确的斜率 K 值。根据各级应力水平下试验个数的不同，斜率 K 值和标准差的具体确定方法如下。

4.1.2　(X-x-x-x) 型数据

该类数据为 4 级应力水平的试样结果，设最高应力下的试验数达到 15 个，则认定最高应力 S_1 下标准差 σ_1 是准确的；其余各级应力下的试验数均不足 15 个 (如每组为 3 个)，则难以准确求解对应的标准差 (4 级应力下共 24 个有效数据)。根据等效寿命的转化方法，可将不同应力级下的寿命等效为最高应力水平下的寿命。也就是说，在应力级 S_j 下某一概率点上疲劳寿命对应于第 i 个试样的对数寿命为 N_{ji}，则在相同的概率分位点上，另一应力级 S_k 对应的疲劳寿命仍为第 i 个试样的对数寿命，但大小为 N_{ki}，即 N_{ki} 为 N_{ji} 在第 k 阶应力下的等效寿命。

根据各级应力下的寿命数据，分别计算寿命均值，并用最小二乘方法拟合各级应力以及对应的寿命数据，进行中值疲劳 $S\text{-}N$ 曲线的拟合。由于最高级应力的试验总数达到 15 个，能够准确得到寿命分布参数，并作为其他组向该值等效的基础，故在进行该组数据的等效时，只需确定参数 K。在完成 K 值摄动搜索时，参数 K 初值为零，且以很小的正值 ΔK 逐步增加。对于每一个 K 值，将低应力 S_2、S_3 和

S_4 下的对数寿命数据等效到 S_1。求解所有等效寿命的标准差并与 σ_1 比较。当相对误差很小时，表明 K 取值合理，进而获得疲劳 P-S-N 的全部信息。

下面以 (15-3-3-3) 型数据为例，详细叙述处理流程：

➤ 选择 4 级应力水平 (在应力选择时，尽量使得疲劳寿命覆盖较大范围，如 $10^4 \sim 10^6$ 周次)。在最高应力水平 S_1 下进行 15 个试样的疲劳试验，对数寿命记为 $N_{1,i}$ $(i = 1, 2, \cdots, 15)$，其他各级应力水平下有效试验数据为 3 个，其对数寿命分别记为 N_{ji} $(j = 2, 3, 4; i = 1, 2, 3)$，共计 24 个试样。

➤ 各应力水平下的对数寿命均值求解见公式 (4.7)，而最高级应力水平 S_1 下的标准差求解见公式 (4.8)，以 m_j 表示第 j 级应力下的试样数目：

$$\mu_j = \frac{1}{m} \sum_{i=1}^{m_j} n_{ji} \quad (j = 1, 2, 3, 4) \tag{4.7}$$

$$\sigma_1 = \sqrt{\left. \sum_{i=1}^{m_1} (n_{1,i} - \mu_1)^2 \right/ (m_1 - 1)} \tag{4.8}$$

➤ 用最小二乘法拟合出中值疲劳 S-N 曲线，并根据回归方程求解各级应力对应的寿命均值 μ_1、μ_2、μ_3 和 μ_4。

➤ 根据公式 (4.6)，对参数 K 进行逐步搜索并检验其正确性。具体方法是令参数 $K = 0$，以 $\Delta K = 0.001$ 增量逐渐增大。根据公式 (4.8)，利用每一个选定的 K 值计算其余各级应力对应的标准差 σ_j $(j = 2, 3, 4)$，并结合上一步骤中求得的各级应力下的对数寿命均值 μ_j $(j = 1, 2, 3, 4)$，将各级应力等效到第一级应力下，得到等效寿命数据形式如下：

$$N_{ji}^e = \frac{(n_{ji} - \mu_j)\,\sigma_1}{\sigma_j} + \mu_1 \tag{4.9}$$

根据等效寿命，计算其对应的标准差并与最高级应力下试验得到的标准差比较。当两者很接近时，可认为 K 的取值合理。具体过程如下：

首先处理应力级 S_2 下的试验数据。选定参数 K 后，由公式 (4.8) 式可得 σ_2，再由公式 (4.10) 计算等效寿命：

$$N_{2i}^e = \frac{(n_{2i} - \mu_j)\,\sigma_1}{\sigma_2} + \mu_1 \tag{4.10}$$

这样，可以得到相应的应力水平 S_1 下的等效寿命 N_{21}^e、N_{22}^e 和 N_{23}^e。同理，对于应力水平 S_3 和 S_4 下的寿命进行等效得到 $N_{31}^e \sim N_{33}^e$ 和 $N_{41}^e \sim N_{43}^e$。从而，将应力水平 S_2、S_3 和 S_4 下的试验数据等效到 S_1，计算等效寿命的标准差 σ_1'，与该级应力下的标准差比较，若满足 (4.11) 式关系，说明 K 值满足要求。

$$\left| \frac{\sigma_1' - \sigma_1}{\sigma_1} \right| \leqslant 0.001 \tag{4.11}$$

由此计算得到各应力下的标准差 σ_2、σ_3、σ_4，而当存活率为 p 时，第 j 级应力下的寿命 $\lg N_{pj}$ 与标准差的关系为

$$\lg N_{pj} = \mu_j - k_{(p,1-\alpha,v)}\sigma_j \tag{4.12}$$

式中，系数 $k_{(p,1-\alpha,v)}$ 可从相关文献查询 [12]，其中 $1-\alpha$ 为置信度，v 为自由度 (此处各应力水平下的对数寿命分布是通过样本信息聚集原理获得的，因而进行各级应力下概率寿命估算时，自由度取为 "总样本数 -1")。

由式 (4.5) 可以得出各级应力下存活率为 p 的对数寿命 n_{pj} $(j = 1,2,3,4)$，并将数据点进行最小二乘拟合，得到对应存活率的疲劳 S-N 曲线。

4.1.3　(x-x-x-x) 型数据

该类型数据在各级应力下的试验个数均为 5 个或是更少。此时，最高级应力 S_1 下的 5 个或 3 个数据已不能准确计算寿命分布参数，因此无法得到基准标准差。为此，可以设定最高级应力的标准差为 $\alpha\mu_1$ (α 为一个较小的比例常数，例如 0.001)，并以此为基础进行比例参数 α 较小增量的摄动搜索。对于每一个给定的 α，可以得到一个标准差，把该标准差作为基准标准差。再根据 (X-x-x-x) 型数据的处理方法进行相应参数 K 值的搜索。注意，这里的 K 值搜索需要给定相应的搜索范围，在给定的范围内利用每一个选取的 K 值进行数据的聚集。

对最高级应力下的试验数据 (包括等效数据和实测数据) 进行对数寿命分散性求解，将求解的标准差与设定标准差比较 (由参数 α 决定)，若两者误差落在给定的范围内，说明参数 α 取值合理且能在相应范围内找到合适的参数 K 值；否则，增加比例参数 α 的取值，进行参数 K 的再一次搜索。

下面以 (5-5-5-5) 型数据为例，详细叙述处理流程：

➤ 选择 4 级应力，疲劳寿命最好能够覆盖 $10^4 \sim 10^6$ 或更大范围。每级应力下进行 5 个疲劳试验，寿命记为 N_{ji} $(j = 1,2,3,4; i = 1,2,3,4,5)$，共计 20 个，以保证聚集后数据取得较为准确的标准差。

➤ 根据公式 (4.7)，计算各级应力下的对数寿命均值 $(i = 1,2,3,4)$。

➤ 利用最小二乘方法拟合前一步骤求得的寿命均值及中值疲劳 S-N 曲线，以此计算各级应力下的寿命均值 μ_i $(i = 1,2,3,4)$。

➤ 令最高级应力的标准差 $\alpha\mu_1$ ($\alpha = 0.005, 0.0051, \cdots$)。对于每一个标准差，在给定范围内搜索参数 K 的合适值。根据步骤 (3) 计算各级应力的寿命均值 μ_i $(i = 1,2,3,4)$，结合标准差与应力水平之间的线性关系及寿命等效规则，将不同应力下的试验数据等效到最高级；再将最高级下的等效寿命与试验数据混合求解该组标准差 σ_1，若满足公式 (4.11)，说明比例参数 α 和参数 K 取值合理，否则重新选择 α 并以此进行参数 K 搜索。

➤ 根据公式 (4.12) 计算存活率为 p 时，各级应力下的对数寿命为 N_{pj} $(j = 1, 2, 3, 4)$。用最小二乘法拟合该存活率下的数据点，最终得到疲劳 P-S-N 曲线。

4.2 改进的样本集聚方法

尽管样本信息聚集原理可以处理小样本疲劳寿命数据问题，但很多情况下还是很难给出足够大的疲劳寿命样本。同时，经典的疲劳寿命曲线建模方法不能准确反映出长寿命区间的离散性特点。为此，著者对样本信息聚集方法进行了改进 [13]，得到了与实际数据趋势一致的寿命曲线。

4.2.1 数据建模的改进方法

4.2.1.1 试验个数确定

谢里阳教授认为，若要使得基准应力下的标准差取得准确值，则该级应力下的试验个数至少应达到 15 个 [7,8]。工程设计中，某级应力下的试验个数往往很难达到 15 个，并且即使满足这一试验个数，标准差的准确性也值得考证，因此著者认为这样的试验数目规定是不合理的。

也有学者认为若要保证试验结果的准确性，各应力下试样个数应不少于 6 个 [14]。实际上，在考虑置信度和误差限后，试验个数的确定还需考虑变异系数 CV(标准差与均值的比值) 的影响。例如当置信度 $\gamma = 90\%$ 和误差限 $\delta_{\max} = 5\%$ 时，某级应力下寿命变异系数 $CV \in (0.0746, 0.0806)$ 时，则该级应力下的最少试样数应为 9 个 [14]。由此，为保证标准差的准确性，各级应力下的试样个数应满足两个条件：(1) 不少于 6 个；(2) 在考虑置信度和误差限后，不少于变异系数所对应的最少试样数。

4.2.1.2 参数 K 搜索方式

当参数 K 递减搜索时，即确定一定范围内 K 的最大值，由式 (4.6) 可知，低于基准应力的第 j 级应力标准差 σ_j 取得最大值。因此，确定 K 值搜索上限的方法如下所述。一般地，当存活率为 p 时，第 j 和 $j+1$ 级应力所对应的对数疲劳寿命分别为 $N_{p(j)}$ 和 $N_{p(j+1)}$，则有 $N_{p(j)} < N_{p(j+1)}$。结合式 (4.6) 和式 (4.12)，得

$$K < (\mu_{j+1} - \mu_j) / \left[k_{(p,1-\alpha,v)} \left(S_j - S_{j+1} \right) \right] \tag{4.13}$$

根据上述公式，即可确定 K 值的搜索上限，并由此进行递减搜索。

4.2.1.3 参数 α 搜索方式

为说明 α 的搜索方式对标准差的影响，下面证明：当 α 递增搜索时，即 α 取

得最小的合理值, 则基准应力下的标准差取最小值。而低于基准应力的应力级所对应的标准差值取一定范围内的最大值 (取试验中的最高级应力作为基准应力)。

由式 (4.9) 可知, 等效的寿命数据对最高级应力下寿命均值不会有影响, 即最高级应力对应的寿命均值仍为 μ_1。在满足条件的前提下, 若最高级应力下的标准差取最小值, 则 $|\lg N_{ji}^e - \mu_1|$ 取最小值。由于 $|\lg N_{ji} - \mu_j| =$ 定值时, 根据式 (4.7) 可知, σ_j 应该取最大值。故当 α 递减搜索时, 在一定范围内, 基准应力下的标准差可取得最小值, 而对于小于基准应力的应力级, 标准差值取最大值。

4.2.2 两种数据的建模改进

4.2.2.1 (X-x-x-x) 型数据

根据以上改进, 两类数据下的各级应力寿命对应的标准差确定方法如下。结合改进之后的数据处理方法, 该类数据仍然在 4 级应力水平下完成, 且最高级应力 S_1 下的试验个数满足理论方法改进中 4.1.1 节的条件, 故该应力级下的标准差 σ_1 为准确值; 其余各应力级下的试验数据不满足 4.1.1 节中的条件, 故根据各级应力下的试验数据难以准确求解对应的标准差。

根据式 (4.6), 较低级应力下的标准差可通过标准差 σ 与应力水平 S 之间线性关系来确定, 即只需要进行参数 K 的单重搜索, 且该搜索过程就是不同级应力下数据的等效及等效结果对比的过程。该过程可以简述如下:

根据各级应力下的试验数据, 采用最小二乘法拟合中值 S-N 曲线, 并求解各级应力下的寿命中值。由于这里最高级应力下的标准差为准确值, 故可将最高级下的标准差作为其余应力下的试验数据向最高级等效的基础和检验等效合理性的标准, 但结合式 (4.5) 可知, 等效过程的实现需要借助搜索参数 K。

此处参数 K 初始值是根据式 (4.13) 确定的搜索范围最大值, 且以小量 ΔK 递减搜索。在搜索过程中, 利用每一个参数 K 的取值将较低级应力下的试验数据等效到最高级应力 S_1 下。求解等效后的试验数据标准差并与 σ_1 比较, 若两者的相对误差小于误差限时, 说明参数 K 取值合理, 即可确定各级应力下的标准差。

为便于比较改进前后数据处理方法的差异, 分别绘制不同方法的对应的流程图如图 4.3 所示, 不同之处分别用点画线和虚线框来表示。

与原始样本信息聚集原理相比, 改进方法于对取得准确标准差的试验个数做出修正, 且在参数 K 的搜索时, 采用了由大到小的搜索方式。

4.2.2.2 (x-x-x-x) 型数据

与改进方法中取得准确标准差的试验个数相比较, 该类型数据中每组数据或是没达到 6 个或是小于变异系数对应的试验个数, 因此也无法得到准确的基准标准差。参考 4.1.2.2 节, 仍可以设定最高级应力下的标准差为 $\alpha\mu_1$。为使较低级应力取得最大的标准差，这里的参数 α 的搜索方式仍为由小到大搜索，与原始的样本信息聚集原理中参数 α 的搜索方式保持一致，即给定该参数一个较小起始量 (如 0.001)，并以此为基础进行小增量的摄动搜索。对于一个给定的 α 值，最高级应力对应的标准差可得到具体的数值解。在得到最高级应力下的标准差后，进行与 4.1.2.1 节中相同的参数 K 的递减搜索。

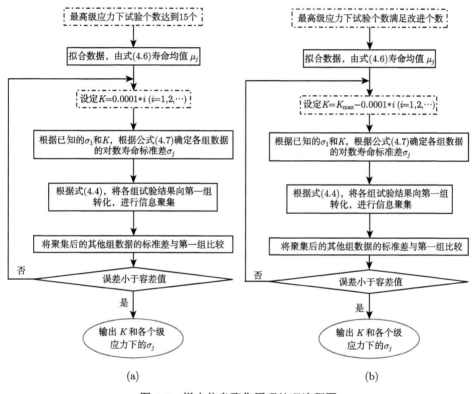

图 4.3 样本信息聚集原理处理流程图

(a) 原始方法；(b) 改进方法

为确定参数 α 和 K 的选取合理程度，求解等效到最高级应力下的试验数据的标准差并与假定的标准差进行比较，若两者的相对误差小于给定的误差限，则说明参数 α 和 K 的选择合理；否则，增加比例参数 α 的取值，进行再一次的参数 K 的搜索。

为便于比较改进前后数据处理方法的差异，分别绘制不同方法对应的流程图如图 4.4，不同之处分别用点画线和虚线框来表示。

由图 4.4 可知，改进方法处理 (x-x-x-x) 型数据时，参数 α 的搜索依然是采用由小到大的搜索方式，但参数 K 的搜索方式和确定准确标准差的试验个数都应做出调整，以保证在较低级应力下标准差取得最大值。

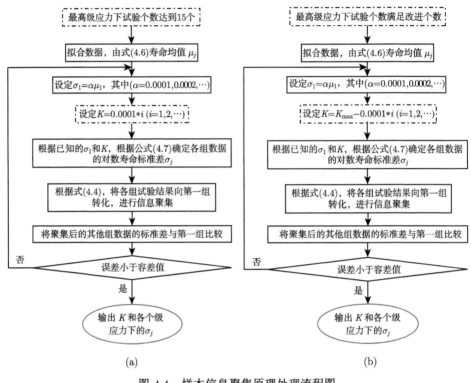

图 4.4　样本信息聚集原理处理流程图

(a) 原始方法；(b) 改进方法

4.2.3　疲劳曲线拟合的改进

传统全尺寸零件的疲劳 P-S-N 曲线拟合过程 (直接用试验得到的各级应力级下标准差进行疲劳 P-S-N 曲线的绘制，下文简称为传统方法) 可以用图 4.5(a) 来表示 [15]。其中，曲线 (1) 表示的是存活率为 50% 的光滑小试样/标准试样的中值疲劳 S-N 曲线，曲线 (2)~(4) 分别表示使用载荷系数 $C_{\rm lot}$、表面质量系数 β 和尺寸效应系数 ε 对光滑小尺寸/标准试样中值疲劳 S-N 曲线的修正，而曲线 (5) 则表示考虑可靠性系数 $k_{(p,1-\alpha,v)}$ 后，存活率为 p 的实际表面质量和加载工况的全尺寸零件的疲劳 S-N 曲线。由图可知，在考虑可靠性系数时，全尺寸零件疲劳 S-N 曲线是通过其中值疲劳 S-N 曲线 (4) 左右平移获得，故全尺寸零件的疲劳 P-S-N 曲线是相互平行的。

然而实际上，结合公式 (4.7) 可知，随着应力水平的降低，标准差将逐渐增加，故疲劳 P-S-N 曲线不再平行，必然呈现出一种开口向下的喇叭形状 [16]。为体现不同应力水平所对应的标准差对全尺寸部件疲劳 P-S-N 曲线的影响, 图 4.5(a) 所示拟合方式可进一步改造为图 4.5(b) 所示的方式, 主要步骤如下:

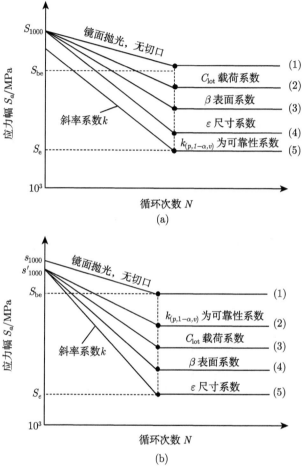

图 4.5 疲劳 P-S-N 曲线拟合方法

(a) 传统方法; (b) 改进方法

(1) 结合中值疲劳 S-N 曲线与式 (4.12), 可以求出各级应力下存活率为 p 的疲劳寿命分布, 然后进行最小二乘法数据拟合, 从而得到该存活率 p 下的小尺寸/标准试样的疲劳 S-N 曲线, 即图 4.5(b) 中曲线 (2);

(2) 考虑载荷种类系数 C_{lot}、表面质量系数 β 和尺寸效应系数 ε 等 3 个参数后, 将已知疲劳 P-S-N 曲线 (3) 和 (4) 最终等效为对应存活率 p 下的全尺寸部件的疲劳 S-N 曲线 [17−19], 即图 4.5(b) 中的曲线 (5)。

4.2.4　车轴疲劳寿命估算

车轴是高速动车组最重要的安全临界部件。为了验证改进方法的准确性与可靠性，本节首先将改进的拟合方法与线路实测载荷谱相结合，预测出全尺寸车轴的疲劳寿命[19]。图 4.6 给出了标准小试样在高铁车轴上的取样位置。

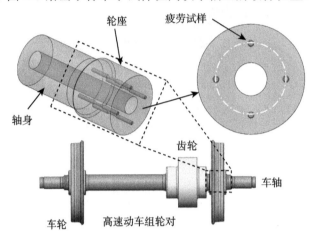

图 4.6　高速列车轮对结构及高周疲劳取样位置

高速动车组空心车轴实际受载形式复杂，一般分为动载荷和静载荷两种。在服役中，由包括车辆质量在内的一系列不同应力水平的随机载荷组成的垂向载荷是决定车轴寿命的主要载荷，其呈现出一种典型的变幅加载模式。由于采用有限实际线路载荷谱对车轴进行耐久性评估具有局限性，此处采用公开文献中存在较大载荷水平的 5 级载荷谱进行车轴服役行为的过保守评价[20]，见图 4.7 所示。

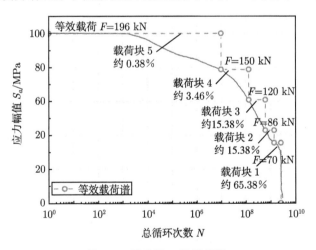

图 4.7　简化的 5 级载荷谱

在无限寿命区，低于疲劳极限的小载荷对材料的疲劳损伤也有贡献，因此需要对经典 Miner 理论进行修正。将疲劳极限下的疲劳 S-N 曲线斜率改为 $k' = 2k - 1$，使得预测结果更加保守 [21,22]。则与之对应的 Miner 理论修正如下：

$$D_{\text{cri}} = \frac{1}{S_{\text{D}}^k N_{\text{D}}} \cdot \sum_{S_i \geqslant S_{\text{D}}} n_i \cdot S_i^k + \frac{1}{S_{\text{D}}^{k'} N_{\text{D}}} \cdot \sum_{S_i < S_{\text{D}}} n_i \cdot S_i^{k'} \tag{4.14}$$

式中，S_{D} 和 N_{D} 分别表示全尺寸车轴的疲劳极限及其对应的循环周次或者拐点，S_i 和 n_i 分别表示载荷谱中的各级应力值大小及循环周次。

一般地，变幅载荷作用下钢结构部件的损伤值 $D_{\text{crit}} = 0.3$ [23]。

4.2.4.1 (X-x-x-x) 型数据

目前中国和欧洲等地区的高速铁路空心车轴材料以合金钢为主，例如高强度合金钢 34CrNiMo4[24]、中强度合金钢 EA4T[19] 及曾经广泛使用的 LZ50 钢 [25] 等，也有部分列车的车轴材料采用碳钢，例如 EA1N 车轴钢。本节基于上述改进方法对几类车轴钢材料的疲劳试验数据进行处理，以说明改进方法对于不同材料的适用性及估算结果的准确性和保守性。

(1) EA4T 疲劳寿命数据

结合文献中合金钢 EA4T 车轴小试样的疲劳寿命数据 [22] (见表 4.1) 进行研究。注意下表中的均值和标准差是根据疲劳寿命数据计算所得。

表 4.1 车轴钢 EA4T 的疲劳寿命数据

应力水平/MPa	试样数	疲劳寿命	均值	标准差
450	5	16131, 29032, 72893, 80784, 134455	4.71	0.37
425	10	75378, 86772, 97029, 113456, 127435, 162215, 190529, 225794, 445363, 516132	5.22	0.29
400	10	148346, 237701, 273632, 294571, 393860, 520766, 625483, 742910, 1334080, 5178648	5.73	0.44
375	7	305975, 528975, 626882, 864816, 1036398, 1616727, 1877818	5.92	0.28

可见，第三级应力下变异系数 $CV = 0.077$，与之对应的最少试验个数为 9 个 [14]，而实际的有效试样个数为 10 个，满足要求，故认为第三级应力下标准差取得准确值。若将该级应力作为基准应力，无需对 α 进行摄动搜索，故可以大大降低试验工作量，也使该方法方便工程应用。此外，标准差变化并不明显，这可能是由于试验数据不具有代表性，也可能是样本较小，无法反映出母体的分散性。

基于前述原始及改进的样本信息聚集原理，利用不同的摄动搜索寻优技术确定的各级应力下疲劳寿命的分布参数如表 4.2 所示。

表 4.2   车轴钢 EA4T 的对数疲劳寿命分布参数

编号	应力水平/MPa	原始方法		改进方法	
		均值 μ	标准差 σ	均值 μ	标准差 σ
1	450	4.36	0.32	4.36	0.21
2	425	5.02	0.38	5.02	0.33
3	400	5.72	0.44	5.72	0.44
4	375	6.46	0.50	6.46	0.56

表 4.1 中的数据, 由于各级应力下的数据较多, 所以成组法的预测结果是可靠的, 能够作为改进方法合理性的判别依据。

结合图 4.5(b) 中改进的疲劳 P-S-N 拟合方案, 图 4.8(a) 为基于成组法和改进样本信息聚集原理拟合得到的疲劳 P-S-N 曲线对比, 图 4.8(b) 为基于原始及改进的样本信息聚集原理拟合的 P-S-N 曲线的对比。由图可知, 对于小试样或全尺寸车轴, 不同存活率的疲劳 S-N 曲线不平行, 为向下开口的喇叭形状, 恰恰验证了不同应力下标准差存在差异性这一本质特征。

根据原始及改进后的样本信息聚集原理的计算结果, 在拐点对应的循环次数 $N_D = 2.49 \times 10^6$ 时, 全尺寸车轴存活率为 50%, 90%, 95% 和 97.5%(其中存活率为 90% 和 95% 的疲劳 S-N 曲线未画出, 下同) 的相关参数如表 4.3 所示。

表 4.3   不同存活率下全尺寸 EA4T 车轴的拐点应力/疲劳极限

方法对比	50%	90%	95%	97.5%
原始方法	290.12	272.19	266.46	261.27
改进方法	290.12	267.94	259.78	251.84
降低百分比	0	1.87%	2.70%	3.98%

由表 4.3 可知, 与原始的样本信息聚集原理相比较, 改进之后的样本信息原理对于疲劳极限的估算结果更加的保守。车轴钢 EA4T 的疲劳极限标准差 $\sigma_{\log S_D}$ 及变异系数 CV_{S_D} 对应关系如表 4.4 所示 [22]。

表 4.4   车轴钢 EA4T 疲劳数据的 $\sigma_{\log S_D}$ 与 CV_{S_D}

$\sigma_{\log S_D}$	0.021	0.033	0.045	0.057
CV_{S_D}	0.048	0.075	0.103	0.131

由表 4.3 中的数据可知, 拐点处疲劳极限的标准差为 $\sigma_{\log S_D} = 0.0314$, 对应的变异系数为 $CV_{S_D} = 0.0678$。由表 4.4 得到, 当 $\sigma_{\log S_D} = 0.0314$ 时, 对应的变异系数 $CV_{S_D} = 0.0722$。变异系数的相对误差为 6.04%, 充分说明该方法预测结果的准确性。

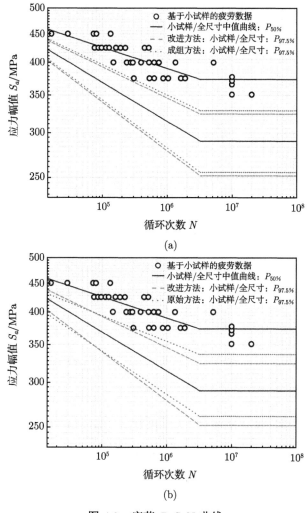

图 4.8 疲劳 P-S-N 曲线

(a) 与成组方法比较；(b) 与原始方法比较

若将高周疲劳区间数据按照下式拟合：

$$\lg S_p = \lg C_p + b_p \lg N_p \tag{4.15}$$

结合表 4.3，当存活率为 97.5% 时，疲劳 S-N 曲线相关系数如表 4.5 所示。

由上表可得，当小试样或者全尺寸车轴疲劳数据的存活率为 97.5% 时，利用成组法和改进方法预测的疲劳 S-N 曲线斜率的相对误差小于 3%，截距的相对误差小于 1%，充分说明采用改进方法处理 (X-x-x-x) 型数据的正确性与可靠性。

表 4.5　两种方法预测的存活率为 97.5%下的疲劳 S-N 曲线系数

参数方法	小尺寸试样		全尺寸车轴	
	截距	斜率	截距	斜率
成组法	2.868	−0.0539	2.962	−0.0852
改进方法	2.871	−0.0553	2.965	−0.0866
相对误差	0.104%	2.532%	0.101%	1.617%

根据式 (4.14) 进行车轴寿命估算时，需要判断载荷谱中载荷与疲劳极限的大小关系。故将表 4.1 中斜率修正后的疲劳 P-S-N 曲线与载荷谱比较得到图 4.9。

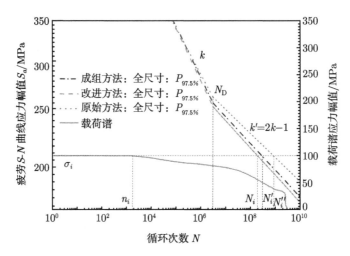

图 4.9　疲劳 P-S-N 曲线与载荷谱的对比

由图可知，载荷谱的峰值应力低于两种方法求得的疲劳极限，则实际运用中式 (4.14) 进一步简化为

$$D_{\mathrm{cri}} = \frac{1}{S_{\mathrm{D}}^{k'} N_{\mathrm{D}}} \cdot \sum_{S_i < S_{\mathrm{D}}} n_i \cdot S_i^{k'} \tag{4.16}$$

当全尺寸车轴的存活率为 97.5%时，结合原始的样本信息聚集原理求解的车轴疲劳寿命为 1.82×10^{12} 万公里，成组法对应的车轴疲劳寿命为 9.26×10^{11} 万公里，而改进方法对应的车轴疲劳寿命为 4.7×10^{10} 万公里，为经典成组法预测寿命的 5%左右，且仅为原始的样本信息聚集原理预测寿命的 2%左右，这说明了该方法的准确性和保守性，对于车轴钢材料 EA4T 具有良好的适用性，且适合工程应用。

(2) LZ50 钢疲劳寿命数据

根据 LZ50 车轴钢小试样的疲劳数据 [26](如表 4.6) 进行如下数据处理。

表 4.6　车轴钢 LZ50 的高周疲劳寿命数据

应力水平/MPa	试样数	疲劳寿命	均值	标准差
320	5	21353, 28135, 34602, 43545, 52336	4.54	0.15
305	4	82884, 104304, 128278, 181094	5.08	0.14
290	6	128278, 172956, 203152, 261600, 329208, 377895	5.36	0.18
280	6	267683, 414290, 454190, 533484, 598464, 864514	5.69	0.17

由上表可知，第三级应力下的试验个数为 6 个且满足大于变异系数对应的试验个数，故认为该级应力下的标准差为准确值，无需进行参数 α 的搜索。

基于原始的和改进的样本信息聚集原理，LZ50 车轴钢的各级应力下疲劳寿命参数确定如表 4.7 所示。

表 4.7　车轴钢 LZ50 的疲劳寿命分布参数

编号	应力水平/MPa	原始方法		改进方法	
		均值 μ	标准差 σ	均值 μ	标准差 σ
1	320	4.57	0.174	4.57	0.101
2	305	4.98	0.175	4.98	0.139
3	290	5.41	0.177	5.41	0.177
4	280	5.70	0.178	5.70	0.202

结合改进的疲劳 P-S-N 拟合方案，图 4.10(a) 为基于原始方法和改进方法拟合的疲劳 P-S-N 曲线的对比，图 4.10(b) 为基于原始及改进的样本信息聚集原理拟合的疲劳 P-S-N 曲线的对比。

在拐点对应的循环次数 $N_D=1.41\times10^6$ 时，不同方法求解的全尺寸车轴在不同存活率下的相关参数如表 4.8 所示。

表 4.8　不同存活率下全尺寸 LZ50 车轴的拐点应力/疲劳极限

方法对比	50%	90%	95%	97.5%
原始方法	206.28	200.73	199.16	197.82
改进方法	206.28	197.91	195.19	192.70
降低百分比	0	1.42%	2.03%	2.66%

由图 4.10 和表 4.8 可知，与传统方法和原始的样本信息聚集原理相比，改进方法对于疲劳极限的估算更加保守，可确保结构的安全性。

在估算车轴寿命时，将上述不同方法拟合的 P-S-N 曲线修正斜率与载荷谱比较得到图 4.11。

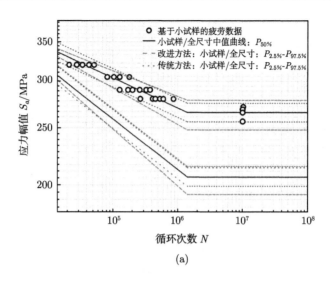

(a)

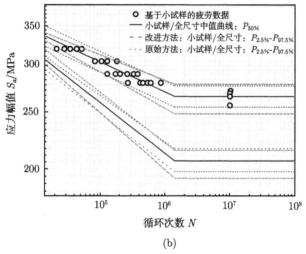

(b)

图 4.10　疲劳 P-S-N 曲线拟合结果

(a) 传统方法；(b) 原始方法

　　我们知道，铁路车轴是按照 250 万公里寿命进行设计，并开展无损探伤维护指导工程运用的。计算表明，当全尺寸车轴存活率为 97.5% 时，传统方法对应的车轴疲劳寿命为 1.23×10^8 万公里，原始的样本信息聚集原理对应的车轴疲劳寿命为 1.02×10^8 万公里，而改进方法对应的车轴疲劳寿命为 1.07×10^7 万公里，为原始方法结果的 10.5%，且仅为传统方法结果的 8.6%。这一结果说明传统方法和原始方法过于保守，侧面说明改进方法预测的寿命更加准确、合理与可靠，在应用于工程中时，能够得到更接近真实服役寿命的设计数据。

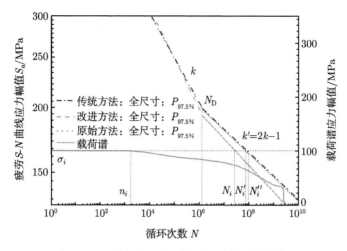

图 4.11 疲劳 P-S-N 曲线与载荷谱的比较

4.2.4.2 (x-x-x-x) 型数据

为验证该方法对于 (x-x-x-x) 型数据的适用程度，著者通过开展实验和查阅文献获得不同种类车轴钢 (例如车轴钢 EA4T、EA1N 等) 的试验数据，并进行相关的数据处理和结果分析。

(1) EA4T 疲劳寿命数据

根据图 4.6，著者进行的 EA4T 车轴钢高周疲劳试验，结果表 4.9 所示。

表 4.9　车轴钢 EA4T 的疲劳寿命数据

应力水平/MPa	试样个数	疲劳寿命
450	2	318082, 252354
425	2	498929, 634104
400	2	1215085, 863540
375	3	2027358, 2133338, 1869301

在利用原始及改进的摄动搜索寻优技术确定各级应力下疲劳寿命的分布参数时，由于表 4.9 中的数据为 (x-x-x-x) 型数据，故需要进行 α 和 K 值的二重摄动搜索，该组数据参数搜索过程如附录 II。搜索结果如表 4.10 所示。

表 4.10　各应力对应的疲劳寿命分布参数

编号	应力水平/MPa	原始方法		改进方法	
		均值 μ	标准差 σ	均值 μ	标准差 σ
1	450	5.45	0.039	5.45	0.031
2	425	5.72	0.061	5.72	0.068
3	400	6.01	0.084	6.01	0.108
4	375	6.32	0.106	6.32	0.150

　　结合图 4.5(b) 中改进的疲劳 *P-S-N* 拟合方案，图 4.12(a) 为基于传统方法和图 4.12(b) 为基于原始及改进的样本信息聚集原理拟合得到的疲劳 *P-S-N* 曲线。

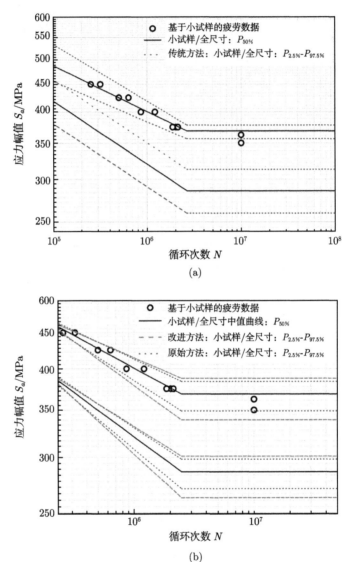

图 4.12　疲劳 *P-S-N* 曲线拟合结果

(a) 传统方法；(b) 原始方法

　　与图 4.12(b) 相比，图 4.12(a) 中的小试样的疲劳 *P-S-N* 曲线虽然不平行，但是呈现是开口向上的喇叭形，说明计算的标准差随着应力值的增加逐渐增加，与实际不符。在图 4.12(b) 中，与原始方法相比，改进后的方法求解的疲劳极限更加的保守，对应的车轴运行寿命估算也更加的保守，能够确保结构的安全性。

当拐点的循环次数 $N_D=2.49\times10^6$ 时，全尺寸车轴存活率为 50%，90%，95% 和 97.5% 的相关参数如表 4.11 所示。

表 4.11　不同存活率下全尺寸 EA4T 车轴的拐点应力/疲劳极限

方法对比	50%	90%	95%	97.5%
原始方法	286.41	276.83	273.77	270.98
改进方法	286.41	272.58	267.74	263.16
降低百分比	0	1.56%	2.25%	2.97%

由表 4.11 的计算结果可知，与原始方法相比，改进方法估算的疲劳极限有了一定程度的降低，但幅度不大，降低的百分比都在 3% 以内。

根据表 4.11 中的数据，疲劳极限值的标准差为 $\sigma_{\log S_D} = 0.019$，对应的变异系数为 0.041，根据表 4.4 得 $\sigma_{\log S_D} = 0.019$ 时 [22]，对应的变异系数 $CV_{S_D} = 0.043$，两者的相对误差为 5.05%，说明该方法确定的疲劳极限分散性合理。

将上述不同方法中修正斜率的疲劳 P-S-N 与载荷谱比较得到图 4.13。

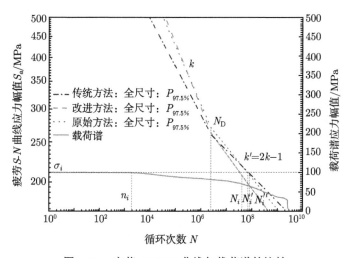

图 4.13　疲劳 P-S-N 曲线与载荷谱的比较

当全尺寸车轴存活率为 97.5% 时，传统方法对应的车轴疲劳寿命为 2.49×10^{12} 万公里，原始的样本信息聚集原理对应的车轴疲劳寿命为 1.94×10^7 万公里，而改进方法对应的车轴疲劳寿命为 3.29×10^6 万公里，为原始方法结果的 17%，不足传统方法的 0.1%。这一结果充分说明，传统方法和原始方法都过于保守，而改进方法能够得到更接近真实寿命的结果，说明该方法的可靠性与合理性。

(2) EA1N 疲劳寿命数据

根据文献 [27]，著者获得的车轴材料 EA1N 的文中实验如表 4.12 所示。

表 4.12   车轴钢 EA1N 的疲劳寿命数据

应力水平/MPa	试样数	循环寿命	均值	标准差
280	2	245000, 281000	5.42	0.042
270	2	536000, 695000	5.79	0.080
260	2	902000, 1080000	5.99	0.055
250	2	1920000, 2140000	6.31	0.033

与表 4.1 分析结果基本类似，表中的均值和标准差均从试验数据拟合得到。此外，由于表 4.12 中的试验数据为 (x-x-x-x) 型数据，故需要进行 α 和 K 值的二重摄动搜索，搜索得到的相关参数如表 4.13 所示。

表 4.13   各级应力对应的疲劳寿命分布参数

编号	应力水平/MPa	对数寿命 (原始方法)		对数寿命 (改进方法)	
		均值 μ	标准差 σ	均值 μ	标准差 σ
1	280	5.45	0.042	5.45	0.032
2	270	5.73	0.057	5.73	0.064
3	260	6.02	0.071	6.02	0.095
4	250	6.32	0.085	6.32	0.127

结合改进的疲劳 P-S-N 拟合方案，图 4.14(a) 为基于传统法和改进的样本信息聚集原理拟合的疲劳 P-S-N 曲线的对比图，图 4.14(b) 为基于原始及改进的样本信息聚集原理拟合得到的疲劳 P-S-N 曲线。

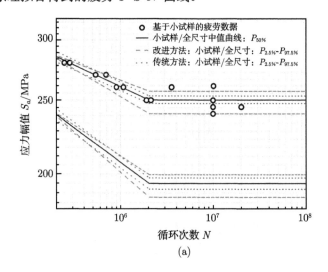

(a)

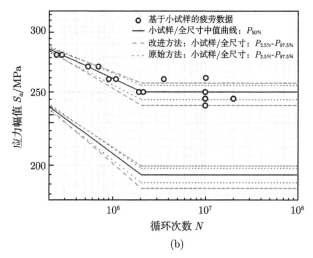

图 4.14　疲劳 P-S-N 曲线拟合结果

(a) 与传统方法对比；(b) 与原始方法对比

与传统方法拟合的疲劳 P-S-N 曲线相比，改进的方案能够明显体现出疲劳寿命分散性随着应力值的降低而逐渐增大的规律。同时，与原始的样本信息聚集原理相比，改进方法估算的疲劳极限更保守，两种方法对疲劳极限 (对应循环次数 N_D = 2.05×10^6 下拐点应力 S_D 值) 的预测结果如表 4.14 所列。

表 4.14　全尺寸 EA1N 车轴的疲劳极限预测结果

存活率	50%	90%	95%	97.5%
原始方法	194.30	191.40	190.51	189.72
改进方法	194.30	189.59	187.97	186.47
降低比例	0	0.95%	1.35%	1.74%

由上表可知，改进后的方法求解的疲劳极限有了一定程度的降低，有利于获得较为保守的寿命估算结果。

在存活率为 97.5% 时，将修改斜率的 S-N 曲线和图 4.9 中的载荷谱之间的比较如图 4.15 所示。

由图可知，当全尺寸车轴的存活率为 97.5% 时，根据传统方法所计算的车轴疲劳寿命为 4.03×10^7 万公里，原始的样本信息聚集原理对应的车轴疲劳寿命为 1.14×10^7 万公里，而改进方法对应的车轴疲劳寿命为 2.97×10^6 万公里，为原始方法结果的 26.1%，且不足传统方法结果的 7.38%，说明该方法预测结果的保守性和对于车轴钢材料 EA1N 材料良好的适用性，且更适合工程应用。

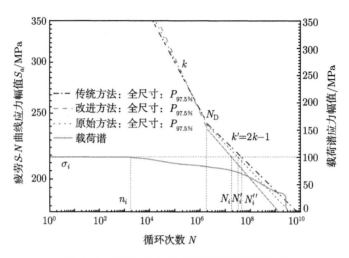

图 4.15　疲劳 P-S-N 曲线与载荷谱的比较

4.2.5　车辆焊接结构材料

众所周知，焊接结构具有组织、性能和形状等三方面的不均匀性。焊接过程还引入了气孔、夹杂、咬边、疏松、未熔合及未焊透等各种缺陷。以上两方面的因素导致焊接结构高周寿命数据具有较大的离散性。此外，随着时速 350 公里 "复兴号" 的开通运营，我国更高速度铁路车辆新结构和新材料创新设计不断推进。疲劳试验的较小样本和疲劳寿命的较大离散性使得传统的疲劳 P-S-N 曲线拟合方法及疲劳寿命的预测结果产生巨大误差。本节把改进方法应用于现役铁路焊接结构 (见图 4.16)，进一步证明改进方法的准确性与可靠性。

图 4.16　现代高速铁路车辆上的焊接结构及部件

为验证提出的改进的样本信息聚集原理及疲劳 P-S-N 曲线拟合方法对现代铁路车辆结构 (例如受电弓、车体、构架等) 的适用性，利用改进的拟合方法与传统方法对 8 种金属材料的高周疲劳数据进行处理，结果如表 4.15 所示 (与 FAT 比较 [36]，疲劳强度对应的循环周次 2×10^6)。其中 S355J2W 和 SMA490BW 为钢制转向架构架用材, 中强度铝合金 6N01-T5、6082-T6 和 A7N01S-T5 为动车组焊接车体和板材用料, 铝合金 7020-T651 为受电弓和车体板材用料, 工程制造中以电弧焊接为主。近年来也出现采用高能束流焊接方法 (激光复合焊等) 和搅拌摩擦焊接 (FSW) 结构, 另外各种新型轻质高强度材料如镁合金、铝锂合金和复合材料等也引起了铁路车辆制造企业的重视, 被认为是下一代高铁轻量化结构材料。

表 4.15   铁路车辆焊接接头轴向加载下疲劳特性数据

材料	方法	应力比 R	存活率为 50%		存活率为 97.5%下疲劳强度		
			疲劳强度	m	传统方法	改进方法	降低比例
S355J2W	MAG 焊	0.1	345	9.37	320	275	14.1%
6N01-T5	MIG 焊	0[28]	84	6.61	71	52	26.7%
7N01-T5	MIG 焊	0[29]	148	11.55	136	118	13.2%
6082-T6	FSW 焊	0.1[30]	98	9.83	93	74	20.4%
	MIG 焊	0.1[30]	90	9.44	85	63	25.9%
7020-T651	复合焊	0.1[31]	92	7.85	88	62	29.5%
SMA490BW	复合焊	0[32]	389	8.32	379	312	17.7%
	MAG 焊	−1[33]	174	7.25	70	147	21.8%
AZ31B	TIG 焊	0[34]	27	5.03	22	17	20.7%
Al-Li-S4	FSW 焊	0.1[35]	65	3.25	46	37	20.3%

按照 (4.15) 式 [36] 进行表中数据疲劳 P-S-N 曲线拟合时, 新拟合方法预测的两种钢制接头的疲劳极限均比传统方法保守, 当存活率为 97.5% 时, 改进方法计算的条件疲劳极限比传统方法降低 14%, 其中 SMA490BW 接头降低的百分率为 21.8%。对于 4 种铝材焊接接头, 改进方法计算的条件疲劳极限相对于传统方法所得值降低的百分率都在 13% 以上, 其中 7020-T651 焊接接头计算的疲劳极限的降低百分率最大, 达到 29.5%, 7N01-T5 焊接接头的降低百分率最低, 约为 13.2%; 对于母材为 6082-T6, FSW 接头疲劳极限的降低百分数为 20.4%, 而熔化极惰性气体保护焊 (MIG) 焊接接头疲劳极限的降低百分率为 25.9%。

在存活率为 50% 和 97.5% 时, 对于不同母材, 改进方法计算的疲劳强度降低的百分率不同, 即寿命分散性不同, 如 6N01-T5 焊接接头的降低百分率最大, 为 38.1%, 7N01 的焊接接头的降低百分率最小, 为 20.3%; 对于同种母材的不同焊接方式的接头, 改进方法计算的疲劳强度降低的百分率也不同, 如同为 SMA490BW 的母材接头, 激光-熔化极活性气体保护焊 (MAG) 焊接接头的降低百分率为 19.7%, MAG 的焊接接头的降低百分率为 33.9%。

由图 4.17(a)~(j) 可知, 按照传统方法拟合疲劳 P-S-N 曲线时, 由于计算误差较大, 小试样疲劳 P-S-N 曲线呈现出开口向上的喇叭形, 说明标准差随着应力值的增加逐渐增加。在利用本书方法拟合的小试样疲劳 P-S-N 曲线时, 各类接头的

疲劳 P-S-N 曲线都呈现一种开口向下的喇叭状，说明标准差随着应力值的增加而逐渐降低，与实际相符。对图 4.17(d) 和 (e)，与 MIG 焊接头相比，FSW 接头的疲劳寿命数据相对比较集中，分散性较小，强度亦较高。

通过以上分析发现，与 IIW 标准推荐的常规焊接接头的条件疲劳强度相比，即与相应疲劳等级 FAT 相比 [36]，改进方法计算的各类金属材料焊接接头的条件疲劳强度要远高于规定的疲劳等级 FAT，说明焊接接头的强度满足现行设计标准，可应用于工程结构设计中。另外从图 4.17 中各类材料焊接接头的疲劳数据点较少来看，改进方法能够有效处理小样本疲劳数据问题。

与传统方法相比，改进方法在对不同焊接接头实验数据进行处理的结果都较为保守，但由于接头种类的不同，保守估算的程度也不一样。此外，母材和焊接

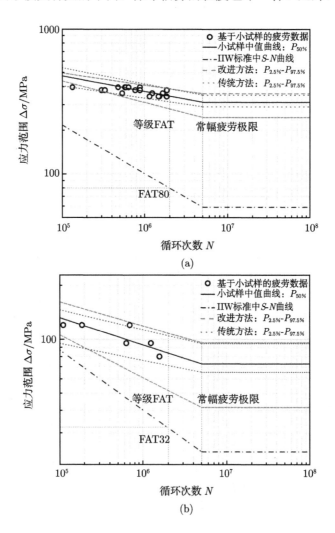

(a)

(b)

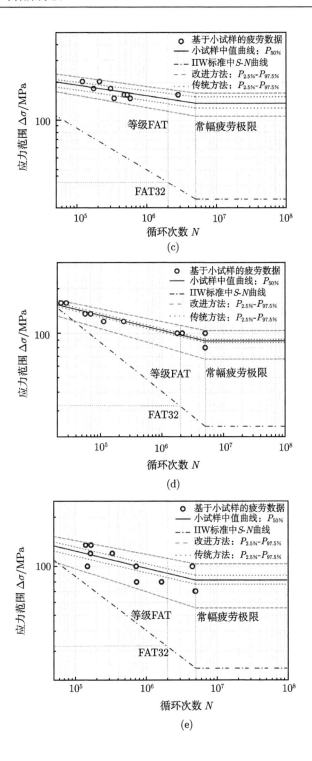

(c)

(d)

(e)

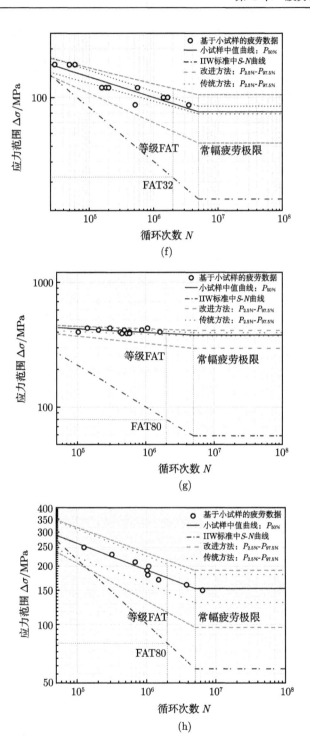

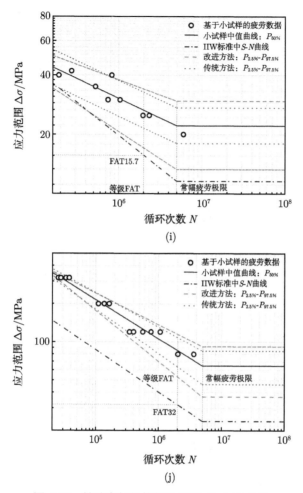

图 4.17 铁路车辆焊接接头疲劳 *P-S-N* 曲线

(a) 钢材料 S355J2W；(b) 铝合金 6N01-T5；(c) 铝合金 7N01-T5；(d) 铝合金 6082-T6；(e) 铝合金 6082-T6；(f) 铝合金 7020；(g) 钢材料 SMA490BW；(h) 钢材料 SMA490BW；(i) 镁合金 AZ31B；(j) 铝锂合金

形式对于接头疲劳强度也有着很大的影响：不仅 MIG 焊接的铝合金 6N01-T5 和 7N01-T5 的疲劳强度有所不同，而且同一材料采用不同焊接方法所得到的疲劳性能也有所不同，例如采用 FSW 焊和 MIG 焊的 6082-T6 材料。

母材对焊接接头的疲劳寿命也有重要影响，例如表 4.15 的 8 种材料中，6N01-T5 焊接接头的分散性最大，而 7N01-T5 焊接接头的分散性较小。对于同一种材料，接头的焊接形式对疲劳寿命分散性也有着很重要的影响，如同为 6082-T6 的焊接接头，FSW 焊接接头的分散性相对于 MIG 焊接接头更小。

对于焊接接头，随着应力的降低，则疲劳 *P-S-N* 曲线都是呈现一种开口向下的喇叭状。而利用传统的方法绘制的疲劳 *P-S-N* 曲线呈现为开口向上的喇叭形状，即随着应力范围的降低标准差逐渐减小，这显然与理论预测和实验结果不符，因此在工程应用中将累积较大误差。本书提出的改进方法拟合的疲劳 *P-S-N* 曲线呈现开口向下的喇叭状，说明在保证保守估算的前提下，该方法对于焊接材料疲劳 *P-S-N* 曲线拟合也更加准确，更适合于工程应用。

4.3　疲劳裂纹扩展模型

前述基于名义应力方法的疲劳寿命评价模型及据此建立的疲劳 *P-S-N* 曲线，体现了不同应力水平下的材料总服役性能分布，实际上包含了从裂纹萌生直至发生失效破坏的全部信息。然而名义应力方法假设材料中不存在缺陷，因此采用临界截面上的平均应力来标定材料及部件的服役行为。断裂力学的中心课题是研究含缺陷材料的裂纹扩展规律。一旦材料及部件中形成缺陷，并且尺寸达到 0.2~0.5 mm，则应采用断裂力学方法进行剩余寿命和强度评价。

与此同时，裂纹萌生位置及个体寿命的不确定性导致裂纹扩展速率数据具有显著的离散性。通常基于 Paris 方程和 NASGRO 方程拟合的裂纹扩展速率曲线为中值分布，因此应用时需要引入数理统计方法对裂纹扩展数据进行概率分析，从而得到具有标准差特性的、偏于保守的裂纹扩展速率曲线。本节介绍基于材料单轴循环塑性行为的裂纹扩展速率模型，然后引入塑性致裂纹闭合函数和概率统计方法，从而建立适用于工程应用的概率疲劳裂纹扩展速率模型。

4.3.1　裂纹扩展的唯象模型

工程材料及结构在生产 (如冶炼、铸造)、加工 (如焊接)、运输及运行维护中会产生各种形状和尺寸的缺陷，这些含缺陷材料在外部循环载荷下会发生疲劳裂纹扩展 (Fatigue Crack Growth，FCG) 致失效行为 [37]。也就是说，材料的破坏过程可分为裂纹萌生阶段 (Crack initiation)、裂纹稳定扩展阶段 (Crack propagation) 及失稳扩展阶段 (Sudden fracture，见图 4.18)，其中裂纹萌生阶段和裂纹稳定扩展阶段构成了含缺陷材料及部件的主要寿命区间。

线弹性断裂力学主要研究裂纹扩展行为。工程中常见三种破坏模式，即 I 型张开型 (Opening in tension)、II 型剪切型 (In-plane shear) 和III型撕裂型 (Transverse shear)，其中 I 型裂纹是最危险和研究最多的一种。对于 I 型断裂问题，塑性材料裂尖在循环载荷作用下会发生小范围屈服 (Small Scale Yield，SSY) 变形，仍可用应力强度因子 (Stress Intensity Factor，SIF) 来描述裂纹尖端的应力场。Paris 认为金属材料的裂纹扩展速率 $\mathrm{d}a/\mathrm{d}N$ 与应力强度因子幅值 (ΔK) 存在如下关系[38]

$$\frac{\mathrm{d}a}{\mathrm{d}N} = C\,(\Delta K)^m \tag{4.17}$$

式中, C 和 m 是与材料相关的常数, a 和 N 分别是裂纹半长及对应的循环周次。大多数金属材料, 其幂指数 m 在 2~6 之间变化。

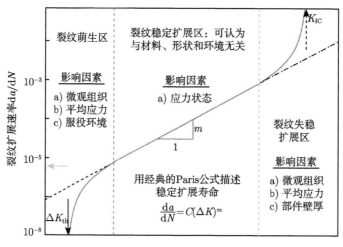

图 4.18 含缺陷工程材料及部件的服役寿命区间

公式 (4.17) 就是著名的 Paris 方程, 也是目前形式最简单和应用最广泛的一种唯象模型。所谓裂纹扩展的唯象模型是直接把相应的影响参数植入裂纹扩展速率方程中, 然后用实验数据验证。虽然 Paris 公式是基于 I 型断裂模式提出的, 但对于 II 型和 III 型裂纹以及混合型裂纹扩展速率的计算也同样适用。

同时应该指出, 经典 Paris 公式仅仅描述了裂纹稳定扩展区的寿命, 没有考虑平均应力 σ_{m}、应力强度因子门槛值 (ΔK_{th})、裂纹闭合效应和断裂韧性 (K_{IC}) 的影响。其中 σ_{m} 可用应力比 R 和应力范围 $(\Delta\sigma)$ 来表示

$$\sigma_{\mathrm{m}} = \frac{1+R}{1-R}\frac{\Delta\sigma}{2}$$
$$\frac{\mathrm{d}a}{\mathrm{d}N} = (P + Q\sigma_{\mathrm{m}}) \cdot a\Delta\sigma^3 \tag{4.18}$$

式中, P 和 Q 为与试验数据有关的可调参数。

研究发现, 当 $Q = 0.8 \sim 4.4$ 时, 平均应力对裂纹扩展速率影响较小。为此, Forman 等[39] 提出了一种综合考虑 R 和 K_{IC} 的裂纹扩展模型

$$\frac{\mathrm{d}a}{\mathrm{d}N} = \begin{cases} 0 & \Delta K \leqslant \Delta K_{\mathrm{th}} \\[2mm] \dfrac{C\left(\Delta K\right)^m}{\left(1-R\right) K_{\mathrm{IC}} - \Delta K} & \Delta K \geqslant \Delta K_{\mathrm{th}} \end{cases} \tag{4.19}$$

虽然 Forman 公式在铝合金中得到了证实，但不能准确描述钢材料的裂纹扩展行为，这主要是由于其高估了 R 的影响。在众多考虑 R 对裂纹扩展速率影响的模型中，Walker 方程是比较简单和较为常用的一种 [40]，即有

$$\frac{\mathrm{d}a}{\mathrm{d}N} = C \left(\frac{\Delta K}{(1-R)^\gamma}\right)^m \tag{4.20}$$

式中，C、m 和 γ 是与材料相关的特征常数。

为了描述裂纹萌生、裂纹扩展及失稳扩展等三个区域的总寿命，我国学者郑修麟教授提出了一个包含门槛值和断裂韧性的唯象模型 [41]，即

$$\frac{\mathrm{d}a}{\mathrm{d}N} = \frac{4.8}{E^2} \left(\Delta K - \Delta K_{\mathrm{th}}\right)^{\frac{1}{2}} \left[\frac{1}{\Delta K} - \frac{1}{(1-R) K_{\mathrm{IC}}}\right]^{-\frac{3}{2}} \tag{4.21}$$

式中，E 为材料的弹性模量。

除了应力比 R 对裂纹扩展速率产生重要影响外，加载频率和服役环境也不能排除。实际研究中，只要确保加载频率不过高而引起试样显著过热，频率的影响就可以忽略。然而，多数环境下腐蚀对裂纹扩展的影响不可忽略。研究发现 [42,43]：在室温和无腐蚀条件下当频率低于 100 Hz 时，其对裂纹扩展的影响就可以忽略；但在高温或腐蚀环境中，频率的影响较为显著，须加以考虑。

4.3.2   裂纹扩展的理论模型

所谓理论模型，是指基于断口形貌特征提取裂纹扩展变量 (例如张开位移、疲劳条带等) 来建立裂纹扩展模型，或者基于裂纹尖端应力场和塑性耗散能理论来建立含有明确力学变量的裂纹扩展模型。与前述裂纹扩展的唯象模型相比，理论模型大多比较复杂，不便于工程应用，但理论模型包含了具有明确物理意义的材料特征变量，对于准确表征材料损伤行为具有重要意义。

为了研究裂纹尖端的循环加载特性及其疲劳损伤机制，首先给出均匀固体材料分别在单调拉伸和循环单轴加载下的 Ramberg-Osgood 关系，

$$\varepsilon = \varepsilon_{\mathrm{e}} + \varepsilon_{\mathrm{p}} = \frac{\sigma}{E} + \left(\frac{\sigma}{K}\right)^{1/n} \tag{4.22}$$

$$\frac{\Delta \varepsilon}{2} = \frac{\Delta \sigma}{2E} + \left(\frac{\Delta \sigma}{2K_{\mathrm{c}}}\right)^{1/n_{\mathrm{c}}} \tag{4.23}$$

式中, ε_e 和 ε_p 分别表示弹性和塑性应变分量, $\Delta\varepsilon$ 和 $\Delta\sigma$ 分别为循环加载条件下的总应变和应力范围, n 和 n_c 分别表示单调硬化指数和循环硬化指数, K 和 K_c 为单调强度系数和循环应变强度系数, 其中式 (4.22) 也可以无量纲形式来表示

$$\frac{\varepsilon}{\varepsilon_y} = \frac{\sigma}{\sigma_y} + \alpha\left(\frac{\sigma}{\sigma_y}\right)^{1/n}, \quad \alpha = \frac{(\sigma_y/K)^{1/n}}{(\sigma_y/E)} \tag{4.24}$$

式中, ε_y 和 σ_y 分别为单调拉伸屈服应变和应力。

下面将以上述均匀固体材料的单调和循环应力应变关系为基础, 介绍引入裂纹后的两种裂纹尖端应力应变场分布函数。

4.3.2.1 裂纹尖端的应力应变场

研究认为, 缺陷 (下称裂纹) 前缘存在一个经受较大应变幅的局部损伤区。在疲劳加载条件下, 裂纹尖端不断穿越 (penetrate) 这一特征长度的局部塑性行为可以等效为大块材料中疲劳裂纹的稳定扩展过程。根据这一假设, 就可以把裂纹扩展速率模型与材料的疲劳循环本构/低周疲劳性能参数联系起来 [44]。

具体来说, 均匀材料的单轴低周疲劳 (Low Cycle Fatigue, LCF) 行为描述的是轴向各处材料代表性体积单元 (Representative Volume Element, RVE) 的宏观循环疲劳损伤特性, 而 I 型动态断裂力学的裂纹扩展行为实际上是裂尖处材料因承受轴向循环应变而引发裂纹向前扩展的局部疲劳失效行为。这就是基于低周疲劳行为的裂纹扩展速率模型的理论基础, 从而为间接获取材料在各种复杂环境下的疲劳裂纹扩展速率提供了理论依据和便捷手段。例如在一些特殊环境 (如高温、腐蚀等) 条件下, 材料的 FCG 数据很难直接获得, 但这些极端环境下材料的单轴 LCF 性能却可以通过相对简单的单轴实验数据 [45,46] 和硬度数据 [46] 等进行评估。

裂纹尖端的局部受载程度可以用裂纹尖端应力应变场的强弱来定量表示。早在 20 世纪初期, 人们就发现含裂纹材料的实际强度远低于其断裂强度的现象, 工程上认为是结构完整性受到破坏所致。Griffith 的研究成功解释了脆性材料的断裂强度问题 [43,47], 直至 50 年代 Irwin 采用复变函数解法中的 Westergaard 方法获得了裂纹尖端的应力场分布 [43,47], 奠定了线弹性断裂力学的理论基础。对于含中心穿透裂纹 (长度为 $2a$) 的、受远端拉伸的无限大平板, 其裂尖处某点应力 σ_{yy} 可表示为

$$\sigma_{yy} = \frac{K_I}{\sqrt{2\pi r}}\cos\frac{\theta}{2}\left(1 + \sin\frac{\theta}{2}\sin\frac{3\theta}{2}\right) \tag{4.25}$$

式中, K_I 代表 I 型平面应力裂纹问题的应力强度因子, r 和 θ 分别是图 4.19 中裂纹尖端的极坐标参数 [42,43], 可见裂尖应力场具有明显的奇异性。

目前对于 I 型裂纹尖端的应力应变场的求解理论主要有两个。第一种是 1968 年由 Hutchinson、Rice 和 Rosengren 在考虑了固体材料应变硬化演变规律服从式

(4.22) 或者 (4.24) 后 [47–50]，假设在承受远端单向拉伸加载下，基于裂纹尖端 J 积分而提出的一种应力应变场分布解析函数，又称为 HRR 场。

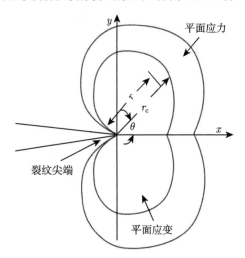

图 4.19 基于 Tresca 准则的无量纲裂尖塑性区

线弹性断裂力学中，存在等效转换关系 $J = K^2/E$。因此，在小变形条件下，可用 K_I 因子来表示 HRR 函数，则极坐标下应力和应变分量为

$$\sigma = \sigma_y \left(\frac{K_I^2}{\alpha \sigma_y^2 I_n r} \right)^{n/(1+n)}, \quad \tilde{\sigma}(\theta, n), \quad \varepsilon = \varepsilon_e + \varepsilon_p \tag{4.26}$$

$$\begin{cases} \varepsilon_e = \dfrac{\alpha \sigma_y}{E} \left(\dfrac{K_I^2}{\alpha \sigma_y^2 I_n r} \right)^{n/(1+n)} \cdot (\tilde{\sigma}_\theta - \nu \tilde{\sigma}_r) \\[4mm] \varepsilon_p = \dfrac{\alpha \sigma_y}{E} \left(\dfrac{K_I^2}{\alpha \sigma_y^2 I_n r} \right)^{1/(1+n)} \cdot \left(\tilde{\sigma}_\theta - \dfrac{\tilde{\sigma}_r}{2} \right) \end{cases} \tag{4.27}$$

式中，σ_y 为材料的屈服强度，ν 是材料的泊松比，上标 "$\sim$" 表示相关变量是 θ 和 n 的无量纲无理函数，I_n 是 n 的无量纲无理函数。

显而易见，上述公式 (4.26) 和 (4.27) 中无理函数的存在及确定给基于 HRR 场建立确定性疲劳裂纹扩展力学模型带来了不确定性。平面应力状态下，I 型裂纹尖端应力应变场的无理函数可通过数值方法给出 [44]，即

$$\begin{cases} \tilde{\sigma}_\theta = 0.56168 \exp\left(\dfrac{0.99531}{n} \right) + 0.03151 \exp\left(\dfrac{0.16508}{n} \right) + 1.15310 \\[4mm] \tilde{\sigma}_r = -0.44386 \exp\left(\dfrac{0.45292}{n} \right) - 0.09435 \exp\left(\dfrac{0.08423}{n} \right) + 0.58278 \\[4mm] I_n = -0.69424 \exp\left(\dfrac{0.06251}{n} \right) - 2.18980 \exp\left(\dfrac{0.36520}{n} \right) + 2.54772 \end{cases} \tag{4.28}$$

另一种求解方法是 Kujawski 和 Ellyin 于 1986 年在 Rice 的 III 型裂纹尖端应力应变场函数的基础上提出一种新的裂纹尖端应力应变场分布, 即 RKE 场 [51,52]。RKE 场的理论基础是 III 型裂纹问题中平行于裂纹面的位移小于垂直于裂纹面上的位移, 因而在某种程度上与 I 型裂纹问题具有相似性 [44]。此外, 应有 I 型裂纹尖端的应力应变场强弱程度 (K_{I}) 与 III 型裂纹尖端奇异场强度相等。

假设 I 型裂纹问题服从式 (4.22) 所述 Ramberg-Osgood 关系和小比例屈服条件, 取垂直于裂纹面上 III 型裂纹尖端的 Rice 解, 在 $\theta = 0$ 条件下有

$$\sigma = \sigma_{\mathrm{y}} \left(\frac{K_{\mathrm{III}}^2}{\pi \left(1 + n \right) \sigma_{\mathrm{y}}^2 r} \right)^{n/(1+n)}, \quad \varepsilon = \varepsilon_{\mathrm{e}} + \varepsilon_{\mathrm{p}} \tag{4.29}$$

$$\varepsilon_{\mathrm{e}} = \varepsilon_{\mathrm{y}} \left(\frac{K_{\mathrm{III}}^2}{\pi \left(1 + n \right) \sigma_{\mathrm{y}}^2 r} \right)^{n/(1+n)}, \quad \varepsilon_{\mathrm{p}} = \varepsilon_{\mathrm{y}} \left(\frac{K_{\mathrm{III}}^2}{\pi \left(1 + n \right) \sigma_{\mathrm{y}}^2 r} \right)^{1/(1+n)} \tag{4.30}$$

式中, K_{III} 为 III 型裂纹尖端应力场强度因子, 并且有 $K_{\mathrm{III}} = K_{\mathrm{I}}$。

与常用的 HRR 奇异场相比, RKE 场中不含有需要数值分析给出的无理函数, 并且形式更加简洁, 后文将基于 RKE 场建立疲劳裂纹扩展模型。

上述奇异场求解理论的基本前提是 I 型裂纹问题承受单调加载及小范围屈服。但当加载条件为循环加载时, 裂纹尖端材料在循环加载条件下的应力应变响应仍可以借鉴单调加载下裂纹尖端的应力应变场这一思路来确定 [53]。但断裂力学经典理论并未给出能够精确描述裂纹尖端前缘循环应力应变场的解析解或近似数值解的表达式。可以借助塑性分析中的塑性叠加原理, Rice 认为 [54]：在循环载荷作用下, 裂纹尖端的循环塑性区 (Cyclic Plastic Zone, CPZ) 中的塑性应变张量与区域某点的塑性应变张量之间存在一个恒定的比例关系。基于 Rice 塑性叠加原理和小范围屈服假设, 疲劳加载条件下 I 型裂纹尖端的循环 HRR 场表示为

$$\Delta \sigma = 2\sigma_{\mathrm{yc}} \left(\frac{\Delta K_2}{4\alpha_{\mathrm{c}} \sigma_{\mathrm{yc}}^2 I_{n_{\mathrm{c}}} r} \right)^{n_{\mathrm{c}}/(1+n_{\mathrm{c}})}, \quad \tilde{\sigma} \left(\theta, n_{\mathrm{c}} \right), \quad \Delta \varepsilon = \Delta \varepsilon_{\mathrm{e}} + \Delta \varepsilon_{\mathrm{p}} \tag{4.31}$$

$$\begin{cases} \Delta \varepsilon_{\mathrm{e}} = 2 \dfrac{\sigma_{\mathrm{yc}}}{E} \left(\dfrac{\Delta K^2}{4\alpha_{\mathrm{c}} \sigma_{\mathrm{yc}}^2 I_{n_{\mathrm{c}}} r} \right)^{n_{\mathrm{c}}/(1+n_{\mathrm{c}})} \cdot \left(\tilde{\sigma}_\theta - v\tilde{\sigma}_r \right) \\[3mm] \Delta \varepsilon_{\mathrm{p}} = 2\alpha_{\mathrm{c}} \dfrac{\sigma_{\mathrm{y}}}{E} \left(\dfrac{\Delta K^2}{4\alpha_{\mathrm{c}} \sigma_{\mathrm{yc}}^2 I_{n_{\mathrm{c}}} r} \right)^{1/(1+n_{\mathrm{c}})} \cdot \left(\tilde{\sigma}_\theta - \dfrac{\tilde{\sigma}_r}{2} \right) \end{cases} \tag{4.32}$$

式中, σ_{yc} 是对应材料的循环屈服应力, $\Delta \varepsilon_{\mathrm{e}}$ 和 $\Delta \varepsilon_{\mathrm{p}}$ 分别是循环弹性和循环塑性应变, α_{c} 是材料的循环 Ramberg-Osgood 关系参数

$$\alpha_{\mathrm{c}} = \frac{2E}{\left(2K_{\mathrm{c}} \right)^{N_{\mathrm{c}}} \left(2\sigma_{\mathrm{yc}} \right)^{1-N_{\mathrm{c}}}} \tag{4.33}$$

式中，塑性应变硬化指数 $N_c = 1/n_c$。

同理，依据 Rice 的塑性叠加原理可得到小变形条件下对称裂纹面上的裂纹尖端循环应力应变场，即循环 RKE 场为

$$\Delta\sigma = 2\sigma_{yc}\left(\frac{\Delta K^2}{4\pi\left(1+n_c\right)\sigma_{yc}^2 r}\right)^{n_c/(1+n_c)}, \quad \Delta\varepsilon = \Delta\varepsilon_e + \Delta\varepsilon_p \quad (4.34)$$

$$\Delta\varepsilon_e = 2\varepsilon_{yc}\left(\frac{\Delta K^2}{4\pi\left(1+n_c\right)\sigma_y^2 r}\right)^{n_c/(1+n_c)}, \quad \Delta\varepsilon_p = 2\varepsilon_{yc}\left(\frac{\Delta K^2}{4\pi\left(1+n_c\right)\sigma_{yc}^2 r}\right)^{1/(1+n_c)}$$
$$(4.35)$$

不难想象，在裂纹尖端循环塑性区内，塑性应变远大于弹性应变，因此实际分析中可以忽略弹性应变量对疲劳损伤累积的贡献。同时引入塑性应变能 (Plastic Strain Energy, PSE) 作为疲劳损伤建模的失效准则。

4.3.2.2　基于循环特性的扩展模型

循环 HRR 场和循环 RKE 场给出了循环加载条件下裂纹尖端的应力应变场理论解。平面应力条件下 I 型裂纹问题的研究发现，HRR 场和 RKE 场均能准确重建出裂纹尖端的应力应变场，但在弹塑性边界区域，RKE 场可以给出更接近真实解和实验结果的应力应变分布 [44]。考虑到循环 RKE 场形式简单，循环应力和应变解仅与循环特性参数有关，此处给出简化后的循环 RKE 场

$$\Delta\varepsilon_p = 2\varepsilon_{yc}\left(\frac{\Delta K^2}{4\pi\left(1+n_c\right)\sigma_{yc}^2 r}\right)^{1/(1+n_c)}$$
$$\Delta\sigma = 2\sigma_{yc}\left(\frac{\Delta K^2}{4\pi\left(1+n_c\right)\sigma_{yc}^2 r}\right)^{n_c/(1+n_c)} = 2K'\left(\frac{\Delta\varepsilon_p}{2}\right)^{n_c}$$
$$(4.36)$$

式中，K' 为循环应变硬化系数。

下面基于循环 RKE 场理论建立一种适用于任意应力比的裂纹扩展力学模型。图 4.20 给出了疲劳加载条件下 I 型裂纹尖端应力应变场二维示意图，其中裂纹前缘从大到小的三个椭圆分别代表着单调塑性区 (Monotonic Plastic Zone, MPZ)、循环塑性区 CPZ 和疲劳过程区 (Fatigue Process Zone, FPZ)。

对于具有小变形行为的受载均匀固体，裂纹尖端在首次加载瞬间会形成一个稳定的 MPZ，是塑性变形的最大边界，并在裂纹面接触瞬间消失。随着循环加载的进行，在裂纹尖端区域同时形成一个尺寸比 MPZ 略小的循环塑性区 CPZ 以及更小尺寸的疲劳过程区 FPZ。MPZ 和 CPZ 尺寸的理论解为

$$r_m = \frac{K_{max}^2}{\pi\left(n+1\right)\sigma_y^2} \quad (4.37)$$

$$r_{\mathrm{cp}} = \frac{\Delta K^2}{4\pi\,(n_{\mathrm{c}} + 1)\,\sigma_{\mathrm{yc}}^2} \tag{4.38}$$

式中，r_{m} 和 r_{cp} 分别为单调 MPZ 和循环 CPZ 尺寸，$\Delta K = K_{\max} - K_{\min}$，$K_{\max}$ 和 $K_{\min}$ 分别为循环加载最大和最小时的裂纹尖端应力强度因子。

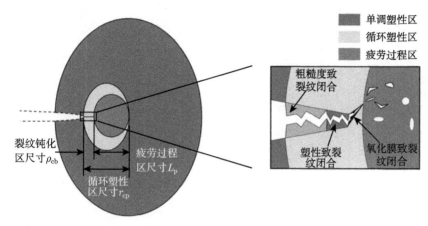

图 4.20　平面应力 I 型裂纹尖端的塑性区形成机制

然而，对于均匀固体材料，循环加载过程中裂纹前缘 (crack lip) 并不存在一个几何意义上的尖端 (crack tip)。以图 4.19 所示循环塑性区内任意点为例，该点距离假设的裂纹尖端为 r，则该点处的应力可表示为

$$\sigma\,(\theta) = \sqrt{\frac{\Delta K^2}{8\pi\,(1 + n_{\mathrm{c}})\,r_{\mathrm{cp}}\,(\theta)}\left(1 + \frac{3}{2}\sin^2\theta + \cos\theta\right)} \tag{4.39}$$

由式 (4.39) 可知，对于裂纹尖端上的点，即有 $r \to 0$ 时，其应力趋于无穷大。裂纹尖端应力奇异性现象一方面表明此区域材料已出现破裂或者说不存在，同时说明裂纹尖端材料的塑性应变能 (Plastic Strain Energe，PSE) 亦将趋于无穷大，即存在 $\Delta\varepsilon_{\mathrm{pt}}\cdot\Delta\sigma_{\mathrm{t}} \to \infty$。这一理论结果显然是不合理的，因为裂纹前缘点的应力不会超过材料的强度极限，变形也不应超过其断裂应变，或者说塑性变形是有限的。数值仿真与实验结果均表明裂纹尖端会出现钝化现象，导致裂纹尖端应力场奇异性消失。基于同步辐射 X 射线三维原位成像方法，能够清晰地给出铝合金材料在拉伸加载过程中裂纹尖端形貌的变化 [55]，如图 4.21 所示。

从图 4.21 中可以清楚地看出，随着加载力的不断增加，I 型裂纹尖端形貌出现了明显的扩张，这就是裂纹尖端钝化现象。从力学角度来看，在 I 型裂纹扩展中，当裂纹尖端的驱动力 ΔK 低于材料的长裂纹门槛值 ΔK_{th} 时，裂纹将不会发生扩展。由于力学上裂纹尖端区域引入的临界钝化半径概念是基于长裂纹门槛值 ΔK_{th} 提出的，故有效临界钝化半径 ρ_{cp} 必然是 ΔK_{th} 的函数。根据式 (4.38)，可令公式中的应力强度因子范围 ΔK 等于 ΔK_{th} 时，就可以得到临界钝化半径 ρ_{cp}

$$\rho_{\mathrm{cp}} = \frac{\Delta K_{\mathrm{th}}^2}{4\pi\,(n_{\mathrm{c}}+1)\,\sigma_{\mathrm{yc}}^2} \tag{4.40}$$

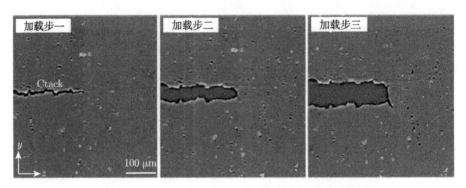

图 4.21　原位加载下铝合金材料裂纹尖端形貌演化

根据式 (4.36) 和式 (4.39) 所描述的 I 型裂纹尖端的循环应力应变场，在裂纹尖端距离为 r 处材料代表性单元中的塑性应变能密度可表示为

$$\Delta\sigma \cdot \Delta\varepsilon_{\mathrm{p}} = 4K'\,(\varepsilon_{\mathrm{y}})^{(n_{\mathrm{c}}+1)}\,\frac{r_{\mathrm{cp}}}{r+\rho_{\mathrm{cp}}} \tag{4.41}$$

由式 (4.41) 可知，应变能密度随着 r 的减小而增大。为计算循环塑性区内沿裂纹面上的塑性应变能，可对式 (4.41) 两边进行积分，即有

$$\int_{\rho_{\mathrm{cb}}}^{r_{\mathrm{cp}}} \Delta\sigma \cdot \Delta\varepsilon_{\mathrm{p}} \, \mathrm{d}r = 4K'\,(\varepsilon_{\mathrm{y}})^{(n_{\mathrm{c}}+1)}\,r_{\mathrm{cp}}\ln\frac{r_{\mathrm{cp}}}{\rho_{\mathrm{cb}}} \tag{4.42}$$

由图 4.20 可知，裂纹尖端钝化使得式 (4.38) 计算的理论结果大于实际值，从而形成事实上的疲劳过程区 FPZ，其大小为 $L_{\mathrm{p}} = r_{\mathrm{cp}} - \rho_{\mathrm{cp}}$。裂纹前缘存在小尺度的微结构损伤，在外加循环载荷作用下，这些微损伤不断发生长大和聚合，裂纹得以稳定扩展。若以循环塑性应变能为裂纹扩展准则，并假设疲劳损伤在 FPZ 内均匀分布。可以根据式 (4.42) 得到 FPZ 内的平均塑性应变能 E_{p}，即

$$E_{\mathrm{p}} = \frac{\displaystyle\int_{0}^{r_{\mathrm{cp}}-\rho_{\mathrm{cb}}} \Delta\sigma \cdot \Delta\varepsilon_{\mathrm{p}} \, \mathrm{d}r}{r_{\mathrm{cp}} - \rho_{\mathrm{cb}}} \tag{4.43}$$

裂纹前缘区域 $(\theta=0)$ 材料 RVE 实际承受轴向循环应变幅加载，则裂纹尖端前缘材料的损伤满足单轴低周疲劳行为的力学失效机制。Manson-Coffin 模型 (M-C

模型) 能够较好地描述材料单轴循环塑性应力应变行为。根据图 4.20，用 M-C 模型描述疲劳过程区 FPZ 中的塑性应变范围和失效循环次数 N_f

$$\begin{cases} \Delta\varepsilon_p = 2\varepsilon_f'(2N_f)^c \\ \Delta\sigma = 2(\sigma_f' - \sigma_m)(2N_f)^b \end{cases} \tag{4.44}$$

式中，b 为疲劳强度指数，c 为疲劳延性指数，ε_f' 和 σ_f' 分别表示疲劳延性系数和疲劳强度系数，σ_m 为平均应力。

根据单轴循环应力和应变公式 (4.44)，考虑平均应力 σ_m 的 M-C 模型，可以估算出 CPZ 内材料 RVE 中的平均塑性应变能密度为

$$E_e = 4\varepsilon_f' \cdot (\sigma_f' - \sigma_m)(2N_f)^{b+c} \tag{4.45}$$

假设裂纹尖端材料 RVE 内塑性应变能密度理论解 (4.43) 与基于 M-C 模型的试验解式 (4.44) 相等，认为裂纹发生一个扩展增量。则疲劳加载条件下，就可以估算出裂纹穿越一个疲劳过程区 L_p 需要的外部循环加载周次

$$N_f = \frac{1}{2}\left[\frac{K' \cdot \varepsilon_{yc}^{(n_c+1)}}{(\sigma_f' - \sigma_m)\varepsilon_f'} \cdot \frac{\Delta K^2/\Delta K_{th}^2}{(\Delta K^2/\Delta K_{th}^2 - 1)} \cdot \ln\left(\frac{\Delta K^2}{\Delta K_{th}^2}\right)\right]^{1/(b+c)} \tag{4.46}$$

疲劳断口表明，裂纹在宏观上表现出突进式扩展特征，即在微观上裂纹呈现不连续扩展。据此得到基于循环塑性行为的裂纹扩展速率模型

$$\frac{da}{dN} = \frac{L_p}{N_f} = \frac{r_{cp} - \rho_{cb}}{N_f} \tag{4.47}$$

这一基于低周疲劳行为的裂纹扩展模型没有人为调整的未知参数，能够依据低周疲劳参数给出疲劳裂纹扩展的解析解[57−59]。然而根据图 4.20 可知，建立的裂纹扩展速率公式 (4.47) 没有考虑应力比 $R < 0$ 的裂纹扩展行为。很多工程临界安全部件承受着高周旋转弯曲疲劳加载，即典型应力比 $R = -1$。此外，裂纹扩展中应力状态不断变化，裂纹前缘受载状态复杂，需对公式 (4.47) 进行修正。

4.3.2.3 考虑闭合效应的扩展模型

断裂力学分析时一般把裂纹视为理想裂纹，当远场应力为正时，裂纹面张开；反之，裂纹发生闭合。例如有些部件承受旋转弯曲疲劳加载，裂纹会呈现典型的张开与闭合现象，因此裂纹闭合效应是损伤容限研究中不可忽视的重要方面。一种处理方法是认为当裂纹闭合时不扩展，但问题远非如此简单。实际工程中裂纹一般都是在疲劳载荷循环塑性区内扩展。在每个加载循环内，裂纹尖端就会形成一个所谓的单调塑性区 (即使在小比例屈服条件下)。与此对应，当外加拉伸载荷逐渐降低时

在单调塑性区内会形成一个被广大弹性区所包围的、因卸载导致的残留反向压缩区，随着裂纹的扩展，在塑性尾迹区内遗留下来。

在加载循环下半周期的卸载过程 (反向加载) 中，裂纹前缘 (在单调和反向塑性区分别呈现拉应力和压应力) 会形成一个复杂的残余应力场。由于局部塑性变形，在仍处于拉应力的卸载中两个裂纹面就已经发生了重合，这种重合现象称为塑性致裂纹闭合。为了考虑裂纹闭合效应，在经典的裂纹扩展速率公式中用等效应力强度因子幅 ΔK_{eff} 来代替循环应力强度因子幅 $\Delta K = K_{\max} - K_{\min}$，即:

$$\Delta K_{\mathrm{eff}} = K_{\max} - K_{\mathrm{op}} \tag{4.48}$$

式中，K_{op} 是加载循环中裂纹张开应力强度因子值，原理如图 4.22(a) 所示。K_{op} 可通过实验或有限元方法得到。Fuhring 和 Seeger[60] 及 Newman[61] 基于修正的条带屈服模型半解析解法研究了铁路车轴的疲劳破坏问题，得出了类似的结论。

在图 4.22(b) 中，区域①代表广大弹性区，区域②和③分别代表裂纹前缘和后部，具有理想刚塑性材料特性的有限宽垂直条带内模拟了所有塑性变形。在区域②内，裂纹没有穿越，而区域③代表已被裂纹切割开来，并成为塑性尾迹区；因此前者可以传递压缩和拉伸载荷，而后者仅能够承受压缩。

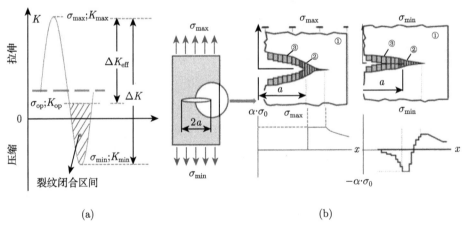

(a)　　　　　　　　　　　　　　　　　　(b)

图 4.22　基于修正的条带屈服裂纹闭合模型

条带屈服模型能够表征变幅加载下裂纹闭合与尖端塑性之间的关系。在拉伸和压缩应力下刚塑性条带分别呈现张开 (拉伸过载) 和闭合 (压缩过载) 状态，而裂纹张开和闭合程度与总的塑性变形有关。相应地，裂纹面的接触应力随条带残留变形程度不同而发生变化，从而引起张开应力场 K_{op} 的改变及形成新的裂纹扩展量。一般认为，拉伸过载使得 K_{op} 增大，ΔK_{eff} 降低，根据经典的 Paris 公式，则裂纹扩展速率降低或停滞，反之会出现局部或者暂时的加速现象。

通过引入一个全局裂纹尖端约束因子 α 把二维 Dugdale 条带屈服模型运用至三维空间, 它表示尖端塑性区材料单元内应力 σ_0 的增大效应。三维裂纹扩展 FASTRAN-II 代码 [62]、AFGRO 软件 [63] 及 NASGRO 软件 [64,65] 都采用了该模型。为了把裂纹闭合和张开效应考虑进来, $-2 \leqslant R \leqslant 0.7$ 时 NASGRO 的裂纹扩展公式为

$$\frac{\mathrm{d}a}{\mathrm{d}N} = C \cdot (\Delta K_{\mathrm{eff}})^m \left[\left(1 - \frac{\Delta K_{\mathrm{th}}}{\Delta K} \right)^p \Big/ \left(1 - \frac{\Delta K_{\max}}{K_{\mathrm{IC}}} \right)^q \right] \tag{4.49}$$

式中, $K_{\max}$ 为加载循环中最大应力强度因子, K_{IC} 为材料的断裂韧性, p 和 q 为经验常数。该公式实际上由三部分组成, 即描述经典 Paris 区间的 $C \cdot (\Delta K_{\mathrm{eff}})^m$、描述近门槛区寿命项 $(1 - \Delta K_{\mathrm{eff}}/\Delta K)^p$ 和描述瞬断区的寿命项 $(1 - K_{\max}/K_{\mathrm{IC}})^q$。

必须指出, 为了获得更好的实验拟合效果, 公式 (4.49) 中的 C 和 m 与公式 (4.17) 相同, 但两者取值可能不完全一致。应力比 R 取决于裂纹前缘, 并不断变化。与裂纹尺寸和应力比有关的裂纹扩展门槛值为

$$\Delta K_{\mathrm{th}} = \frac{\Delta K_{\mathrm{th}0} \cdot \sqrt{a/(a + a_0)}}{[(1 - f_{\mathrm{op}})/(1 - A_0)\,(1 - R)]^{(1 + C_{\mathrm{th}}R)}} \tag{4.50}$$

式中, $\Delta K_{\mathrm{th}0}$ 为 $R = 0$ 时的门槛值, f_{op} 是张开函数, a_0 称为 El-Haddad 参数 (一般取 38.1 nm), A_0 是 Newman 常数, C_{th} 是用于区分 $C_{\mathrm{th}+}$ 和 $C_{\mathrm{th}-}$ 的经验常数, 分别对应于 $+R$ 和 $-R$ 值 [66,67]。对于低碳钢 A1N 材料, 实验数据的 log 拟合参数为: $C = 4.68 \times 10^{-10}$, $m = 2.08$, $p = 1.3$, $q = 0.001$, $\Delta K_{\mathrm{th}0} = 7.39$, $C_{\mathrm{th}+} = 0.168$, $C_{\mathrm{th}-} = -0.050$ [68,69]。

考虑了塑性致裂纹闭合的长裂纹尖端场 ΔK_{eff} 由式 (4.51) 计算:

$$\Delta K_{\mathrm{eff}} = \Delta K \cdot (1 - f_{\mathrm{op}})/(1 - R) \tag{4.51}$$

式中, R 是与裂纹扩展相关的可变量, 张开函数 f_{op} 由式 (4.52) 给出 [70]:

$$f_{\mathrm{op}} = \frac{K_{\mathrm{op}}}{K_{\max}} = \frac{\sigma_{\mathrm{op}}}{\sigma_{\max}} = \begin{cases} \max\left(R, A_0 + A_1 \cdot R + A_2 \cdot R^2 + A_3 \cdot R^3 \right) & R \geqslant 0 \\ A_0 + A_1 \cdot R & -1 \leqslant R < 0 \end{cases} \tag{4.52}$$

其中未知常数 (一般取几何因子 $F = 1.0$) 为

$$\begin{cases} A_0 = (0.825 - 0.34\alpha + 0.05\alpha^2)\left[\cos\left(\pi F \sigma_{\max}/2\sigma_0\right)\right]^{1/\alpha} \\ A_1 = (0.415 - 0.071\alpha)\left(F\sigma_{\max}/\sigma_0\right) \\ A_2 = 1 - A_0 - A_1 - A_3 \\ A_3 = 2A_0 + A_1 - 1 \end{cases} \tag{4.53}$$

由此可见, 知道约束因子 α 就能解出 ΔK_{eff}。一般地, 当 $\sigma_{\max}/\sigma_{\mathrm{y}} = 0.3$ 时, $\alpha = 2.5$, 即平面应变状态占优时。此外, 大量数据拟合后有 $p = q = 0.25$。对

于像高强钢这类具有较小 K_{IC}/σ_y 比值的材料，NASGRO 推荐 $\alpha = 2.5$ 或者更高，而应力 σ_0 可取单调流动应力 σ_f，即单调拉伸屈服和抗拉强度的平均值；或者直接用循环屈服强度 σ_{yc} [71,72]。需要指出的是，裂纹张开函数 f 成立的条件是 $\sigma_{IC}/\sigma_0 \in [0.2, 0.8]$，FASTRAN 程序在 $\sigma_{IC}/\sigma_0 = 0.7$ 时收敛性和精度都较差，但 McClung 等学者的观点恰恰相反 [73]。还有，裂纹张开函数是基于均匀拉伸的中心裂纹板 (MT) 推导出来的，是否适用于承受弯曲载荷的旋转部件需要进一步研究。为此，McClung 等 [73] 采用有限元法 (FEM) 研究了标准 MT 板、单边裂纹拉伸 (SET) 板、单边裂纹弯曲 (SEB) 板及纯弯曲加载下裂纹闭合效应，发现采用 $K_{\max}/K_0$ 比 $\sigma_{\max}/\sigma_0$ 更准确，则有

$$\frac{K_{\max}}{K_0} = \frac{F\sigma_{\max}\sqrt{\pi a}}{\sigma_0\sqrt{\pi a}} \tag{4.54}$$

式中，分母中已删除了描述 K_0 的边界修正因子 F，这点看起来有点奇怪，并仅在描述无限大拉伸板模型中有意义。不过仍有许多学者同意这一提议 [74,75]。

早期研究中认为约束因子 α 是一个拟合参数，但 Newman 等对中心裂纹板进行了大量扩展有限元分析 [76]，提出了 α 的另一种形式，即等于裂纹前缘未断裂屈服韧带中归一化正应力 σ_{yy} 的平均值：

$$\alpha = \frac{1}{A_T} \sum_{m=1}^{M} \left(\frac{\sigma_{yy}}{\sigma_0}\right)_m A_m \tag{4.55}$$

式中，A_m 和 $(\sigma_{yy}/\sigma_0)_m$ 分别为屈服单元 m 在未断裂韧带上的投影面积和归一化正应力，A_T 是所有已屈服单元 M 的总投影面积。

图 4.22 所示模型已被成功用于研究加载序列对旋转件裂纹扩展的影响 [77,78]。但必须指出，除了塑性致裂纹闭合，裂纹尖端还存在如氧化膜致裂纹闭合和粗糙度致裂纹闭合等影响疲劳开裂行为的物理现象，如图 4.20 所示。

为此，基于裂纹尖端材料的循环塑性行为，借鉴 NASGRO 方程中的裂纹闭合函数 [80]，提出一种适用于不同应力比的裂纹扩展模型 [82]，简称 LAPS。由于 LAPS 模型的力学基础是裂纹尖端 RKE 场，与基于 HRR 场的裂纹扩展模型相比 [37,57-59]，LAPS 模型具有更高的准确性、可靠性及普适性。原则上 LAPS 模型仅仅需要应力比 $R=0$ 时的 ΔK_{th} 就可预测任意 R 下的裂纹扩展速率。

众所周知，疲劳小裂纹萌生和扩展寿命构成了工程临界安全部件的主要寿命区间。因此，如何把近门槛区甚至疲劳小裂纹萌生和扩展过程整合到传统的疲劳长裂纹扩展模型中一直是学术界和工程界感兴趣的问题。结合式 (4.39)、式 (4.46) 及式 (4.47)，建立一种新的考虑疲劳小裂纹的裂纹扩展模型如下：

$$\frac{da}{dN} = \frac{L_p \cdot (\Delta K, \Delta K_{th}; C)}{N_f(\Delta K, \Delta K_{th}; C, C')} \tag{4.56}$$

式中，C 和 $C\prime$ 分别是循环本构参数和低周疲劳参数。

式 (4.46) 模型假设如下：裂纹在疲劳过程区 L_p 内连续性扩展或者穿越过程区 (如图 4.23(a) 中断口上的疲劳台阶，台阶间距经受一个或多个循环周次 [85−87])，且过程区尺寸大于平面应力条件的样品厚度，但小于循环塑性区尺寸 r_cp，另外过程区包含在循环塑性区内 [83,84]，如图 4.23(b) 所示裂纹尖端三维损伤区域。

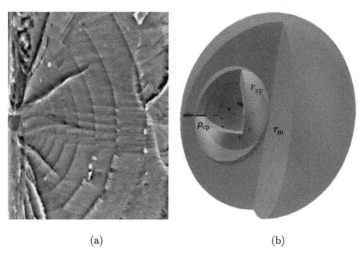

(a)   (b)

图 4.23　疲劳裂纹尖端材料损伤区域示意图

(a) 宏观断口上的疲劳台阶形貌；(b) 平面应变状态下裂纹尖端循环拉压塑性区形貌

从图 4.23(a) 中可以看出，随着裂纹长度的增加，疲劳台阶间距趋于一致和清晰，其根源就是裂纹闭合效应。1970 年 Elber 在研究铝合金循环拉伸试验中首次观察到这一现象 [88]。如图 4.23(b) 所示，随着裂纹不断穿越裂纹尖端塑性区，塑性尾迹区的残余塑性变形便产生压缩应力，使得裂纹趋于闭合，并且只有当后续载荷足够大时，裂纹才会重新张开，这实际上降低了裂纹扩展的驱动力，尤其在循环拉压加载条件下，裂纹闭合现象将更为明显 [89−92]。

如果忽略了循环拉压条件下的裂纹闭合效应，则所建立的裂纹扩展模型将得到较为保守的剩余寿命预测结果 [37,57,59]。从裂纹尖端的 RKE 场可知，仅需对 CPZ 尺寸进行修正便可得到考虑闭合效应的裂纹尖端有效循环应力应变场。因此，ΔK 和 ΔK_th 应由相应的有效值 ΔK_eff 和 $\Delta K_\mathrm{th,eff}$ 替代，式 (4.46) 进一步修正为

$$\frac{\mathrm{d}a}{\mathrm{d}N} = \frac{L_\mathrm{p} \cdot (\Delta K_\mathrm{eff}, \Delta K_\mathrm{th,eff}; C)}{N_\mathrm{f}(\Delta K_\mathrm{eff}, \Delta K_\mathrm{th,eff}; C, C')} \tag{4.57}$$

式中，$\Delta K_\mathrm{th,eff}$ 和 ΔK_eff 分别为考虑了裂纹闭合效应的应力强度因子有效门槛值和应力强度因子有效范围，则式 (4.51) 写为更通用形式：

$$\Delta K_{\text{eff}} = K_{\max} - K_{\text{op}} = U_{\text{lc}}\Delta K$$
$$\Delta K_{\text{th,eff}} = U_{\text{lc}}\Delta K_{\text{th}} \tag{4.58}$$

式中，K_{op} 是裂纹完全张开时的应力强度因子，U_{lc} 为长裂纹闭合函数。

通过实验研究，Elber 得出铝合金 2024-T3 在平面应力状态下疲劳裂纹闭合函数与应力比有直接影响的结论[88]，且有 $U_{\text{lc}} = 0.5 + 0.4R$，其中 $-0.1 < R < 0.7$，但显然不能处理旋转弯曲部件的疲劳裂纹扩展行为，例如 $R = -1$ 时。另外，裂纹张开函数还与结构几何、环境条件及材料种类有关。为此，提出改进函数如下[90]

$$U_{\text{lc}} = 0.55 + 0.33R + 0.12R^2 \quad (R \geqslant 0) \tag{4.59}$$

为便于工程应用，Meggiolaro 等对公式 (4.53) 进行了简化[92]，得到泊松比为 0.33 和 $F \cdot \sigma_{\max}/\sigma_y = 0.3$ 条件下的中值裂纹张开函数关系

$$\begin{cases} 0.52 + 0.42R + 0.06R^2 & R \geqslant 0, \quad \alpha = 1.0 \\ (0.52 - 0.1R)/(1 - R) & -2 \leqslant R < 0, \quad \alpha = 3.0 \end{cases} \tag{4.60}$$

大量实验和仿真研究表明，当应力比为正值时，裂纹闭合效应就会降低甚至消失[93,94]；应力比越小，裂纹闭合效应越明显，塑性、粗糙度、氧化膜等闭合因素的影响越发明显。另外，工程部件的真实受力状态往往比较复杂，处于平面应变和平面应力之间，为此对裂纹张开函数公式 (4.52) 进行如下修正[80]：

$$f_{\text{op}} = \begin{cases} \max(R; A_0 + A_1R + A_2R^2 + A_3R^3) & R \geqslant 0 \\ A_0 + A_1R & -2 \leqslant R < 0 \\ A_0 - 2A_1 & R \leqslant -2 \end{cases} \tag{4.61}$$

式中，系数 A_0、A_1、A_2 及 A_3 计算见公式 (4.53)。

采用实验方法观测裂纹闭合现象进而揭示疲劳短裂纹行为，并对裂纹扩展模型进行修正，具有极其重要的学术价值。短裂纹行为具有以下特点：(1) 当 ΔK 小于长裂纹门槛值 $\Delta K_{\text{th,lc}}$ 时，短裂纹仍可以扩展；(2) 在相同应力强度因子范围下，短裂纹扩展速率比长裂纹更大。随着第三代同步辐射光源的迅速发展，科学家借助高精度三维原位成像技术实时追踪疲劳裂纹萌生过程，清晰地揭示出裂纹扩展与各种微结构之间的关系[87,95]，如图 4.24 所示。

从图 4.24 看出，疲劳裂纹闭合是材料内部 (即平面应变状态) 真实存在的裂纹扩展机制之一。另外，裂纹在空间中表现出极其复杂的三维形貌，当遇到晶界等微结构时，裂纹扩展发生减速或者加速[87,95,96]。因此，实验中观察到的裂纹跃迁式前进现象恰恰证明了疲劳过程区假设的合理性与正确性。

除了以上提出的长裂纹张开函数解析解和基于高精度的三维成像实验外，有限元仿真也是获取疲劳裂纹张开函数最有效的方法。为了确保结果的准确性与可靠性，所用单元尺寸至少为循环塑性区尺寸的十分之一。

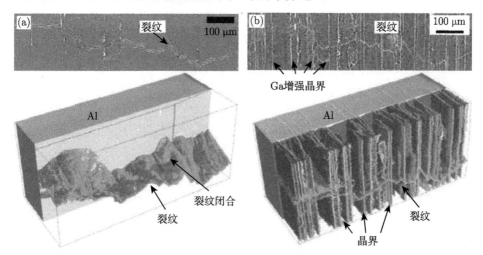

图 4.24 应力比 $R = 0.1$ 和加载频率 $f = 50$ Hz 下单边缺口 2024-T351 铝合金试样中疲劳裂纹扩展行为

(a) 裂纹闭合现象；(b) 裂纹扩展与晶界关系

疲劳短裂纹行为是材料服役性能的重要控制因素，然而公式 (4.57) 不能很好地描述工程部件具有天然缺陷或者光滑试样预制缺口后的短裂纹行为。Maierhofer 等研究认为，裂纹扩展门槛值 ΔK_{th} 与裂纹扩展增量 Δa 呈现指数关系[80]，并建立了能够描述裂纹增量从 $\Delta a = 0$ 时的短裂纹本征扩展门槛值 $\Delta K_{\mathrm{th,in}}$ 到增量 Δa 达到长裂纹扩展门槛值 $\Delta K_{\mathrm{th,lc}}$ 的关系模型及全局裂纹张开函数 U，即有

$$\Delta K_{\mathrm{th}} = \Delta K_{\mathrm{th,in}} + (\Delta K_{\mathrm{th,lc}} - \Delta K_{\mathrm{th,in}}) \cdot \left[1 - \sum_{i=1}^{n} v_i \cdot \exp\left(-\frac{\Delta a}{l_i} \right) \right]$$

$$U = 1 - (1 - U_{\mathrm{lc}}) \cdot \left[1 - \sum_{i=1}^{n} v_i \cdot \exp\left(-\frac{\Delta a}{l_i} \right) \right]$$

$$(4.62)$$

式中，U 是包含了疲劳长裂纹和短裂纹的全局张开函数，n 代表裂纹闭合的机制个数 (见图 4.20 中的塑性、氧化膜和粗糙度等)，l 为对应于相应闭合机制的虚拟裂纹长度参数，长裂纹张开函数 U_{lc} 和校正参数 v 满足以下公式

$$U_{\mathrm{lc}} = \left(\frac{1-f}{1-R} \right)^m, \quad \sum_{i=1}^{n} v_i = 1 \tag{4.63}$$

公式 (4.62) 的基本思想是把每种裂纹闭合机制等效为一个疲劳短裂纹的长度

参数, 当指数 $m = 1$ 时, 全局张开函数 $U = U_{lc}$。其中, 本征扩展门槛值 $\Delta K_{th,in}$ 可认为是材料或部件中存在短裂纹且不扩展时的特征参量 (此处亦可视为基于名义应力方法设计曲线中的疲劳极限所对应的本征或者临界应力), 但应与各种裂纹闭合机制所导致的门槛值有本质的不同。随着疲劳短裂纹长度参数 l 的增加, 裂纹扩展阻力逐渐增大, 直至达到某一尺寸时, 扩展阻力将保持恒定, 此时所对应的门槛值可视为长裂纹门槛值 ΔK_{th}, $U \to U_{lc}$, 如图 4.25 所示。

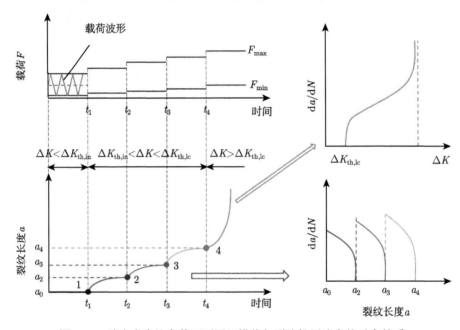

图 4.25　给定应力比条件下不同门槛值与裂纹扩展速率的对应关系

据此, 建立了一种适用于任意应力比以及考虑了三种裂纹闭合机制的疲劳短裂纹和长裂纹的新扩展模型 LAPS, 则公式 (4.57) 可进一步修正为

$$\frac{da}{dN} = \frac{U^2 L_p \left(\Delta K, \Delta K_{th}; C\right)}{N_f \left(\Delta K, \Delta K_{th}; C, C'\right)} \tag{4.64}$$

新的裂纹扩展模型 LAPS 中所有未知循环参数均由低周疲劳试验和裂纹扩展门槛值试验获得。为验证 LAPS 模型的正确性与合理性, 以我国复兴号动车组空心车轴材料 25CrMo4 为对象 (屈服强度和抗拉强度分别为 512 MPa 和 674 MPa), 基于边裂纹试样 (长度 100 mm, 宽度 20 mm, 厚度 6 mm) 开展疲劳裂纹门槛值和扩展速率试验。根据循环 Ramberg-Osgood 关系拟合出各种循环参数和指数, 重建出 LAPS 方程, 并与裂纹扩展速率数据进行比较 (见图 4.26)。

从图中清楚地看出, 所建立的新 LAPS 模型预测的疲劳短裂纹和长裂纹扩展速率曲线与实验数据吻合良好,充分表明了新 LAPS 模型的正确性、有效性与合理性。还可以看出,在外加载荷保持不变的条件下,曲线 I 和曲线 II 表示随着裂纹长度的增加,裂纹闭合效应越加明显,表明裂纹扩展阻力不断增加,使得裂纹扩展速率迅速降低。曲线 III 表示短裂纹向长裂纹过渡,裂纹扩展速率表现出跳跃性。随着短裂纹长度进一步增加,克服长裂纹门槛值 $\Delta K_{\mathrm{th,lc}}$ 后,最终与长裂纹扩展曲线 IV 重合。由此可见,新 LAPS 模型不仅从理论和实验上验证了疲劳短裂纹扩展行为,同时充分说明了疲劳裂纹闭合现象对裂纹扩展的影响。

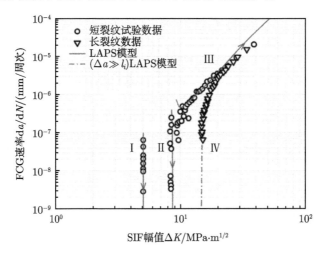

图 4.26　新 LAPS 模型预测结果与试验结果对比 (初始裂纹 $a_0 = 0.812$ mm)

　　尽管新 LAPS 模型能够有效预测疲劳短裂纹扩展现象,但尚无法积分获得疲劳短裂纹萌生和扩展寿命,虽然这一积分值与实际寿命无法建立起定量的关系。4.3.3 节中将尝试引入概率统计概念,从而把疲劳短裂纹扩展区间用一连续曲线拟合出来。需要指出的是,图 4.26 中曲线 I 和曲线 II 表示短裂纹扩展曲线,曲线 III 则处于疲劳短裂纹向长裂纹扩展的过渡阶段,而曲线 IV 代表工程中常用的长裂纹扩展阶段。模型的相关拟合参数见表 4.16 所示 [82]。

表 4.16　新 LAPS 模型的相关拟合参数

σ_{yc}	$\varepsilon_{\mathrm{yc}}$	n_{c}	K_{c}	b	c	$\varepsilon_{\mathrm{f}}'$	σ_{f}'	σ_{m}
398	0.0027	0.11	892.29	-0.072	-0.69	0.9	900	0

$\Delta K_{\mathrm{th,lc}}$	$\Delta K_{\mathrm{th,in}}$	v	l	α	$\sigma_{\max}/\sigma_0$	a_0	R	$Y \cdot \Delta\sigma$
14.5	2.5	0.45, 0.55	0.08, 1.55	3	0.3	0.812	-1	97.36$-$165.39

　　为了进一步验证新 LAPS 模型的准确性和可靠性,表 4.17 给出了拟合新 LAPS 模型的公开发表文献中的循环塑性参数和疲劳断裂参数。同时把考虑 (w/) 与不考虑 (w/o) 裂纹闭合的预测曲线及 NASGRO 曲线给出用于比较。

表 4.17　公开发表的部分工程材料循环塑性及疲劳断裂参数

Materials	E/GPa	$\sigma_{\text{yc}}/\text{MPa}$	K'/MPa	n'	σ'_f/MPa	b	ε'_f	c	R	$\Delta K_{\text{th}}/\text{MPa·m}^{1/2}$	$\sigma_{\max}/\sigma_0$	α
25CrMo4	206	398	892.29	0.11	900	−0.072	0.9	−0.69	−3	18.8[79,80]	0.3	3
25CrMo4	206	398	892.29	0.11	900	−0.072	0.9	−0.69	−1	14.5[79,80]	0.3	3
25CrMo4	206	398	892.29	0.11	900	−0.072	0.9	−0.69	0.5	5.8[79,80]	0.3	3
34CrNiMo6	209	721	843.1	0.10	1184	−0.055	0.47	−0.61	−1	13[20,80]	0.21	3
34CrNiMo6	209	721	843.1	0.10	1184	−0.055	0.47	−0.61	0.1	6.5[20,80]	0.3	3
SAE 1020	205	270	941	0.18	815	−0.11	0.25	−0.54	0.1	11.6[58,59]	0.3	3
SAE 1020	205	270	941	0.18	815	−0.11	0.25	−0.54	0.7	7.8[58,97]	0.3	3
SAE 1050	209	340	1206	0.20	948	−0.10	0.17	−0.44	0.1	3.3[98,99]	0.3	3
E36 steel	206	350	1255	0.21	1194	−0.12	0.60	−0.57	0	5[58,59]	0.3	3
A533-B1	200	345	1047	0.17	869	−0.09	0.32	−0.52	0.1	7.7[58,59]	0.3	3
8630 steel	207	661	2267	0.19	1936	−0.121	0.42	−0.69	0.5	10[100]	0.3	3
API5LX60	200	370	840	0.13	720	−0.076	0.31	−0.53	0.1	6.8[58,59]	0.3	3
API5LX60	200	370	840	0.13	720	−0.076	0.31	−0.53	0.7	4[97]	0.3	3
Ti-6Al-4V	117	1185	1772	0.11	2030	−0.104	0.84	−0.69	−0.23	9[101,102]	0.36	2.5
Ti-6Al-4V	117	1185	1772	0.11	2030	−0.104	0.84	−0.69	−1	6[101,102]	0.35	2.5
Ti-6Al-4V	117	1185	1772	0.11	2030	−0.104	0.84	−0.69	0.5	2.5[101,102]	0.28	2.5
2024-T351	70	403	751.5	0.1	909	−0.1	0.36	−0.65	0.1	5[103,104]	0.3	2.0
2024-T351	70	403	751.5	0.1	909	−0.1	0.36	−0.65	0.5	3.1[103,104]	0.3	2.0
2024-T351	70	403	751.5	0.1	909	−0.1	0.36	−0.65	0.7	2.79[103,104]	0.3	2.0

图 4.27 给出了不同应力比条件下 LAPS 模型预测与标准 NASGRO 方程预测

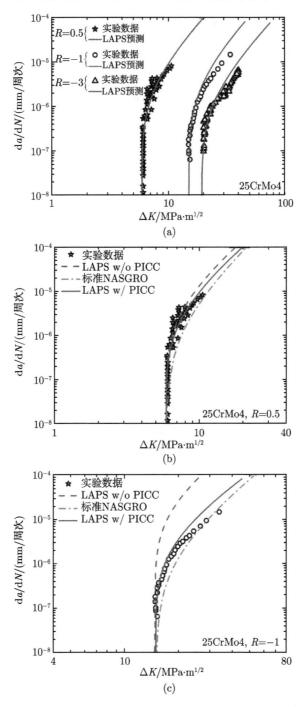

(a)

(b)

(c)

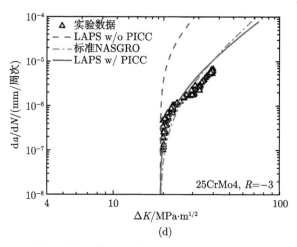

(d)

图 4.27 不同应力比下铁路车轴钢 25CrMo4 的裂纹扩展预测曲线

(a) 三种应力比下 LAPS 预测与实验结果对比; (b)、(c) 和 (d) 应力比 $R = 0.5$、-1 和 -3 下有无裂纹
闭合的 LAPS 预测曲线与标准 NASGRO 预测曲线和实验结果的对比

和实验数据的比较, 注意实验数据是采用不同的标准试样通过疲劳裂纹扩展试验
测得的。从图中可以清楚地看出, 如果不考虑裂纹闭合效应的话, LAPS 预测曲线
将偏于保守, 这一趋势随着应力比的转负愈加明显。相比之下, 标准 NASGRO 方
程的预测曲线则总是位于考虑了裂纹闭合效应的 LAPS 预测曲线。这一比较充分
说明, 新的裂纹扩展模型 LAPS 比标准 NASGRO 方程更接近真实实验数据。

图 4.28~ 图 4.36 分别给出了表 4.17 中的不同材料在不同应力比条件下 LAPS
模型预测与实验数据的比较, 即高强度钢 34CrNiMo6、碳素钢 SAE 1020 和 1050、
高强度钢 E36、容器用钢 A533-B1、高强度钢 8630、钢管用钢 API5LX60、钛合金
Ti-6Al-4V 以及铝合金 2024-T351 等。

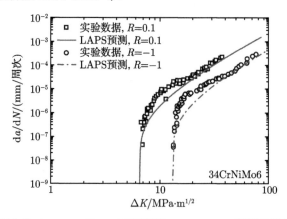

图 4.28 应力比 $R = 0.1$ 和 -1 下高强钢 34CrNiMo6 的裂纹扩展预测曲线

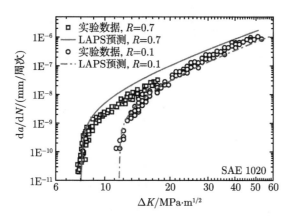

图 4.29 应力比 $R = 0.7$ 和 0.1 下碳素钢 SAE 1020 的裂纹扩展预测曲线

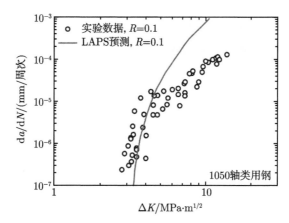

图 4.30 应力比 $R = 0.1$ 下轴类用钢 SAE 1050 的裂纹扩展预测曲线

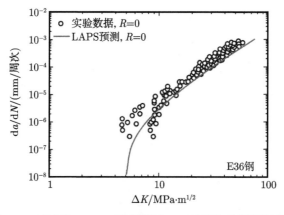

图 4.31 应力比 $R = 0$ 下高强钢 E36 的裂纹扩展预测曲线

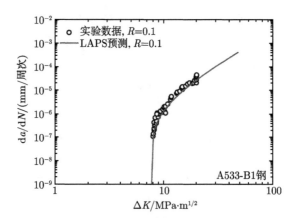

图 4.32　应力比 $R = 0.1$ 下容器用钢 A533-B1 的裂纹扩展预测曲线

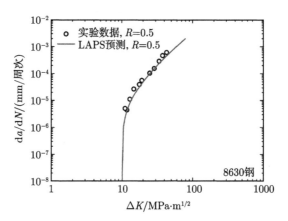

图 4.33　应力比 $R = 0.5$ 下高强钢 8630 的裂纹扩展预测曲线

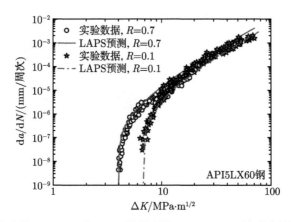

图 4.34　应力比 $R = 0.7$ 和 0.1 下钢管用钢 AP15LX60 的裂纹扩展预测曲线

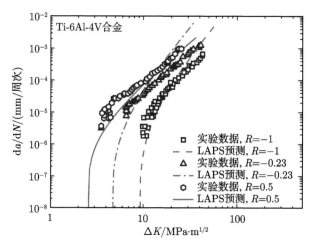

图 4.35　应力比 $R = -1$、-0.23 和 0.5 下钛合金的裂纹扩展预测曲线

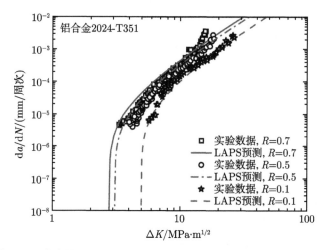

图 4.36　应力比 $R = 0$ 下铝合金 2024-T351 的裂纹扩展预测曲线

从图中可以清楚地看出，所提出的基于循环塑性行为的疲劳裂纹扩展模型 LAPS 不仅可以取得与各种工程材料的实验结果基本一致的结果，而且能够有效考虑不同应力比条件下的裂纹闭合效应。反过来，恰恰证明了新 LAPS 模型理论基础 (裂纹尖端循环塑性区) 的正确性与合理性。结合与公认 NASGRO 方程预测结果的一致性，可以得出结论，工程中可用新 LAPS 模型替代 NASGRO 方程。

4.3.3　概率疲劳裂纹扩展模型

样本信息聚集方法改进的初衷就是试图降低疲劳试验寿命数据的离散性问题或者提高小样本数据的可靠性寿命建模问题，尤其是在高周疲劳和超高周区间，寿命数据的离散性更为突出，因此具有重要的工程应用价值。

　　这种数据分散性恰恰反映了疲劳裂纹萌生位置的不确定性，或者说是疲劳短裂纹扩展问题。与此同时，由于裂纹尖端存在各种复杂的裂纹闭合现象，导致疲劳短裂纹扩展速率与疲劳长裂纹有明显不同，如图 4.26 所示。此处从应力状态来予以说明。一般地，当应力比 R 取得负值时，裂纹尖端受到外部广大弹性区所包围，塑性尾迹内塑性变形压迫裂纹闭合；在接近裂纹尖端的材料区域，粗糙度和氧化更多主导着闭合机制。结合缺口尺寸、形貌及材料微结构等的综合影响，短裂纹扩展速率的离散性尤其明显，图 4.37 所示 [80]。

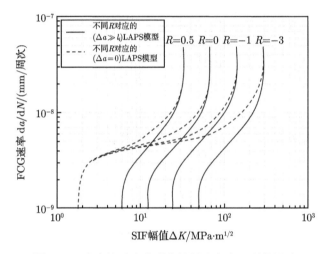

图 4.37　应力比对疲劳裂纹扩展速率上下限的影响

　　从图 4.37 清楚地看出，随着应力比转为负值，同一应力强度因子幅值所对应的裂纹扩展速率逐渐降低。其中，疲劳短裂纹增量 $\Delta a = 0$ 的扩展速率最大 (见图中虚线，表示不考虑裂纹闭合效应)，而当假设的裂纹增量 $\Delta a \gg l_i$ 时扩展速率降到最低 (见图中实线，表示考虑了裂纹闭合机制)。这种裂纹扩展速率的分散性，尤其是近门槛区间的疲劳短裂纹扩展的不确定性，与高周疲劳寿命区的分散性有一定关联。在基于断裂力学的损伤容限设计中，疲劳裂纹扩展速率曲线是准确可靠预测构件剩余寿命及制定合适经济维修方案的最重要输入。

　　虽然提出的裂纹扩展模型 LAPS 不再需要如式 (4.28) 所示的人工调整和数值仿真的拟合参数，综合考虑了应力比和裂纹闭合效应，具有比基于 HRR 场的裂纹扩展和一些唯象模型更高的可靠性，但是还需要对具有离散性本质的疲劳裂纹扩展速率试验数据，因此一般得到的裂纹扩展速率拟合曲线实际上是一种平均值或者类似于疲劳 P-S-N 曲线的中值裂纹扩展关系。

　　根据标准 [105,106]，工程上一般采用较为保守的 2σ 裂纹扩展速率估算方法，把中值裂纹扩展速率曲线左移两倍标准差，从而得到概率性 LAPS 曲线。此处标准差是指当裂纹扩展速率一定时，式 (4.62) 所示的应力强度因子范围的试验值和标准差。表 4.18 列出了合金钢 25CrMo4 材料的疲劳裂纹扩展实验值[80]。

表 4.18　疲劳裂纹扩展速率实验数据 (应力比 $R = -1$)

x_1/MPa·m$^{1/2}$	5.04870752, 5.007796163, 5.04870752, 5.04870752, 5.04870752, 5.007796163, 4.967216325, 5.131535643
y_1/mm/周次	6.2591E-08, 4.36049E-08, 2.58697E-08, 2.11632E-08, 1.59767E-08, 1.06923E-08, 9.4786E-09, 2.95754E-09
x_2/MPa·m$^{1/2}$	1.361062774, 8.429368753, 8.293310301, 8.293310301, 8.361062774, 8.361062774, 8.361062774, 8.429368753, 8.429368753
y_2	2.47842E-07, 1.592E-07, 1.0646E-07, 5.15966E-08, 3.73952E-08, 7.18308E-09, 5.00068E-09, 4.08931E-09, 3.34404E-09
x_3/MPa·m$^{1/2}$	11.86328454, 12.35585467, 12.66116003, 12.9740093, 13.51269734, 13.95970771, 14.42150553, 15.02029441, 15.77174907, 16.42660081, 17.38932344, 18.55885748, 19.80704955, 21.48599533, 23.88316466, 28.10368383
y_3	6.2534E-07, 7.05576E-07, 7.96106E-07, 8.28794E-07, 1.1905E-06, 1.1905E-06, 1.23938E-06, 1.3984E-06, 1.71005E-06, 2.17703E-06, 2.35948E-06, 3.12713E-06, 3.52836E-06, 4.31471E-06, 5.71849E-06, 9.26809E-06

下面以表 4.18 中数据为例，建立概率性 LAPS 模型，过程如下：

➤ 输入短裂纹试验参数：把 ΔK 和 da/dN 分别视为 x 矩阵和 y 矩阵元素，同时视为相应矩阵内的一个横向量，将 i 行 j 列数据记为 x_{ij} 或 y_{ij}；

➤ 确定裂纹扩展速率搜索范围：将裂纹长度试验值视为裂纹长度的搜索范围，并均分为若干段，根据式 (4.62) 计算出相应的裂纹扩展速率范围；

➤ 确定与裂纹扩展速率试验值的对应理论解：根据前一步骤，在裂纹长度范围内搜索相应的裂纹扩展速率 y'_{ij} 使之满足下式

$$\left| \frac{y_{ij} - y'_{ij}}{y_{ij}} \right| \leqslant 0.001 \tag{4.65}$$

➤ 求解应力强度因子范围的标准差：根据前一步骤确定与 y'_{ij} 所对应的应力强度因子范围 x'_{ij}，则第 i 组数据标准差 σ_i 的计算公式为

$$\sigma_i = \sqrt{\sum_{i=1}^{n_i} \left(x'_{ij} - x_{ij}\right)^2 \Big/ (n_i - 1)} \tag{4.66}$$

式中，n_i 是第 i 组的实验数据点数。

根据上述搜索过程，在 MATLAB 中编写程序，如附表 II 所示。首先对公开发表的部分裂纹扩展速率实验数据进行验证。表 4.19 是合金钢 25CrMo4 材料在两

种应力比 $R = -1$ 和 0 下采用经典 Paris 方程的相关拟合数据；表 4.20 是合金钢 25CrMo4 材料在同样应力比条件下采用公认 NASGRO 方程的相关拟合数据。

表 4.19　车轴钢 EA4T 材料的概率 Paris 方程拟合参数

应力比	均值		均值 $+2\sigma$	
	C	m	C	m
$R = 0$	2.77×10^{-13}	3.638	7.60×10^{-13}	3.638
$R = -1$	6.48×10^{-13}	2.938	9.46×10^{-13}	2.938

表 4.20　车轴钢 EA4T 材料的概率 NASGRO 方程拟合参数

应力比	均值				均值 $+2\sigma$			
	C	m	p	q	C	m	p	q
$R = 0$	2.77×10^{-12}	3.638	1.1	0.001	7.00×10^{-12}	3.638	1.3	0.001
$R = -1$	6.48×10^{-12}	2.938	1.1	0.001	9.46×10^{-13}	2.938	1.3	0.001

从上述两个表中拟合数据可以看出，Paris 方程和 NASGRO 方程中的材料常数 C 变大，表示曲线向左边移动了 2σ，从而得到更为保守的裂纹扩展曲线。已有研究表明，新 LAPS 模型的预测结果比 Paris 方程和 NASGRO 方程更为保守 [24,58,82]，此处不再赘述。根据表 4.19 和表 4.20 拟合参数，图 4.38 给出了概率曲线。

从图 4.38 所示的裂纹扩展速率预测曲线可以看出，曲线之间形成了一定宽度的分散带，分散带越宽说明实验数据的分散性越大。必须指出的是，对于 NASGRO 方程预测曲线，近门槛区和稳定扩展区裂纹扩展实验数据的标准差应分别考虑，因此使概率 NASGRO 方程预测曲线和原始曲线并不完全平行。概率裂纹扩展曲线一定程度上考虑了数据分散性，使构件寿命预测的结果更为保守。

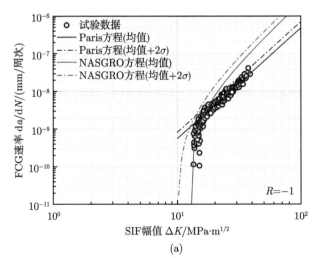

(a)

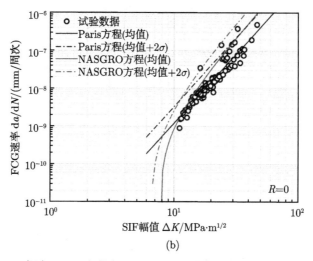

(b)

图 4.38 概率 Paris 方程和 NASGRO 方程预测的裂纹扩展速率曲线

应用同样的搜索步骤,得到如表 4.18 所列的三组裂纹扩展速率实验数据的应力强度因子范围标准差分别为 $\sigma_1 = 0.049$、$\sigma_2 = 0.236$ 和 $\sigma_3 = 0.900$。根据这一结果,就可以作出概率 LAPS 曲线,如图 4.39 所示。与实线表示的 LAPS 预测曲线相比,图 4.39 还增加了在 $\Delta a \gg l_i$ 和 $\Delta a \to 0$ 条件下的极限 LAPS 曲线,同时给出了在应力比 R 一定时的上界和下界疲劳裂纹扩展速率。

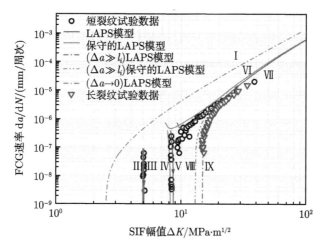

图 4.39 概率分布特性 LAPS 模型预测结果

从图 4.39 可以看出,两种极限状态下裂纹扩展速率的极限值随着裂纹长度的增加,两者差异会逐渐降低,这说明随着裂纹长度的增加,裂纹闭合效应对于裂纹扩展速率的影响在显著降低。当裂纹长度足够长时,两者的扩展速率会保持一致甚至重合，即 I 和 IX 曲线变为一条。同时，将短裂纹的裂纹扩展速率曲线向左平移 2 倍标准差就得到了相应的保守 LAPS 曲线。曲线 III 和曲线 V 平移分别得到裂纹扩展速率的局部概率上限值曲线 II 和曲线 IV，且对应的曲线都相互平行；但曲线 VII 与对应的平移曲线 VI 不再平行，而是随着裂纹长度的增加两者的差异在降低，最终两曲线重合。这是因为曲线 VII 和 IX 在裂纹达到一定值后重合，曲线 VII 的左移只是延缓两者的重合，两者会在更大的裂纹长度处重合。

4.4 本 章 小 结

本章论述了著者在工程材料及部件疲劳损伤建模方面取得的进展。工程实际中多倾向小样本疲劳试验得到可靠的概率疲劳寿命曲线，为此从疲劳数据和疲劳曲线两个角度进行样本改进，并结合国内外公开发表的铁路车辆结构材料的疲劳数据进行了验证，表明样品信息聚集改进方法的正确性、合理性与可靠性。同时基于裂纹尖端的循环 RKE 场建立了一种新的考虑任意应力比和裂纹闭合的疲劳裂纹扩展模型 LAPS，并与公开发表的相关实验数据进行比较，表明新 LAPS 预测结果更为保守。同时考虑到工程应用的的可靠性，引入概率统计方法给出了概率 LAPS 模型，相关数据表明了概率 LAPS 模型的正确性与合理性。

参 考 文 献

[1] Hffern T V. Probabilistic Modeling and Simulation of Metal Fatigue Life Prediction. California: Naval Postgraduate School, 2002.

[2] 傅惠民. 异方差分析方法. 机械强度, 2005, 27(2): 196-201.

[3] 傅惠民, 刘成瑞. S-N 曲线和 P-S-N 曲线小子样测试方法. 机械强度, 2006, 28(4): 552-555.

[4] Zhao Y X, Yang B, Feng M F, et al. Probabilistic fatigue S-N curves including the super-long life regime of a railway axle steel. Int J Fatigue, 2009, 31(10): 1550-1558.

[5] Guida M, Penta F. A Bayesian analysis of fatigue data. Structural Safety, 2010, 32(1): 64-76.

[6] Klemenc J, Fajdiga M. Estimating S-N curves and their scatter using a differential ant-stigmergy algorithm. Int J Fatigue, 2012, 43(1): 90-97.

[7] Xie L Y, Liu J Z, Wu N X, et al. Backwards statistical inference method for P-S-N curve fitting with small-sample experiment data. Int J Fatigue, 2014, 63(63): 62-67.

[8] 谢里阳, 刘建中. 样本信息聚集原理与 P-S-N 曲线拟合方法. 机械工程学报, 2013, 49(15): 96-104.

[9] 白鑫, 谢里阳, 任俊刚, 等. 金属材料疲劳试验与数据处理方法. 理化检验-物理分册, 2015, 51(6): 375-380.

[10] 白鑫, 谢里阳, 钱文学. 基于样本集聚原理的疲劳可靠性评估方法及其在零部件上的应用. 机械工程学报, 2016, 52(6): 206-212.

[11] Zhai J M, Li X Y. A methodology to determine a conditional probability density distribution surface from *S-N* data. Int J Fatigue, 2012, 44: 107-115.

[12] 中华人民共和国国家质量监督检验检疫总局, 中国国家标准化管理委员会. GB/T 24176—2009/ISO 12107: 2003, 金属材料疲劳试验数据统计方案与分析方法. 北京: 中国标准出版社, 2009.

[13] 李存海, 吴圣川, 刘宇轩. 样本信息聚集原理改进及其在高铁结构疲劳评定中的应用. 机械工程学报, 2018, 54(24): 1-12.

[14] 中华人民共和国航空工业部. HB/Z 112—86, 材料疲劳试验统计分析方法. 北京: 中国标准出版社, 1986.

[15] Lee Y L, Pan J, Hathaway R, et al. Fatigue Testing and Analysis: Theory and Practice. Burlington: Elsevier Butterworth-Heinemann, 2005.

[16] Gao J X, An Z W, Liu B. A new method for obtaining *P-S-N* curves under the condition of small sample. P I Mech Eng J Ris, 2017, 231(2): 127-130.

[17] 徐忠伟. 高速铁路外物损伤车轴疲劳评估方法. 成都: 西南交通大学硕士学位论文, 2018.

[18] Wu S C, Xu Z W, Kang G Z, et al. Probabilistic fatigue assessment for high-speed railway axles due to foreign object damages. Int J Fatigue, 2018, 117: 90-100.

[19] Wu S C, Liu Y X, Li C H, et al. On the fatigue performance and residual life of intercity railway axles with inside axle boxes. Eng Fract Mech, 2018, 197: 176-191.

[20] Luke M, Varfolomeev I, Lütkepohl K, et al. Fatigue crack growth in railway axles: Assessment concept and validation tests. Eng Fract Mech, 2011, 78(5): 714-730.

[21] Filippini M, Luke M, Varfolomeev I, et al. Fatigue strength assessment of railway axles considering small-scale tests and damage calculations. Procedia Structural Integrity, 2017, 4: 11-18.

[22] Beretta S, Regazzi D. Probabilistic fatigue assessment for railway axles and derivation of a simple format for damage calculations. Int J Fatigue, 2016, 86: 13-23.

[23] Haibach E. Analytical Strength Assessment of Components in Mechanical Engineering, (5th ed.). Frankfurt: FKM, 2003.

[24] Wu S C, Xu Z W, Liu Y X, et al. On the residual life assessment of high-speed railway axles due to induction hardening. Int J Rail Transp, 2018, 6(4): 202-215.

[25] 赵永翔, 杨冰, 何朝明, 等. LZ50 钢概率疲劳 *S-N* 曲线外推新方法. 铁道学报, 2004, 26(3): 20-25.

[26] Zhao Y X, Yang B, Feng M F, et al. Probabilistic fatigue curves including the super-long life regime of a railway axle steel. Int J Fatigue, 2009, 31(10): 1550-1558.

[27] Filippini M, Luke M, Varfolomeev I, et al. Fatigue strength assessment of railway axles considering small-scale tests and damage calculations. Procedia Structural Integrity, 2017, 4: 11-18.

[28] 刘雪松, 李书齐, 王苹, 等. 6N01-T5 铝合金焊接接头疲劳断裂分析. 焊接学报, 2009, 30(10): 25-29.

[29] 赵旭, 陈辉. 7N01 铝合金平滑焊接接头疲劳性能研究. 热加工工艺, 2016, 45(21): 181-186.

[30] 杨新岐, 吴铁, 张家龙, 等. 厚板铝合金 FSW 和 MIG 焊接接头疲劳性能. 焊接学报, 2012, 33(5): 5-9.

[31] 胡雅楠, 吴圣川, 宋哲, 等. 激光复合焊接 7020 铝合金的疲劳性能及损伤行为. 中国激光, 2018, 45(3): 198-207.

[32] 赵旭. SMA490BW 激光-MAG 电弧复合焊接头疲劳断口定量评价. 成都: 西南交通大学博士学位论文, 2016.

[33] 何柏林, 邓海鹏, 魏康. 超声冲击对 SMA490BW 钢焊接接头超高周疲劳性能的影响. 中国表面工程, 2017, 30(4): 64-70.

[34] 王文先, 马丽莉, 慕伟, 等. AZ31B 镁合金 TIG 焊接接头的疲劳性能. 机械工程学报, 2007, 43(10): 161-165.

[35] 张丹丹, 曲文卿, 杨模聪, 等. Al-Li 合金搅拌摩擦焊搭接接头的疲劳性能. 北京航空航天大学学报, 2013, 39(5): 674-678.

[36] Hobbacher A F. Recommendations for Fatigue Design of Welded Joints and Components: XII I-1539-96/ XV-845-86. Paris: Internation Institute of Welding, 2002.

[37] 石凯凯. 循环与准静态裂纹扩展的理论和测试方法. 成都: 西南交通大学博士学位论文, 2015.

[38] Paris P C, Erdogan F. A critical analysis of crack propagation laws. J Fluid Eng, 1963, 85(4): 528-534.

[39] Forman R G, Keamey V E, Engle R M. Numerical analysis of crack propagation in cyclic loaded structures. J Basic Eng, 1967, 89(3): 459-463.

[40] 赵永翔, 杨冰, 张卫华. 一种疲劳长裂纹扩展率新模型. 机械工程学报, 2006, 42(11): 120-124.

[41] 郑修麟, 王泓, 鄢君辉, 等. 材料疲劳理论与工程应用. 北京: 科学出版社, 2013.

[42] Bathias C, Pineau A. 吴圣川, 李源, 王清远, 译. 材料与结构的疲劳. 北京: 国防工业出版社, 2016.

[43] Schijve J. Fatigue of Structures and Materials (2nd ed.). New York: Spinger, 2008.

[44] Ellyin F. Fatigue Damage Crack Growth and Life Prediction. London: Chapman & Hall, 1997.

[45] Cui W. A state-of-the-art review on fatigue life prediction methods for metal structures. J Mar Sci Technol, 2002, 7(1): 43-56.

[46] Park J H, Song J H, Lee T, et al. Implementation of expert system on estimation of fatigue properties from monotonic mechanical properties including hardness. Procedia Eng, 2010, 2(1): 1263-1272.

[47] 钟群鹏, 周煜, 张峥. 裂纹学. 北京: 高等教育出版社, 2014.

[48] Hutchinson J W. Plastic stress and strain fields at a crack tip. J Mech Phys Solids, 1968, 16(5): 337-342.

[49] Rice J R, Rosengren G F. Plane strain deformation near a crack tip in a power-law hardening material. J Mech Phys Solids, 1968, 16(1): 1-12.

[50] Ramberg W, Osgood W R. Description of stress-strain curves by three parameters. Technical Note 902, National Advisory Committee for Aeronautics, Washington, 1943.

[51] Kujawski D, Ellyin F. On the size of plastic zone ahead of a crack-tip. Eng Fract Mech, 1986, 25(2): 229-236.

[52] Rice J R. Stresses due to a sharp notch in a work-hardening elastic-plastic material loaded by longitudinal shear. J Appl Mech, 1967, 34(2): 287-298.

[53] McClintock R A. Discussion of fracture testing of high strength sheet marterials. Mater Res Standards, 1961, 1: 277-279.

[54] Rice J R. Mechanics of Crack Tip Deformation and Extension by Fatigue. ASTM Special Technical Publication, 1966, 415: 247-311.

[55] Toda H, Maire É, Yamauchi S, et al. In situ observation of ducile fracture using X-ray tomography technique. Acta Mater, 2011, 59: 1995-2008.

[56] Pandey K N, Chand S. Fatigue crack growth model for constant amplitude loading. Fatigue Fract Eng Mater Struct, 2004, 27(6): 459-472.

[57] Shi K K, Cai L X, Chen L, et al. Prediction of fatigue crack growth based on low cycle fatigue properties. Int J Fatigue, 2014, 61: 220-225.

[58] Wu S C, Zhang S Q, Xu Z W, et al. Cyclic plastic strain based damage tolerance for railway axles in China. Int J Fatigue, 2016, 93: 64-70.

[59] Shi K K, Cai L X, Bao C, et al. Structural fatigue crack growth on a representative volume element under cyclic strain behavior. Int J Fatigue, 2015, 74: 1-6.

[60] Führing H, Seeger T. Dugdale crack closure analysis of fatigue cracks under constant amplitude loading. Eng Fract Mech, 1979, 11(1): 99-122.

[61] Newman Jr J C. A crack closure model for predicting fatigue crack growth under aircraft spectrum loading. ASTM STP, 1981, 748: 53-84.

[62] Newman Jr J C. FASTRAN-II—a fatigue crack growth structural analysis program. NASA Technical Memorandum 104159, NASA Langley Research Center, Hampton, VA, 1992.

[63] Harter J A. AFGROW users guide and technical manual. Ohio: Air Vehicles Directorate, Air Force Laboratory, Wright-Patterson Air Force Base, 2002.

[64] De Koning A U, Liefting G. Analysis of crack opening behavior by application of a discretized strip yield model. Mech Fatigue Crack Closure, 1988, 982: 437-458.

[65] NASGRO. Fracture mechanics and fatigue crack growth analysis software. Reference Manual, Version 6.0, 2009.

[66] El-Haddad M H, Smith K N, Topper T H. Fatigue crack propagation of short crack. J Eng Mater Tech, 1979, 101: 42-46.

[67] Tanaka K, Nakai Y, Yamashita M. Fatigue growth threshold of small cracks. Int J Fracture, 1981, 17(5): 519-533.

[68] Beretta S, Carboni M. Experiments and stochastic model for propagation lifetime of railway axles. Eng Fract Mech, 2006, 73(17): 2627-2641.

[69] Beretta S, Ghidini A, Lombardo F. Fracture mechanics and scale effects in the fatigue of railway axles. Eng Fract Mech, 2005, 72: 195-208.

[70] Newman J C. A crack opening stress equation for fatigue crack growth. Int J Fract, 1984, 24(4): 131-135.

[71] Savaidis G, Dankert M, Seeger T. An analytical procedure for predicting opening loads of cracks at notches. Fatigue Fract Eng Mater Struct, 1995, 18(4): 425-442.

[72] Madia M, Beretta S. An approximation for the cyclic state of stress ahead of cracks and its implications under fatigue crack growth. Eng Fract Mech, 2011, 78(3): 573-584.

[73] McClung R C, Chell G G, Lee Y-D, et al. Development of a practical methodology for elastic-plastic and fully plastic fatigue crack growth. NASA, Report NASA/CR-1999-209428, 1999.

[74] Liu J Z, Wu X R. Study of fatigue crack closure behaviour for various cracked geometries. Eng Fract Mech, 1997, 57(5): 475-491.

[75] Kim J H, Lee S B. Fatigue crack opening stress based on the strip-yield model. Theor Appl Fract Mech, 2000, 34(1): 73-84.

[76] Newman J J, Bigelow C A, Shivakumar K N. Three-dimensional elastic-plastic finite-element analyses of constraint variations in cracked bodies. Eng Fract Mech, 1993, 46(1): 1-13.

[77] Beretta S, Carboni M, Madia M. Modelling of fatigue thresholds for small cracks in a mild steel by "strip-yield" model. Eng Fract Mech, 2009, 76(10): 1548-1561.

[78] Beretta S, Carboni M. Variable amplitude fatigue crack growth in a mild steel for railway axles: experiments and predictive models. Eng Fract Mech, 2011, 78(5): 848-862.

[79] Zerbst U, Beretta S, Köhler G, et al. Safe life and damage tolerance aspects of railway axles-A review. Eng Fract Mech, 2013, 98: 214-271.

[80] Maierhofer J, Pippan R, Gänser H P. Modified NASGRO equation for physically short cracks. Int J Fatigue, 2014, 59: 200-207.

[81] Luke M, Varfolomeev I, Lütkepohl K, et al. Fatigue crack growth in railway axles: Assessment concept and validation tests. Eng Fract Mech, 2011, 78: 714-730.

[82] Wu S C, Xu Z W, Yu C, et al. A physically short fatigue crack growth approach based on low cycle fatigue properties. Int J Fatigue, 2017, 103(6): 185-195.

[83] Lynch S P. Progression markings, striations, and crack-arrest markings on fracture surfaces. Mater Sci Eng A, 2007, 468(45): 74-80.

[84] Wu S C, Withers P J, Xiao T Q. The imaging of failure in structural materials by synchrotron radiation X-ray microtomography. Eng Fract Mech, 2017, 182: 127-156.

[85] Davidson D L, Lankford J. Fatigue crack growth in metals and alloys: mechanisms and micromechanics. Int Mater Rev, 1992, 37(1): 45-76.

[86] Ostash O P, Panasyuk V V, Kostyk E M. A phenomenological model fatigue macro-crack initiation near stress concentrators. Fatigue Fract Eng Mater Struct, 1999, 22: 161-172.

[87] Laird C, Smith G C. Crack propagation in high stress fatigue. Philos Mag, 1962, 7(77): 847-857.

[88] Elber W. Fatigue crack closure under cyclic bension. Eng Fract Mech, 1970, 2: 37-45.

[89] McClung R C. Crack closure and plastic zone sizes in fatigue. Fatigue Fract Eng Mater Struct, 1991, 14(4): 455-468.

[90] Schijve J. Fatigue of Structures and Materials (2nd ed.). Amsterdam: Springer, 2009.

[91] Antunes F V, Chegini A G, Branco R, et al. A numerical study of plasticity induced crack closure under plane strain conditions. Int J Fatigue, 2015, 71: 75-86.

[92] Meggiolaro M A, Castro J T P de. On the dominant role of crack closure on fatigue crack growth modeling. Int J Fatigue, 2003, 25(9): 843-854.

[93] Newman J C, Bigelow C A, Shivakumar K N. Three-dimensional elastic-plastic finite-element analyses of constraint variations in cracked bodies. Eng Fract Mech, 1993, 46(1): 1-13.

[94] Panasyuk V V, Andreykiv O Y, Ritchie R O, Darchuk O I. Estimation of the effects of plasticity and resulting crack closure during small fatigue crack growth. Int J Fract, 2001, 107(2): 99-115.

[95] Toda H, Sinclair I, Buffière J Y, et al. Assessment of the fatigue crack closure phenomenon in damage-tolerant aluminium alloy by in-situ high resolution synchrotron X-ray microtomography. Phil Mag, 2003, 83(21): 2429-2448.

[96] Stock S R. X-ray microtomography of materials. Int Mater Rev 1999, 44(4): 141-146.

[97] De Castro J T P, Meggiolaro M A, De Oliveira Miranda A C. Singular and non-singular approaches for predicting fatigue crack growth behavior. Int J Fatigue, 2005, 27(10): 1366-1388.

[98] Shamsaei N, Fatemi A, Socie D F. Multiaxial fatigue evaluation using discriminating strain paths. Int J Fatigue, 2011, 33(4): 597-609.

[99] Zhao Y X, He C M, Yang B, et al. Probabilistic models for long fatigue crack growth rates of LZ50 axle steel. Appl Math Mech, 2005, 26(8): 2093-1099.

[100] Stephens R I, Chung J H, Fatemi A, et al. Constant and variable amplitude fatigue behavior of five cast steels at room temperature and −45℃. J. Eng Mater Technol,

1984, 106(1): 25-37.

[101] Dowling N E. Mechanical Behaviour of Materials. Englewood Cliffs (NJ): Prentice-Hall, 1999.

[102] Silva F S. The importance of compressive stresses on fatigue crack propagation rate. Int J Fatigue, 2005, 27(10): 1441-1452.

[103] Noroozi A H, Glinka G, Lambert S. A two parameter driving force for fatigue crack growth analysis. Int J Fatigue, 2005, 27(10-12): 1277-1296.

[104] Liu A F. Structural Life Assessment Methods. New York: ASM international, 1998.

[105] 中华人民共和国航空工业部. IIB/Z 112—86 材料疲劳试验统计分析方法. 北京: 中国标准出版社, 1986.

[106] Institution BS. Guide to Methods for Assessing the Acceptability of Flaws in Metallic Structures. BS 7910 British Standards, 2007.

第5章 材料损伤的成像表征

长期以来，材料学家采用破坏性切片观察和断口辨识等手段，根据获得的微结构演化来推证材料及结构的失效模式、路径和机制。然而这种基于表面测量的方法不仅耗时费力，而且观测结果局限于代表性材料的代表性表面，难以真实反映出大体积材料范围内的局部损伤特征，尤其不能原位、实时、动态地观测损伤形核及其长大过程。而力学家采用若干标准试样开展基本力学性能和抗疲劳断裂参数测试，建立了各种细观力学及唯象损伤和寿命演化模型，获得的是一种全域尺度下的平均响应，无法体现材料局域的损伤累积和失效行为。基于上述情况，所建立的服役性能预测模型不仅过于保守，而且不能充分挖掘新材料的应用潜能 [1,2]。

第三代同步辐射光源具备亚微米空间分辨率和微秒时间分辨率以及数百 keV 级的卓越探测能力，是科学家探索物质微观世界的超级探针。研制基于高精度、宽频谱、强穿透同步辐射光源的精密拉伸和疲劳试验机，使得科学家可以透过大体积金属材料，原位、实时、无损、动态三维成像及准确标定材料内部损伤的形核与演化行为。这对于建立考虑表面、亚表面和内部缺陷分布的寿命模型、追溯裂纹演变特性以及准确评估材料服役行为具有无可替代的科学意义 [3,4]。

基于三维图像处理工具将科学数据可视化是精确表征缺陷/裂纹行为和开展性能预测的前提与关键。通常利用专业的三维可视化软件对同步辐射 X 射线成像得到的含缺陷区域依次进行阈值优化、图像分割以及三维重构，最终获得含缺陷的三维几何形貌。为了建立基于材料微结构及其演化的损伤定量关系，需要进一步统计缺陷尺寸、位置和形貌以及建立基于真实微结构演化的仿真模型，从而为材料损伤机制的研究提供更加直观和可靠的科学依据。

5.1 损伤提取与重构

这里所指的损伤特征主要包括气孔、夹杂、未熔合、疏松、微裂纹及其他一些几何和材料不连续。基于同步辐射 X 射线显微断层成像结果，首先利用成像线站配置软件 HPITRE 或 PITRE 和 PITRE_BM 将二维断层图片转换成 8 位切片，再由商用三维数据可视化软件 Mimics 和 Amira 获得缺陷/裂纹的真实空间形貌，利用 3-matic 和 HyperMesh 等软件对前述含真实缺陷的几何模型进行单元网格剖分和优化，再导入商业有限元软件如 ABAQUS、ANSYS 等开展仿真模拟。与此同时，也可以采用 ImageJ 软件对成像数据中的缺陷尺寸、位置和形貌以及裂纹长度等进行统计。图 5.1 给出了同步辐射 X 射线的原位疲劳成像及数据处理流程。

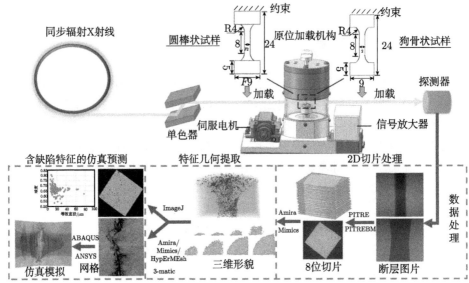

图 5.1   基于同步辐射 X 射线成像的材料疲劳损伤表征原理图

从图中看出，进行材料疲劳损伤表征的核心是把同步辐射高精度成像获取的损伤特征提取出来并形成仿真软件可以无缝导入的有限元模型。一旦完成同步辐射 X 射线成像，新用户将面临如何从海量图像数据 (例如 TB 级数据) 中提取感兴趣图像特征的繁琐处理工作，这一过程有时会持续数月之久。本节介绍两种连接二维图像数据和三维工程学应用的图像处理软件 Mimics 和 Amira，它们均基于阈值分割方法将二维切片数据中感兴趣区域重构为精确的三维模型。

5.1.1.1   基于 Mimics 软件的重构

Mimics 是比利时 Materialise 公司开发的一种交互式医学图像控制系统，为一款模块化结构的软件。该软件包括基础模块如图像导入、分割、可视化、配准、测量和功能模块如快速成型 (RP) 切片模块、MedCAD 模块、仿真模块、STL+ 模块，用户可以根据研究需求进行搭配。图 5.2 给出了基础模块与功能模块之间的连接及其主要应用领域。Mimics® Innovation Suite 中包括 Mimics® 和 3-matic® 等两大模块，后者可在由 Mimics 生成的精确三维模型基础上进行网格优化，能够极大扩展 Mimics 软件在基于成像数据的损伤研究方面的应用广度和深度。

以下以 Mimics Research 19.0 软件界面为例，简要介绍激光选区熔化 Ti-6Al-4V 材料内部疲劳损伤的重构和可视化过程，如图 5.3 所示。

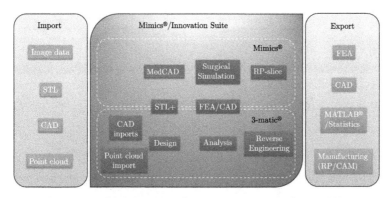

图 5.2　重构系统 Mimics® Innovation Suite 模块化结构

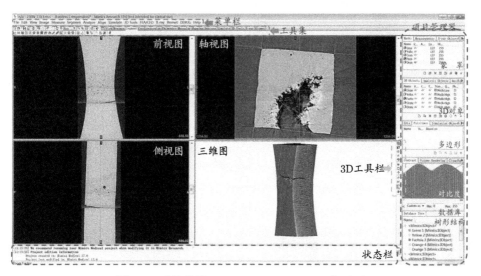

图 5.3　重构软件 Mimics Research 19.0 主界面

> **数据导入**

这里介绍两种数据导入方式：一种通过 File→Open Project 导入后缀名为.mcs 的 Mimics 工程文件；另一种通过 File→New Project Wizard 导入图像文件，Mimics 能够交互式地自动读取 DICOM 文件格式，也可以通过半自动方式导入 TIF、BMP、JPEG 等格式文件，具体数据导入过程如图 5.4 所示。

选择 File→New Project Wizard，在 Images 窗口下导入 800 张 TIF 格式的 8 位切片，将 Import method 设置为 Non-strict DICOM 3.0 后点击 Next。在 Image properties 窗口设置扫描分辨率，此处像素尺寸 X 和 Y 以及层距 Z 均为 3.25 μm，然后点击 Next。在 Edit images 窗口中可通过 Volume crop/resize 调节图像周围的线框大小或由 Pixel mapping 编辑像素映射图属性对图像进行修剪，点击 Next。在

Check Orientation 窗口鼠标选择三视图中字母，标示出图像方向，之后点击 OK。另外，图像处理中可以通过 Image→Change Orientation 随时调整图像方位。

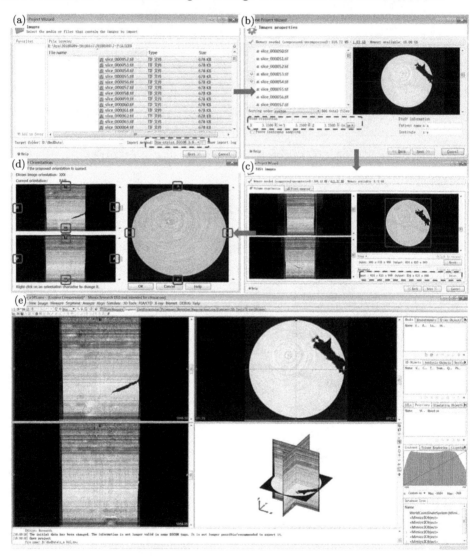

图 5.4　重构软件 Mimics Research 19.0 数据导入流程

　　导入原始 8 位切片后，Mimics 主界面上将显示三个相互关联的视图，右侧视图为轴视图 (xy-view 或 Axial view)，左上视图为前视图 (xz-view 或 Coranal view) 以及左下视图为侧视图 (yz-view 或 Sagittal view)。视图中不同颜色的交叉线代表各视图的等高线 (Contour Lines)，每条指示线标记相关视图的切片，可以在任意视图的任意位置用鼠标点击感兴趣的区域，交叉线便移动至相应位置，所有视图均更新为相关位置的切片。在菜单栏 View→2D Viewports→Indicators 中可选择关闭刻度线 (Trick Marks)、交叉线 (Intersection Lines)、切片位置 (Slice Position) 和方位字符 (Orientation Strings) 等指示。若要去除原始数据中不理想的切片，可在 Image→Organized Images 进行操作。

> **阈值分割**

阈值分割是从二维图像中提取三维几何信息的极其重要的一个环节，是开展疲劳损伤定量表征的最核心节点。从海量图像中准确辨识和提取出真实的缺陷几何特征，直接关系到后续网格模型中最小单元的尺寸和计算规模的大小，以及仿真模拟结果的合理性、有效性与可靠性。Mimics 软件中包含了多种工具能够帮助用户实现感兴趣区域的有效标定和提取。基于阈值进行缺陷辨识和提取的步骤主要包括阈值分割、区域增长和三维模型重建。具体地，阈值分割是通过选择一定像素灰度值的范围来定义分割的对象，多数情况下需要用户定义阈值的上下界，保留所有灰度值在上、下界之间的像素，进而分割蒙罩 (Mask)。因此若不能准确分割和提取出缺陷特征，将无法重构出真实的缺陷几何特征。

如图 5.5 所示，选择分割工具栏 Segment→Profile Line 进行操作。首先在右侧的轴视图中画一条穿过缺陷 (本算例中为裂纹) 的直线，可在增材材料处单击左键确定直线的起点，拖动鼠标穿过裂纹后标记出终点，进而产生沿该标定直线各位置的阈值分布。点击 Start thresholding，上下拖动绿色界线观察三视图中绿色区域的变化以确定合适的阈值，之后再点击 End thresholding 保存当前阈值。或者选择工具栏中 Segment→Thresholding，通过移动滑动条来确定阈值范围。

如何定义一个最优阈值取决于用户的建模目的，也与用户对研究问题的关注角度密切相关。例如当最低阈值降低后，发现只选择了裂纹而过滤掉增材材料中缺陷，当选择一个较高阈值时，则可能未全部标定出裂纹；相反，当最高阈值降低后，发现仅能够保留无裂纹的部分，当选择一个较高阈值时，则可能只选择了裂纹。为选择一个合适的阈值，分割过程中可能需要放大图像局部，通过鼠标右键选择 Zoom，在图像上单击鼠标左键，拖动矩形框就可以放大局部感兴趣的区域，右击 Unzoom 则返回整个视图。阈值设置操作后，在项目管理器中会创建一个绿色蒙罩 (Mask)，一个项目中可以存在不同蒙罩，但仅能在被选中的有效蒙罩 (被激活) 上进行操作，若想隐藏某些蒙罩，点击其后眼镜标志即可。

> **区域增长**

区域增长是指从阈值分割的对象中分离掉离散的像素，仅保留相互连接像素的过程。图 5.6 所示为利用区域增长的方法将裂纹和一些离散像素从裂纹上分离出来的实例。选择工具栏中 Segment→Region Growing，勾选 Multiple layer，不选 Keep Original Mask，区域增长将在多层切片而不只是在一层进行，点击裂纹区域，此时所有 Green Mask 中的相连像素被添加到新的 Yellow Mask 中。

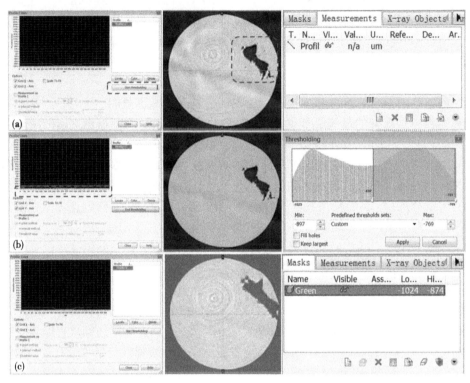

图 5.5　基于 Mimics Research 19.0 的裂纹阈值分割过程

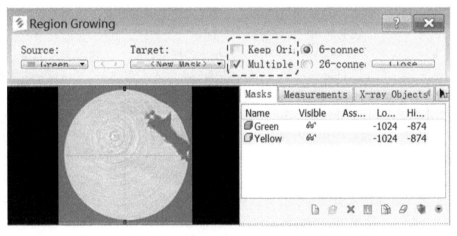

图 5.6　重构软件 Mimics Research 19.0 的区域增长过程

> **图像可视化**

对感兴趣的特征完成阈值优化后,就可以应用 Calculate 3D 工具针对被激活的 Mask 生成三维模型,完成从二维切片到三维实体的变换。具体地,在 Mask 标签栏中激活要生成实体的蒙罩,点击 Calculate 3D from mask,在弹出的 Calculate 3D 对话框中包含不同的模型可视化质量。选择高质量的设置需要更长的计算时间,但三维模型的计算会更加精确,这将直接影响后续有限元分析模型的规律。确定相应模型质量后点击 Calculate 进行计算,此时可能会弹出一个窗口提示要生成的模型包含多个部分,点击 Yes 后继续。图 5.7 所示为裂纹模型的计算过程。

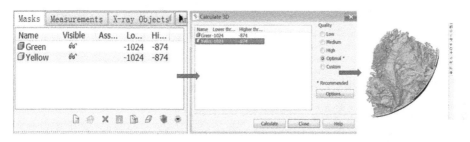

图 5.7　基于 Mimics Research 19.0 的裂纹三维建模过程

利用 3D 工具栏可对三维模型进行编辑,包括旋转、缩放、移动和设置透明度等。例如选择 Toggle Transparency 将三维模型设置为透明,进而单击 3D Object 标签栏透明度选项选择不同的透明程度 (High-Medium-Low-Opaque);在三维图中鼠标右键选择三维模型,在 Color 选项里可编辑生成模型的颜色。最后选择菜单栏 File→Save Project,项目文件以.mcs 格式保存至默认路径。此外,通过 File→Export 还可以将三维模型以多种格式输出,如可直接导入 3-matic 进行网格优化以及导入有限元软件进行仿真模拟等,输出时需要选中欲导出的对象。

5.1.1.2　基于 Amira 软件的重构

Amira 是澳大利亚 Visage Imaging 公司开发的一款模块化的三维可视化及建模软件,它能够将医学、生物、物理和材料科学等工程应用中生成的科学数据实现可视化,在成像数据处理领域应用广泛,是科学数据后处理的重要步骤。Amira 软件的核心功能包括直接体绘制、等值面、图像分割、表面重构、表面简化及生成四面体网格。利用 Amira 软件可将二维切片像素数据生成三角形表面网格和四面体网格,进行计算分析。此外,Amira 软件还提供了一种通用型的交互式三维图像浏览器。这里以 Amira 5.4.3 软件界面操作为例,简单介绍激光复合焊接 7020-T651 铝合金内部气孔的三维重构及可视化过程,界面如图 5.8 所示。

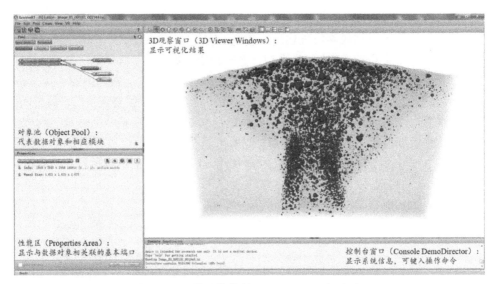

图 5.8　三维重构软件 Amira 5.4.3 主界面

> ## ➤ **数据导入**

　　若原始数据为 Amira 支持的标准文件格式，如 TIFF 和 JPEG 等，只需要通过 File→Open data 导入即可。若原始数据非 Amira 支持的标准格式，则需要用户自己编辑一个格式转换器或输出滤波器。通常，系统会自动分析文件头或文件名后缀来识别文件格式。图 5.9 所示为导入的 2027 张 TIFF 格式的切片数据，随机选择一组图像文件，所有切片将自动合并成为一个三维数据集合。根据数据量的大小，数据加载到系统中所需的时间不等。数据文件以 Amira 软件默认的 AmiraMesh 格式保存。

　　选择菜单栏 File→Open data，选中需要导入的切片数据，数据量过大时会弹出警告窗口，选择 Read complete volume into memory，之后在 Image Read Parameters 窗口中设置像素尺寸和层距大小。完成数据导入后，在左侧对象池 (Object Pool) 中会增添一个绿色模块，此处命名为 Porosity.tif，代表导入数据对象集。选择该图标，在属性区 (Properties Area) 将显示与其相关的尺寸等信息，若要关闭这些信息，鼠标随意点击对象池空白区即可。此外，在属性区 (Properties Area) 的数据对象右侧有一系列按钮，即编辑器，主要针对数据对象进行交互式操作。例如 Parameter editor 用来编辑数据的特征属性，即文件名、原始数据尺寸和范围限制框等；Transform editor 用来对极坐标下的数据进行移动和旋转，点击编辑器图标启动一个编辑器，再次点击则关闭该编辑器。

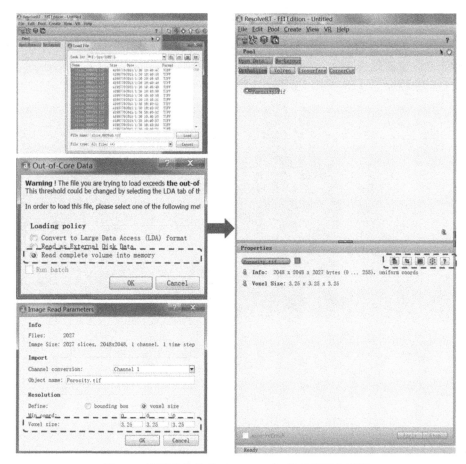

图 5.9 基于重构软件 Amira 5.4.3 的数据导入过程

图 5.10 给出了二维切片到三维模型的详细重构过程。对象池 (Object Pool) 中每一个模块均有弹出菜单, 在弹出菜单窗口可以选择适用于该模块的相关操作。例如点击 Porosity.tif, 选择 OrthoSlice, 将生成一个新的红色模块 OrthoSlice, 自动用蓝色线条连接数据对象; 与此同时, 在 3D 观察窗口可以看到一组垂直于 Z 方向的焊缝二维切片。选择 OrthoSlice, 在属性区 (Properties Area) 可见排列的按钮和滑杆, 每排代表一个端口 (Port), 用户可调整控制参数。通常, 每一排最左端为端口名称, 如以 Slice Number 标注的端口, 可利用滑杆改变图像切片数字, 在观察窗口可见与切片数字相对应的切片位置。再如点击 Porosity.tif, 选择 Volren, 在对象池 (Object Pool) 中将生成一个新的黄色模块 Volren, 该模块同样会与数据对象自动连接, 与此同时在 3D 观察窗口可以看到由 Volren 生成的焊接接头三维形貌。选择 Volren, 在属性区 (Properties Area) 可以对 Volren 模块信息进行编辑, 如颜色

等。在对象池 (Object Pool) 中每个模块上均有两个小方块，最右侧方块颜色为橙色，表明在 3D 观察窗口中将显示与该模块相关的操作结果，若想隐藏该结果，可点击该方块使其变成灰色。在对象池 (Object Pool) 右下方有一个删除图标，将模块拖到删除图标上直至显示出叉形即可删除相关模块操作。

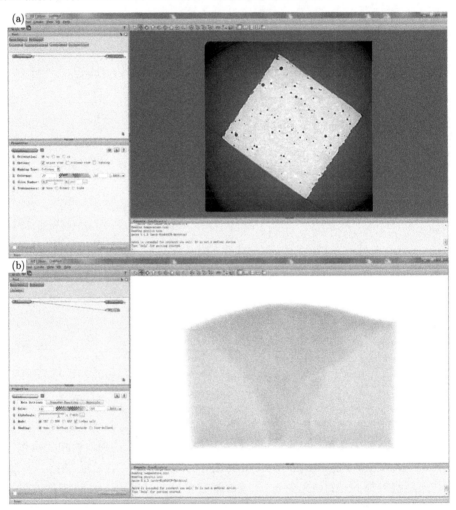

图 5.10　基于 Orthoslice 和 Volren 操作交互使用观察器

> **阈值分割**

　　分割是给图像每一个像素分配一个标签及标明该像素所属的区域及其材料属性，例如一个像素代表焊缝某一部分或气孔特征等。分割后的数据以单独的数据对象保存，称为标号场 (LabelField)。Amira 用于三维图像分割的组件为图像分割编辑器 (Image Segregation Editor)，包含从手工分割到全自动分割的多种分割工具，

如画笔刷 (Brush)、套索 (Lasso)、魔法棒 (Magic wand)、阈值设置 (Threshold)、智能剪刀 (Intelligient Scissors)、轮廓拟合 (Contour fitting) 以及轮廓插值和外推 (Contour interpolation and extrapolation) 等。此外，还包括平滑和净化图像等多种滤波器。本小节介绍 Amira 软件基于阈值分割方法的激光复合焊缝内部气孔三维图像分割步骤，如图 5.11 所示，该方法通常适用于图像质量较好的原始数据。

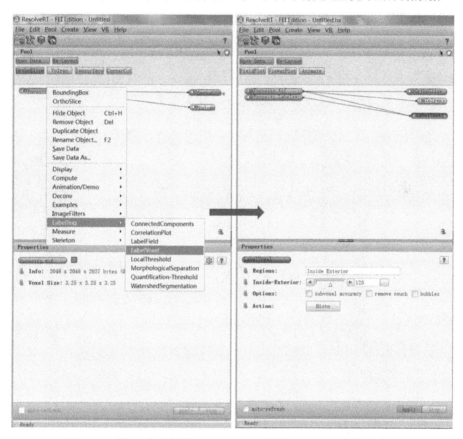

图 5.11　激光–复合焊接 7020-T651 焊缝内部气孔阈值分割过程

阈值分割也可以基于图像灰度值差异进行。将欲选对象与背景分离，可将对象在像素基础上分割为内部区域和外部区域来实现。具体地，鼠标右键点击 Porosity.tif 图标，在 Labelling 子目录中选择 LabelVoxel，此时在对象池 (Object Pool) 中将显示一个红色 LabelVoxel 模块，并与数据对象相关联。在属性区 (Properties Area) 与 LabelVoxel 模块相关的控制面板中，将 Exterior Inside 端口改为 Inside Exterior，然后点击 Apply，所有灰度值低于阈值的像素均归为内部，而灰度值等于或大于阈值的像素都划分为外部。由此，添加了一个 Porosity.Label 数据对象，数据类型为 LabelField，它代表与 Porosity.tif 尺寸相同的立方体网格。

　　但在实际阈值分割中不可避免地会存在伪影，即并非真正属于对象的一部分，或本该属于对象而未被选中的部分，因此需要手动调节阈值，对像素进行微调。选中 Porosity.Label 模块，打开主界面上方的图像分割编辑器 (Image Segregation Editor)，选择 Inside，即将所有图像中被选像素分配到材料 Inside 中，如图 5.12 所示的所有红色区域，点击魔法棒 (Magic wand)，若对所有图像切片进行调整，则要勾选魔法棒下方的 All slices，若对图像切片单张精细微调，则不需选中 All slices。用魔法棒 (Magic wand) 点击需要调整的图像区域，在左侧通过输入阈值大小或调节阈值滑杆以达到合适的区域形貌，通过点击 Selection 中 Add selected voxels + 或 Substact selected voxels-按钮以添加或删除相关像素。

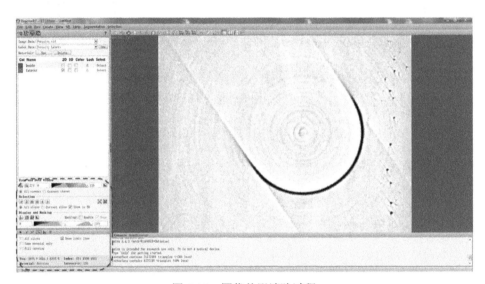

图 5.12　图像伪影消除过程

> **图像表面重构**

　　图像表面重构是利用像素数据集来代表三维物体的像。返回对象池 (Object Pool) 选择 LabelField 模块中 Isosurface，将气孔调整为透明 Transparent，然后点击 Apply，在 3D 观察窗口将显示出气孔的三维形貌，在与该模块对应的属性区 (Properties Area)Colormap 选项中可编辑气孔颜色，如图 5.13 所示。若对重构细节不满意，则可返回上一步阈值分割精细调节阈值范围。

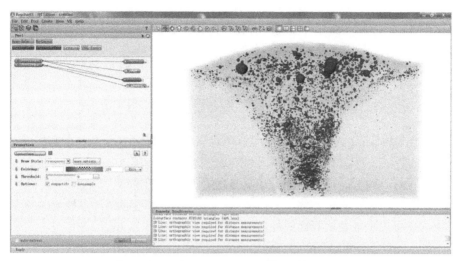

图 5.13 激光–复合焊接 7020-T651 焊缝内部气孔三维重构过程

重构工作完成后，就可以应用工具栏中照相机截图功能输出 3D 观察窗口中的三维重构特征图像。此外工具栏中还包括 Measure 测量工具可对焊缝和气孔进行简单测量，确认输出三维图片的比例。对于 Amira 软件三维可视化数据的保存，鼠标右键选中 LabelField 模块，将其另存为 3D.tif 文件格式。该文件可直接导入 ImageJ 软件对选中的焊缝气孔进行数量、尺寸、位置、分布及形貌统计。选择 File→Save Network 将保存对象池中显示的所有图标连接网络。

5.2 缺陷信息统计

除了前述 Mimics 和 Amira 软件，还有两款图像处理软件是科学数据的标准处理程序，即 ImageJ 和 Avizo 软件，后者与 Amira 软件同属澳大利亚 Visage Imaging 公司。ImageJ 软件是由美国国立卫生研究院基于 java 技术开发的一款三维可视化及分析软件，它支持 TIFF、PNG、GIF、JPEG、BMP、DICOM 和 FITS 等格式文件，可流畅运行于 Microsoft Windows, Mac OS, Mac OS X, Linux 与 Sharp Zaurus 等多种平台。ImageJ 软件支持图像栈功能，即在一个窗口以多线程形式层叠多个图像进行并行处理，只要内存允许，ImageJ 软件能够打开任意多张图像进行处理。除基本的图像操作如缩放、旋转、扭曲和平滑外，ImageJ 还能进行图像区域和像素统计以及间距和角度计算等。ImageJ 软件支持用户自定义插件和宏。

这里，我们主要利用 ImageJ 软件的插件基于图像区域和像素统计对激光复合焊接 7020-T651 铝合金内部气孔的数量、尺寸、位置、分布及形貌定量化表征。ImageJ 软件主界面较为简洁，如图 5.14 所示。

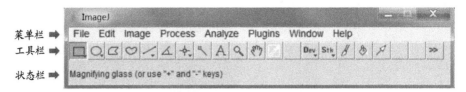

图 5.14　图像软件 ImageJ 的主界面功能

通常由 File→Import→Image sequence 导入一组 8 位切片，也可以通过 File→ Open 选择在 Amira 软件保存的已分割完成的焊缝气孔类 3D.tif 文件。在状态栏中可见数据导入进程，待数据导入后会自动弹出一个新窗口，如图 5.15 所示。窗口的上方标注有数据文件名称、像素尺寸、文件类型以及大小等信息，拖动窗口下方的滚动条可用于显示所有已经导入的图像切片。

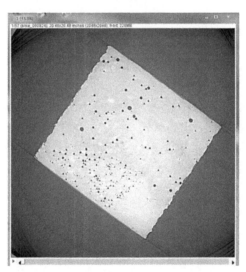

图 5.15　数据重构软件 ImageJ 导入的图像文件

通过 ImageJ 软件的菜单栏 Analyze→Set Scale 可以设置标尺大小。由于同步辐射 X 射线成像所用的像素尺寸为 3.25 μm，因此在弹出的 Set Scale 对话框 Know distance 中填入 3.25，Unit of length 处输入单位 μm。这样就建立了像素尺寸与实际长度之间的关系，勾选 Global 按钮，代表对所有图片采用该标尺。

完成图像文件导入后，就可通过 ImageJ 软件的菜单栏 Image→Ajust→Threshold 进行阈值设置。一般来说，选取的阈值要高于图像本身的某一特定值 (这里主要为气孔)，以便于后续气孔辨识，如图 5.16 所示。在弹出的 Threshold 窗口中通过拖动两个标杆设置阈值，然后点击 Apply，所有切片将转换为二元图。此外还可以自动设置阈值，依次点击菜单栏 Process→Binary→Make Binary 进行操作。应该指出，阈值设置是否合适对于后续缺陷统计及特征提取和仿真建模工作至关重要。上述步骤主要针对的是导入的原始二维切片数据，对于 Amira 软件保存的已完成分割的气孔 3D.tif 文件则较为简单。另外，在阈值设置之前，还可以通过菜单栏 Image→Ajust→Brightness/Contrast 反复调节二维切片的明暗对比度，便于生成更高质量的特征图像。

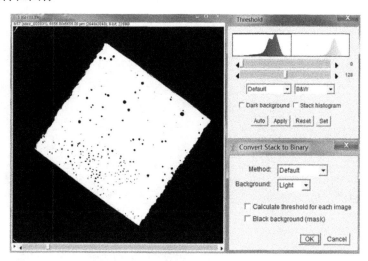

图 5.16　基于 ImageJ 软件的阈值设置

阈值设置后，通过 Plugins→3D→3D manager 进行图像分割和统计，包含 Settings、3D Segmentation、Add image 和 Measure 3D 等图 5.17 所示四个功能。

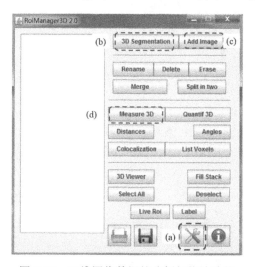

图 5.17　三维图像数据的分割与统计功能

首先在图 5.17(a) 所示 Settings 中预先勾选出需要统计的信息，然后点击图
5.17(b) 上按钮 3D Segmentation 进行分割，此时会显示出分割结果的新窗口，其中
灰色区域为统计对象。然后选择 Add images，在对话框左侧会显示全部分割对象编
号及数量，数据大小不同则处理时间不等，如图 5.17(c) 所示。最后点击图 5.17(d)
所示的按钮 Measure 3D，此时会弹出一个 log 结果文件，即对已分割图像针对预
先设置的统计信息输出的统计结果。图 5.18 给出了以上四个步骤的显示结果。

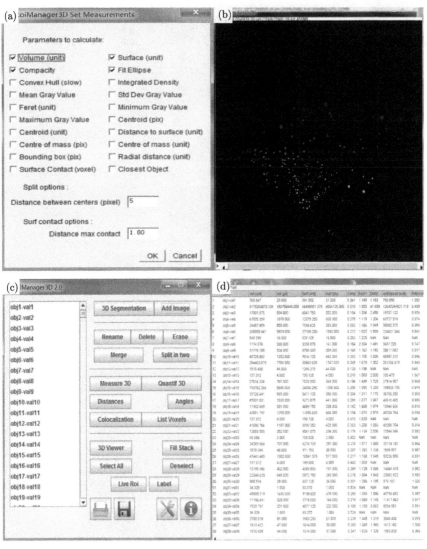

图 5.18　基于 ImageJ 软件的图像分割及统计过程

5.3 网格模型优化

基于 X 射线断层扫描的三维重构能够捕捉材料裂纹萌生和扩展的状态信息，而基于缺陷真实形貌、大小和分布的仿真模拟可以获取材料连续变形过程及相应的应力应变场，现已成为材料疲劳损伤机制研究的热点之一。本小节将简单介绍激光复合焊接 7020-T651 铝合金中裂纹模型优化过程。

前面章节讲述通过 Mimics 软件生成的三维裂纹表面可由适用于数值模拟的三角形网格来表示，用户可以自行增加或减少表面模型中的三角形数量。网格优化借助了 Mimics® Innovation Suite 中另一个软件 3-matic® 的 STL+ 模块。该模块 robust 算法能够帮助用户优化有限元分析所需要的三角形网格，算法直观，操作灵活。3-matic 是一个能够将几何模型 (CAD) 与网格预处理整合一起的独特软件，它能够输入 CAD 数据，还可以将图像数据转化为 CAD 数据，使其成为 CAD 建模中的有益补充。表面网格优化后，可以直接将其转化为体网格，并且还能够基于图像灰度值为体网格赋予材料属性，直接与有限元软件无缝衔接。优化的网格模型能够以大多数商业前处理器的文件格式导出，如 ANSYS、ABAQUS、Fluent 以及MCS. Patran/Nastran 等。3-matic 软件的主界面如图 5.19 所示。

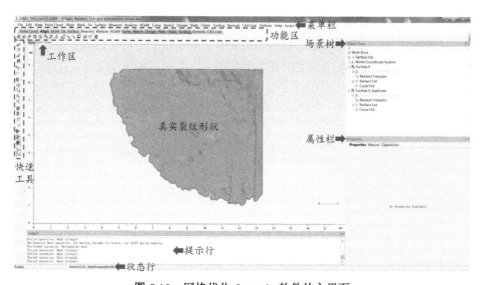

图 5.19 网格优化 3-matic 软件的主界面

3-matic 软件可以利用 File→Open Project 导入项目文件，默认的文件类型为.mxp，也可以在 Mimics 软件中通过 File→Export→3-matic 直接打开项目文件。

在属性栏中检查裂纹表面的三角形数量和质量。为减少裂纹微小几何特征导致网格剖分的困难，在功能区 Fix 标签中选择应用 Smooth，依据默认参数对裂纹面的网格模型平滑化处理。之后通过功能区 Fix 标签选择按钮 Reduce 减少三角形数量，调整 Flip threshold angle 和 Geometrical error，过程如图 5.20 所示。

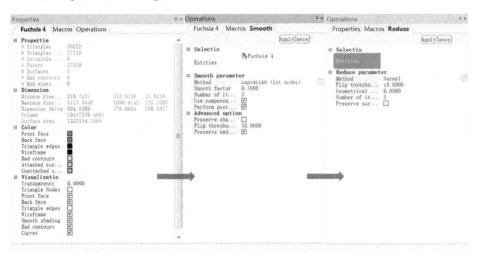

图 5.20　基于 3-matic 的裂纹面网格优化设置

在 3-matic 的功能区 Remesh 标签中选择 Inspect Part，打开 Inspection Page，并在质量参数 (Quality parameter) 中将形态测量 (Shape measure) 调整为 Height/Base (N)，确定将直方图参数 (Histogram parameters) 中 Current measure 设置为 Shape measure。同时，在直方图中调整滑条为 0.5，选择 Color low quality triangles，工作区中会显示出裂纹面网格模型中三角形形貌比低于 0.4 的所有三角形。三角形颜色与直方图条形柱相对应，即形貌比低于 0.1 质量的三角形显示为红色，接近 0.5 质量的三角形显示为绿色，高于 0.5 质量的三角形保留原来颜色。单元形貌比是衡量网格质量的重要指标之一，越小表示网格越扭曲，因此后续基于形貌比 0.5 进行裂纹的网格划分。在功能区 Remesh 标签中选择 Adaptive Remesh 进行网格划分，调整 parameter，忽略 local remesh parameter 并应用操作。进一步选择并控制最大边缘长度 (Control triangle length)，应用 Adaptive Remesh 功能。最后在保证质量的同时，减少三角形数量，选择功能区 Remesh 标签中 Quaility Preserving Reduce Triangles，调节相关网格参数。上述过程最终优化结果如图 5.21 所示。

通过网格优化获得较为满意的表面网格质量后，接下来可根据需求创建体网格。首先要在场景树中复制已优化的网格模型。应用 Standard Section-Y 面作为剪切面剪切三维模型。在功能区 Remesh 标签中选择 Create Volume Mesh。定义 Maximum edge length 为 0.05，将 Shape measure 设置为 Aspect ratio (A)，质量阈值为 25，忽略 local volume mesh parameters，如图 5.22 所示。

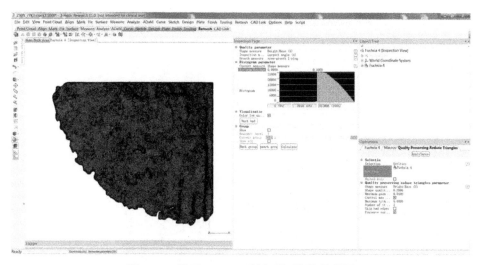

图 5.21 基于 3-matic 裂纹面网格优化结果

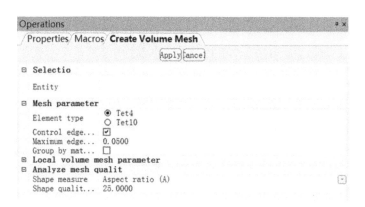

图 5.22 基于 3-matic 创建裂纹体网格

把 3-matic 模块创建和优化的面网格和体网格模型直接导入仿真软件进行分析，或者结合 HyperMesh 软件对网格模型进一步优化。例如在 Mimics 软件中精确重构出疲劳裂纹后，进而通过 3-matic 进行网格优化，然后将裂纹植入接头试样内部相应位置，再利用 HyperMesh 对试样部分网格划分 (见图 5.23)。

5.1 节 ~ 5.3 节阐述了利用三维可视化软件 Mimics、Amira 和 ImageJ 进行科学数据处理的方法与技巧，这一步骤也适用于传统的扫描电镜 (SEM) 等方法获取的二维图片。成像空间精度越高，获得的损伤特征越准确，生成三维模型和开展多尺度力学响应分析的结果也越真实。这一数据处理过程实际上不仅指导着科学工作者要善于处理海量数据得到预期实验结果，同时也给力学学科的学者提供了把"实验研究"的真实数据与"仿真模拟"的试错假设统一起来进行研究的新思路。

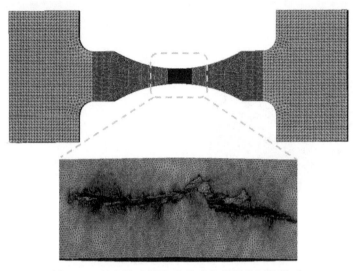

图 5.23　熔焊接头原位疲劳成像的裂纹网格模型

5.4　铝合金的损伤行为

中高强度铝合金以优良的综合力学性能成为现代载运装备的优选结构材料 [5]。作为铝合金结构的重要制造方法，焊接与铸造同属一个快速凝固的非平衡过程，从导致材料在成分、组织和性能上的不均匀性 [6]。尤其是在熔焊冷却过程中，强化相大量溶解、分解与长大，接头会出现严重的软化现象 [7]。与此同时，焊接和铸造过程不可避免形成气孔、夹杂、微裂纹等缺陷，在外加疲劳载荷下形成应力集中，严重影响了材料的承载能力 [1,5,8-11]。

鉴于铝合金密度约为钢材料的三分之一，对于同步辐射 X 射线吸收成像来说，材料密度越小，能够穿透的材料体积就越大，越有利于采用较大尺寸试样开展实验研究，可以尽可能减少尺寸效应的困扰。同时，国内外研制的原位加载机构的试验能力尚不足以提供更大载荷和工作频率。这也是当前国内外学者倾向采用铝合金进行基于同步辐射 X 射线成像的缺陷表征与疲劳行为研究的主要原因之一。当然如果光子能量足够高，这一问题将会大大缓解。

5.4.1　熔焊铝合金

众所周知，焊接结构的服役安全性很大程度上取决于接头的微观组织、应力分布及几何特征。目前，铝合金焊接以熔化极惰性气体保护焊 (MIG) 和钨极氩弧焊

(TIG) 等传统弧焊为主，而这些熔焊方法存在热输入大、接头软化和变形严重等问题 [2,5,8]。作为一种具有巨大发展潜力的新型特种制造技术，激光焊接 (LBW) 能够部分克服上述问题，但也存在激光反射率大、熔池稳定差、装配要求高及气孔控制难等问题。而激光–电弧复合焊接技术兼有激光与电弧两种热源的优点，是航天、高铁、舰船等结构轻量化的首选焊接方法 [2,7,8,12,13]。

研究发现，高能量密度热源焊接后，焊缝区强度损失严重。对于可热处理强化铝合金，焊缝凝固中强化相形成至关重要，其尺寸和分布影响着焊缝强度和硬度。Cam 等基于 X 射线能谱分析 (EDS) 发现强化元素 Zn 和 Mg 发生了重新分布，认为液化晶界上形成的大颗粒 Mg_2Zn 相是导致电子束焊接 (EDW) 中强度铝合金 7020 强度损失的重要原因 [14]。Hu 和 Yan 等发现激光复合焊接高强度铝合金 7075 和 2A12 的显微硬度较低，认为是主要合金元素富集于焊缝的枝晶界并形成低熔点共晶所致 [15,16]。著者利用先进的高通量同步辐射 X 射线荧光探测技术 (SR-μXRF) 揭示了铝合金 7075 激光复合接头强度和硬度损失的机制，发现主要强化元素蒸发烧损 (见图 5.24) 与重新分布是接头强度降低的本质原因，强化相变异 (长大和溶解) 则是关联因素；由于起主要强化作用的合金元素 Zn 和 Cu 的损失，导致铝合金接头即使经过后热处理也难以恢复至母材的强度水平 [7,9]。因此认为，若要改善铝合金熔焊接头的强度和硬度，应合理地补充和调节焊缝中强化元素含量；或者寻求合适的工艺手段，包括焊前和焊后适当补充一些强化元素以恢复母材的固有时效状态，应是提高熔焊接头承载性能的重要课题 [17]。

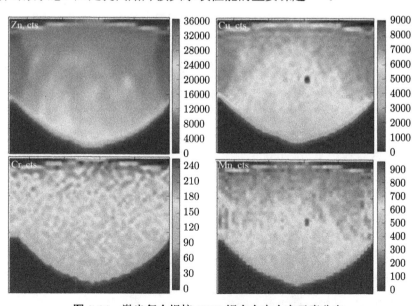

图 5.24 激光复合焊接 7075 铝合金中合金元素分布

元素分布揭示了接头上部硬度高于下部及两边和中心的原因 [2,7]。同时，热输入越大，焊缝强度和硬度越低，这就是所谓的接头软化现象。另外，元素 Mg 的蒸发也不容忽视，但焊丝可有效弥补这一损失。图 5.25 给出了 EDS 探测熔焊接头中元素 Mg 和 Zn 的浓度分布。结果发现，不同厚度方向上焊缝中两种元素分布规律完全相反，其中元素 Zn 分布规律与图 5.24 基本一致。

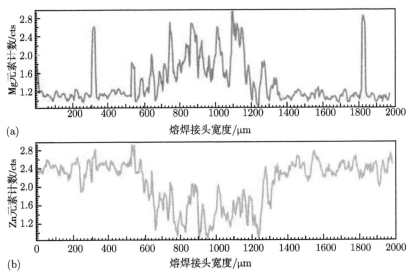

图 5.25　铝合金熔焊接头横截面上元素分布

(a)Mg 元素；(b)Zn 元素

我们知道，微观组织决定宏观性能，尤其是静载力学性能。实际服役过程中，材料及结构要承受疲劳载荷作用。因此，铝合金结构的疲劳性能与焊缝微观组织和缺陷的分布有关。迄今为止，著者采用同步辐射 X 射线成像开展了多种激光复合焊接铝合金的疲劳损伤研究，包括中强度 7020-T651 铝合金、高强度 7050-T7451 铝合金和 7075-T6 铝合金及高强度 2A97-T3 铝锂合金。

以激光复合焊接 7020-T651 铝合金气孔研究为例，母材板厚为 2 mm，激光功率为 3.0 kW，电流为 100 A，电压为 19.7 V，焊接速度为 6 m/min，氩气流量为 1.5 L/min。图 5.26 给出了 3 个接头中气孔的三维形貌及其分布。可以看出，气孔分布具有规律性，以焊缝中心呈现近似的对称分布，尺寸较大的气孔分布于焊缝上部，小尺寸的气孔则弥散于焊缝。这主要是由于焊缝首先在冷态母材处凝固，然后快速推向中心和上部，气孔来不及长大上浮和逃逸便遗留在焊缝内。

从宏观形貌上看，这些气孔多为近球形的冶金型气孔，扫描电镜下冶金型气孔的内壁光滑洁净，且枝晶端头紧密而规则排列 [2,18]。需要指出的是，接头内部还可能存在有工艺型缩孔，通常是匙孔 (keyhole) 瞬间失稳形成。激光匙孔是指激光束汇聚到较小的点上,在该点形成的较高入射功率密度使局域金属汽化,从而在液体熔池中形成的一个小孔。多种因素如材料不均匀性、保护气流扰动、熔滴过渡不稳等均能引发激光匙孔的不稳定性。气孔的存在降低了接头的承载能力,尤其是那些位于焊缝表面或者余高去除后露出表面的较大尺寸气孔会成为应力集中区域,在疲劳加载作用下,形成微裂纹,导致接头的失效破坏。

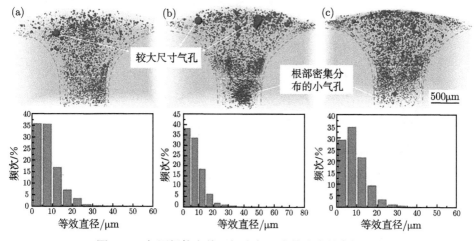

图 5.26 相同焊接参数下气孔在 3 个接头内的空间分布

图 5.27 给出了去除余高后接头表面单个气孔起裂的成像结果。可以看到,裂纹萌生后扩展为规则的四分之一椭圆或者圆形。其他表面上虽然也有微裂纹形成,但均未形成可以扩展的长裂纹。另外,疲劳裂纹在扩展中穿越了部分气孔,与微观结构一起形成复杂的裂纹前缘。

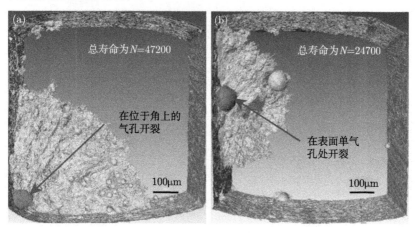

图 5.27 接头去余高后疲劳裂纹形成于表面

(a) 棱角气孔;(b) 表面气孔

　　然而，当表面不存在明显的缺陷时，亚表面缺陷也可能在疲劳加载条件下形成裂纹。第 6 章将从数值仿真角度揭示气孔位置与应力集中的关系。图 5.28 给出了去除余高接头亚表面多个小气孔起裂的实验结果 [19,20]。

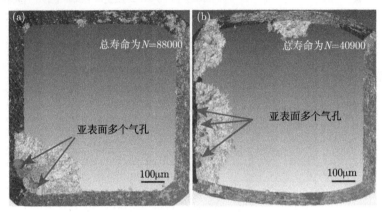

图 5.28　接头去余高后疲劳裂纹形成于亚表面

(a) 棱角气孔；(b) 表面气孔

　　借助原位 SEM 疲劳加载和基于 X 射线成像的准原位试验，著者调查了 5 个含余高的激光复合焊接 7075-T6 铝合金中疲劳裂纹萌生行为。研究发现，随着循环加载的增加，接头内部气孔体积分数逐渐增大，较大尺寸气孔发生了扭曲变形，其中最易诱导裂纹萌生的气孔等效直径约为 50 μm，位置约为母材上平面以下 250 μm 左右 [21-23]。图 5.29 给出了接头中气孔诱导疲劳开裂的统计结果。

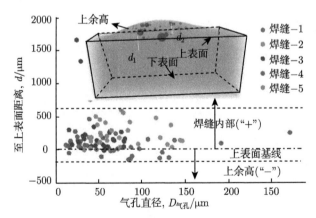

图 5.29　萌生疲劳裂纹的气孔大小与位置

　　图 5.30 给出了不同循环周次的裂纹形貌。从形貌上可以判断，循环周次从 N=30000 到 36000 已扩展成典型的四分之一圆形，表明裂纹已摆脱微观结构障碍

作用, 进入了稳定扩展阶段, 直到 47200 周次时试样发生破坏。注意由于不能准确预测试样断裂时刻, 同步辐射 X 射线成像只能获得循环周次 $N=47000$ 时的空间形貌特征。据此, 可以把上述过程定义为疲劳裂纹扩展 II 阶段, 所需的总疲劳周次为 $N_{II}=17200$, 约占该试样总寿命的 36%。这表明, 对于含表面缺口的试样, 大部分寿命耗费在疲劳裂纹萌生阶段, 约占 63.5%。

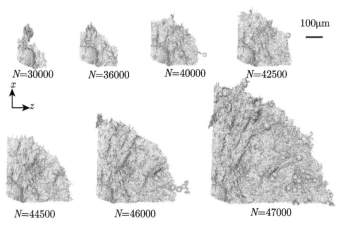

图 5.30 疲劳角裂纹萌生及扩展的空间形貌

实际上, 图 5.27 中裂纹扩展速率并不一致, 部分区域呈现加速或者停滞, 导致前缘并非规则的四分之一圆形, 这主要与晶界和气孔有关。例如, 当前缘扩展至晶界时, 由于晶界的阻碍作用, 局部区域就会出现减速现象, 当裂纹突破晶界时又会发生快速扩展; 而裂纹前缘的气孔会加速裂纹扩展, 一旦裂纹穿过气孔, 又会发生钝化, 降低裂纹的扩展速率[1,9,20,21,24]。假设焊缝厚度为 t, 裂纹扩展深度为 a, 图 5.31 给出了疲劳角裂纹的扩展速率曲线。从图中可以清楚地看出, 随着外部加载周次的增加, 裂纹扩展加速, 并在循环周次 $N=47000$ 时穿透焊缝 75% 左右, 承载能力迅速下降, 导致其约 200 周次后发生断裂。

由图 5.26 可知, 气孔分布异常复杂。因此, 余高去除工艺不仅可能导致亚表面气孔转换为图 5.27 所示的表面大气孔, 而且会使亚表面多个较小尺寸的气孔出现在焊缝表面。根据 BS 7910 标准, 当气孔间距小于两个气孔直径之和时, 认为在外部加载下, 两个气孔之间存在着耦合作用, 应作为一个规则化裂纹进行表征。无论上述哪一种情况, 表面气孔都会优先成为疲劳裂纹源。第 6 章将详细阐述单个气孔和多个气孔位于材料表面时的应力集中效应。从这一角度来讲, 并不建议工程应用中对熔焊铝合金接头进行余高打磨处理。

图 5.32 给出了起裂于表面多个小气孔和单个大气孔的疲劳裂纹扩展形貌。由图可知, 无论多个小气孔聚集并长大成为一个裂纹, 还是单个大尺寸气孔萌生裂

纹，在最后阶段都会演变为一种典型的半椭圆形形貌。两种情况下，裂纹萌生寿命都超过试样总寿命 50% 以上。

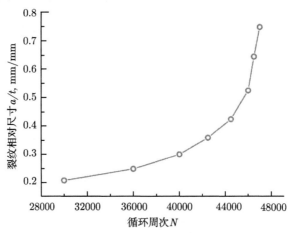

图 5.31　疲劳角裂纹扩展深度与循环周次之间的关系

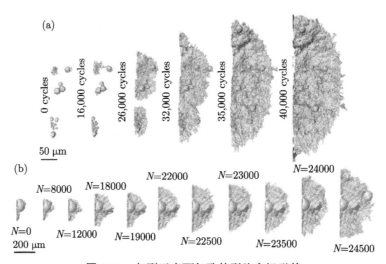

图 5.32　起裂于表面气孔的裂纹空间形貌

(a) 多气孔；(b) 单气孔

　　对图 5.32 所示的裂纹形貌拟合，短半轴和长半轴分别为 a 和 c，形貌演化过程如图 5.33 所示。可以看出，多源萌生的裂纹在深度方向扩展速率快于表面，试样断裂前形貌比 $a/c=0.7$；单源萌生的裂纹沿着深度方向扩展较快，当形貌比 $a/c=1.2$ 时，表面扩展加速，试样断裂时形貌比为 0.9。这虽然与 Schijve 所用的大尺寸试样的结果不同 [25]，但最终的演化趋势和形貌基本一致。

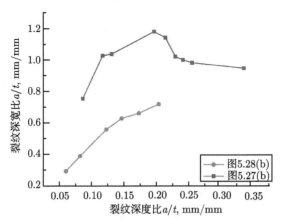

图 5.33　多源和单源萌生的裂纹形貌演化规律

此处以图 5.27 和图 5.30 所示的表面疲劳角裂纹为例，开展疲劳裂纹扩展仿真研究。建立如图 5.34 所示含角裂纹的特征几何模型。该模型只选取了包含裂纹的、有代表性的材料区域作为研究对象，不考虑焊缝中气孔对裂纹扩展形貌的影响 (图 5.30 和图 5.32 均显示裂纹面并未因焊缝气孔存在而发生扭曲和偏折现象)，并且将裂纹假设为四分之一圆形平面裂纹。另外，铝合金熔焊接头虽然存在局部微观组织的非均匀分布特征，但长裂纹已属典型的稳定扩展阶段 (仅与外力有关)，因此假设为均匀连续的焊缝材料。参数如下：在加载方向上长 2.0 mm，截面尺寸为 1.0×1.0 mm^2；初始裂纹尺寸为 $c = a = 0.2$ mm，即循环周次 $N=30000$ 时的裂纹尺寸；杨氏模量和泊松比分别为 $E = 64.9$ GPa 和 $\nu = 0.33$。

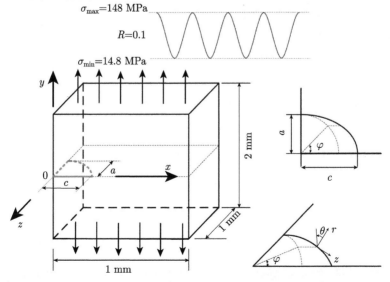

图 5.34　含角裂纹的焊缝几何模型及载荷和边界条件

　　众所周知, 断裂仿真的计算精度与裂纹前缘的网格剖分策略有关。一般地, 距离裂纹前缘线越近, 单元尺寸应越小, 从而能够准确地模拟出裂纹前缘的奇异应力应变场。为了保证足够的计算精度又不造成较高的计算成本, 本文在裂纹前缘线上布置 m 个奇异单元 (此处取 $m=50$), 奇异单元的尺寸满足 $r_{1/1}/a = 2\%$, 其中 $r_{1/1}$ 表示裂纹前缘第一层奇异单元的边长。为了证明该尺寸设定的合理性与准确性, 采用两种边长不同的奇异单元 ($r_{1/1}/a = 2\%$ 和 $r_{1/1}/a = 4\%$) 基于应力外推法得到裂纹前缘的应力强度因子分布, 如图 5.35 所示。

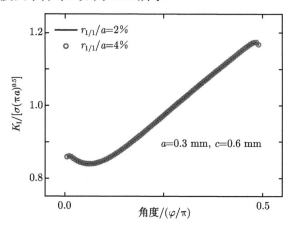

图 5.35　裂纹前缘奇异单元网格的敏感性分析

　　由图可知, 裂纹前缘两种奇异单元得到的计算结果基本一致, 这说明所选用的奇异单元尺寸已经达到合适精度, 无需进一步加密。但在传统的基于有限单元法的动态断裂仿真模拟中, 往往需要不断对裂纹前缘进行更新, 并重新剖分网格, 不至于生成网格质量很差的单元。此处选择每隔 500 循环周次对裂纹前缘进行一次更新。考虑到每次更新时裂纹增量较小, 认为裂纹前缘的应力强度因子分布保持不变。根据图 5.34 所示的模型配置, 可知在裂纹前缘线上共有 $m+1$ 个节点。对于第 j 个主循环, 节点 i ($1 \leqslant i \leqslant m+1$) 对应的裂纹扩展增量为

$$\Delta a_{ij} = 500 C_{\text{eff}} \left(\Delta K_{\text{eff},ij} \right)^{n_{\text{eff}}} \tag{5.1}$$

式中, $\Delta K_{\text{eff},ij}$ 表示第 j 个主循环节点 i 处的有效应力强度因子幅值, 具体计算公式见第 4 章中式 (4.51)。为了简化处理, 采用解析解张开函数 f_{op}, 即 [26]

$$f_{\text{op}} = \frac{K_{\text{op}}}{K_{\text{max}}} = 1 - \sqrt[3]{\frac{(1-R^2)^2 (1+10.34R^2)}{\left[1 + 1.67R^{1.61} + (0.15\pi^2\alpha_{\text{g}})^{-1}\right]^{4.6}}} \tag{5.2}$$

式中, α_{g} 表示非穿透裂纹尖端的三维应力状态约束因子。这一概念是由郭万林院士等提出的 [26-28], 他认为在三维应力状态下, 曲线裂纹前缘上的点与一定厚度平

板试样所含的穿透直边裂纹相对应，通过引入等效板厚 B_{eqv} 就可以把约束因子 α_{g} 计算出来。

对所有节点 i 沿着裂纹前缘的法线向前扩展 $\Delta a_{i,j}$ 的距离。最后，对这些新的离散点使用三次样条插值获得新的光滑裂纹前缘线，并作为下次主循环的输入。有限元模拟为基于实验测得的数据预测裂纹扩展速率模型参数提供了有效的手段。本节基于图 5.27(a) 的真实裂纹形貌，对裂纹扩展速率参数 C_{eff} 和 n_{eff} 进行估计，然后与其他试样的裂纹扩展形貌对比分析。C_{eff} 和 n_{eff} 通过如下步骤进行估算。

(1) 根据经验或者实测结果设置 C_{eff} 和 n_{eff} 的初始值。

(2) 利用该初始值及前述裂纹扩展模拟的方法依次更新并记录各个主循环的裂纹前缘线，直到主循环进行到试样破坏前的最大循环周次。

(3) 将 (2) 中记录的各不同循环周次对应的裂纹形貌与实验测得的数据进行对比，根据误差对 C_{eff} 和 n_{eff} 进行修正。

(4) 重复 (2) 和 (3) 直到 C_{eff} 和 n_{eff} 收敛到稳定值。

经过上述步骤获得的该熔焊接头的裂纹扩展速率参数分别为 $C_{\mathrm{eff}} = 4.50 \times 10^{-7}$，$n_{\mathrm{eff}} = 5.4$。对于传统的不考虑裂纹闭合效应的 Paris 公式，同样可以经过上述步骤得到一组预测值：$C = 4.68 \times 10^{-8}$，$n = 5.2$。图 5.36 给出了考虑裂纹闭合效应的裂纹扩展速率预测曲线，同时将实验数据作相应的处理绘制到图中。

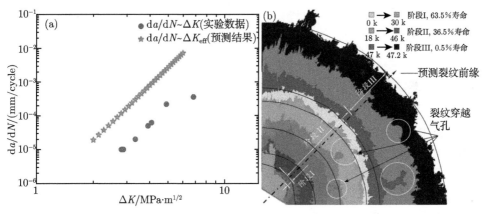

图 5.36 奇异单元边长的敏感性分析

可见，实测 $\mathrm{d}a/\mathrm{d}N \sim \Delta K$ 曲线位于 $\mathrm{d}a/\mathrm{d}N \sim \Delta K_{\mathrm{eff}}$ 曲线下方，这说明采用 ΔK_{eff} 评估材料抗疲劳性能较为保守。图 5.36(b) 给出了考虑闭合效应的裂纹前缘预测与实测形貌的对比，可以看出各疲劳循环周次时形貌吻合较好。

目前，高强度 Al-Cu-Li 合金正逐步替代飞机结构用传统高强度 Al-Cu 系合金，可使结构总质量减轻 10%～15%，刚度提高 15%～20%。采用光纤激光热源对 1.2 mm 厚冷轧板材和直径 1.2 mm 焊丝 ER 5356 开展对接焊，为防止焊接变形，把焊板置于一块风冷铜板上。激光功率为 2.3 kW，焊接速度为 2.4 m/min，送丝速度为 2.1 m/min，保护气 Ar 的纯度为 99.9%。焊接完成后，切取拉伸试样开展拉伸性能试验，屈服强度为 $\sigma_y=121$ MPa，抗拉强度为 $\sigma_b=261$ MPa。研究发现，激光焊接 2A97-T3 中存在一个宽度 20~50 μm 的细晶区，平均晶粒尺寸约为 3.7 μm。一般认为，细晶区是铝锂合金熔焊接头的薄弱区域 [29-31]，其宽度与焊接参数有关。著者开展的纳米压痕测试表明，细晶区硬度低于焊缝中心。

为了揭示激光焊接 2A97-T3 铝锂合金的失效机制，采用自主研制的原位疲劳试验机，在上海光源 BL13W1 成像线站上开展原位疲劳试验 [31]。参数如下：加载频率为 8 Hz，应力比为 0.2，最大载荷为 100 N，X 射线光子能量为 30 keV，试样距离探测器为 16 cm，像素尺寸为 3.25 μm，曝光时间为 500 ms。首先对保留余高的激光焊接头成像，图 5.37 给出了焊趾开裂的实验结果及气孔分布。

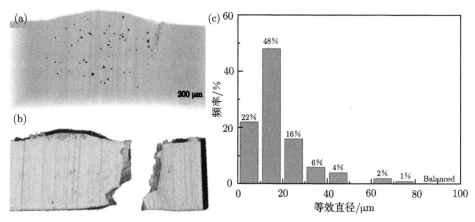

图 5.37　激光焊接 2A97-T3 合金的疲劳损伤机制

从图中看到，疲劳裂纹从焊趾处，萌生沿着热影响区扩展，与内部气孔无关。必须指出，疲劳加载条件下起裂时机不易捕捉到，因此仅从图 5.37(a) 还不能确认细晶区开裂这一机制，仍然需要更多的原位疲劳成像试验研究，同时结合传统的断口分析和电子背散射衍射技术 (EBSD) 综合做出判断。图 5.37(c) 中指出焊缝气孔直径多为 20 μm，存在少量 80 μm 的大气孔。

相比而言，其他材料焊接损伤行为的同步辐射成像研究还比较少 [32-35]，这主要是由于同步辐射能量很难穿透较大体积的高原子序数金属。与熔焊方法不同，钎焊属于固相连接。一般认为，钎料熔化中形成的不规则气孔是影响钎焊接头的强度和疲劳性能的重要因素。基于同步辐射 X 射线成像的有限元仿真也表明，位于浸润界面的大尺寸气孔是导致钎焊接头失效的重要原因 [32,33]。前述缺陷都是在焊接过程中形成，一些微缺陷还会在服役中形成，比如长时间高温环境中金属材料的蠕变损伤及失效过程，就是微孔洞形核、长大和聚合所致 [36]。通过把先进的同步辐射 X 射线三维成像与传统的 EBSD 二维织构表征技术结合起来, 可以清晰地揭示 TIG 焊接硼–氮强化钢热影响区开裂机制, 实现对熔焊接头组织和性能的定量调控。图 5.38 给出了焊缝熔合线附近的孔洞定量分析结果。

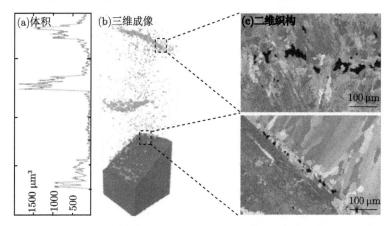

图 5.38　硼–氮强化钢 TIG 焊接熔合线处失效机制 (650 °C下加载 70 MPa)

(a) 穿越熔合线的孔洞体积分布; (b) 同步辐射 X 射线检测; (c) 熔合线处织构分析

从图中可以清楚地看出, 孔洞会择优在奥氏体晶界处形核与长大。图 5.38(a) 和 (b) 同时指出这种孔洞择优分布的平均间距约为 350 μm, 而这恰恰是奥氏体晶粒的平均尺寸。这就充分证明了高温条件下熔合区奥氏体晶界的孔洞择优分布是焊缝失效的主要原因这一重要结论。通过探索不同加载条件下的孔洞形成及分布, 可以进一步改进硼–氮强化工艺, 同时为焊接结构服役提供科学建议。

实时捕捉到焊接过程中缺陷形成 (如气孔、裂纹等) 过程一直是结构设计及评价相关领域学者们的梦想和目标。最近, 欧洲光源 ID19 成像线站率先开展了焊接热裂纹形成的三维成像研究, 提取到微空穴在相对较低的真实应变 3.1% 下于焊缝亚表面处形成、长大及聚合为微裂纹的清晰图像, 发现裂纹以速度为 $2\times10^{-3}\sim3\times10^{-3}$ m/s 从焊缝晶界处向接头自由表面扩展, 如图 5.39 所示 [35]。

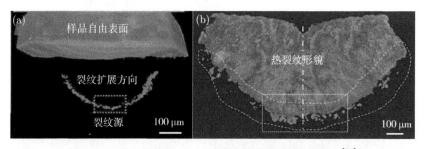

图 5.39　基于同步辐射 X 射线的焊缝凝固裂纹形成 [35]

注意上图中的矩形框表示裂纹源，不规则虚线内表示裂纹前缘的微空穴不断连接长大，并向焊缝自由表面扩展。由此可见，随着先进光源成像技术在时间和空间分辨率方面的迅速提高，一些超快的物理和化学过程 (例如催化、爆炸、燃烧等) 将有望通过图像清晰地看到，为揭示材料合成及其损伤演化机制提供前所未有的机遇。要实现这些过程的可视化观测，发展更高能量和亮度的先进光源迫在眉睫，这也是 X 射线自由电子激光的巨大工程应用背景。

5.4.2　非焊铝合金

前述研究表明，缺陷是控制材料服役性能的重要因素之一。通过准确辨识缺陷的特征形貌和尺寸，不仅可以建立静载条件下缺陷与材料疲劳强度的关联模型，而且可以实时、动态观测和评价缺陷对疲劳裂纹萌生及剩余寿命的影响。截止目前，各种铝合金是采用同步辐射成像研究最多的一类轻金属结构材料，主要包括铸造 Al-7Si-0.3Mg 铝合金 [37−43]、铸造 Al-Mg-Si 铝合金 [45,46]、轧制 2024-T351 铝合金 [47,48]、超细晶锻造铝锂合金 [49,50]、激冷铸造 2027-T351 铝合金 [51]、锻造 6061-T6 铝合金 [52] 和 7075 铝合金 [53−58]，以及球墨铸铁 [59] 和钛合金 [60,65] 等。这些材料的共同特点是内部含有一定数量的缺陷，从而为研究缺陷与疲劳损伤行为提供了天然的标定对象。

传统表面测量方法 (例如 EBSD、SEM) 已经发现，微结构 (例如缺陷、第二相、夹杂等) 对疲劳裂纹萌生有非常复杂的作用 [66−69]。这个阶段的裂纹亦称为微观组织短裂纹，其对短裂纹的作用称为微结构障碍。尽管这种观测手段能够实现对裂纹萌生和扩展行为的定性和定量表征，但所观测到的裂纹仅限于表面。然而，引起裂纹萌生的临界缺陷有时位于材料自由表面以下，尤其是在超高周服役条件下，疲劳裂纹多在亚表面或者内部萌生。这就意味着，在裂纹露出自由表面前已在材料内部经历了较长时间的孕育期，按照传统的缺陷表征和裂纹扩展模型建立方法将得到过于保守的评价结果。此外，裂纹扩展为一典型的空间行为，只有捕捉到疲劳裂纹的三维演变形貌才能准确揭示材料的疲劳损伤机制。

Buffière 教授是较早利用同步辐射 X 射线成像技术研究材料微结构与疲劳裂纹萌生行为的世界知名学者。为了开展材料的疲劳损伤研究，Buffière 研制了一系列的基于欧洲光源的原位拉伸和原位疲劳加载装置 (见第 3 章)，并向世界各国学者开放使用。从 2001 年起，Buffière 团队对铸造 Al-7Si-0.3Mg 铝合金 [37,38]、球墨铸铁 [59] 和轧制 2024-T351 铝合金 [47] 中微气孔和微观组织与疲劳裂纹萌生行为进行了开创性研究，发现微观组织会导致裂纹的空间形貌呈现出高度非线性特征，同时分布于晶界上的气孔使得裂纹加速形成和扩展，在遇到晶界和气孔时裂纹分别发生减速和加速现象，从而导致裂纹在材料内部的扩展速率高于自由表面。图 5.40 给出了铸造 Al-7Si-0.3Mg 铝合金在不同环境条件下的裂纹萌生形貌。

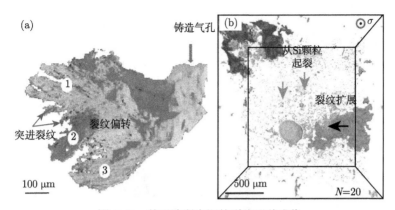

图 5.40 基于欧洲光源的裂纹形貌成像

(a) 常温裂纹扩展 [37]；(b) 高温裂纹扩展 [39]

日本学者 Toda H 于 2004 年起与 Buffière 合作，提出了局部裂纹张开位移概念，并以轧制 2024-T351 铝合金板为模型材料研究经典断裂力学中的裂纹静态和动态扩展奇异性问题，在欧洲光源 ID15A 线站上首次验证了静态裂纹向动态裂纹奇异性转变中存在的一种时空过渡现象 [48]，同时也证实了疲劳断裂力学中著名的裂纹闭合和张开假说 [47]，充分表明第 4 章中提出的考虑裂纹张开和闭合效应的疲劳裂纹扩展模型的理论正确性。随后，Toda H 教授研制了兼容于日本 SPring-8 光源的原位疲劳试验机 (见第 3 章)，以多种铸造铝合金为研究对象，对断裂力学中若干经典问题进行了研究，揭示了韧性材料中孔洞形核、长大和聚合的损伤失效机制 [42,45,47]。这一研究结果也为第 4 章中基于裂纹尖端循环塑性和塑性应变能密度准则的疲劳裂纹扩展模型的建立提供了坚实的理论和实验证据 [11,70−74]。

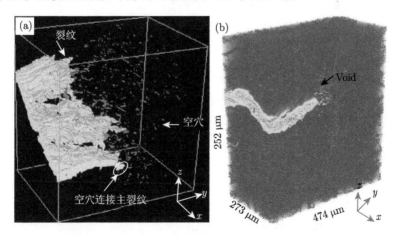

图 5.41 基于 SPing-8 的裂纹萌生成像

(a) 裂纹前缘扩展 [42]；(b) 空穴形成与聚合 [45]

　　由此可见，微结构对裂纹萌生及其空间形貌有着直接影响[60-65]。长期以来，研究者希望同时把材料组织形貌及取向特征表征出来以揭示其对疲劳裂纹萌生及形貌的影响。为此，2009 年 Buffière 教授与欧洲光源 ID11 线站合作开发了一种基于 Friedel Paires 数据分析的 X 射线衍射衬度成像技术，成功实现了小体积钛合金晶粒形貌的重构与提取[60]，并据此研究了微观组织与短裂纹萌生的作用机制[62]。图 5.42 给出了亚稳态 β 钛合金微观组织对疲劳裂纹扩展的作用机制。

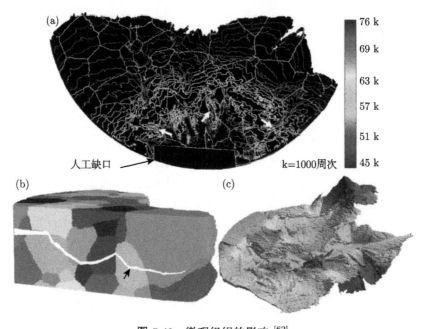

图 5.42　微观组织的影响 [62]

(a) 裂纹扩展周次；(b) 裂纹穿越晶粒；(c) 裂纹扩展形貌

　　图 5.42(a) 中标尺中的红色代表疲劳裂纹扩展周次，灰线表示裂纹面与晶粒的相交线，图 5.42(b) 和 (c) 分别为解析出的裂纹面与晶粒之间的位置关系和三维裂纹形貌。从图中可以看出，裂纹萌生寿命为 45000 周次，约为总寿命 60%；而从缺口处萌生短裂纹到扩展至长裂纹的总寿命为 18000 周次，约为总寿命 24%；则裂纹瞬断区寿命为总寿命 16%。虽然这一划分不严谨，但基本上证实了微观组织对疲劳裂纹萌生寿命具有决定性作用这一重要结论。

　　尽管如此，成功实现大块工程材料微观组织成像和疲劳裂纹形貌成像还是一件极为繁琐和颇具挑战性的工作，尤其是还不能实现高通量和一体化的晶粒和裂纹三维成像[75]。例如，为了完成图 5.42 所示的实验，首先在欧洲光源 ID11 线站上进行 X 射线衍射层析成像 (光子能量为 40 keV，2024×2024 pixel² 高精度探测器，空间精度 2.8 μm，样品旋转 360° 得到 7200 张照片，耗时 20 h)，然后把样品移至 ID19 线站上开展 X 射线相位衬度成像 (光子能量为 38 keV，2024×2024 pixel² 高精度探测器，空间精度 1.4 μm，样品旋转 180° 得到 1000 张照片，曝光时间为 1 s，每次成像耗时 20 min，全部 26 次扫描耗时 22 小时，注意不包括疲劳试验时间)，最后对获得的海量数据 (与时间有关的四维成像) 在非商业 MATLAB© plug-in Dipimage 中进行处理。可见，这是一般同步辐射装置所不具备的技术条件。

应该注意，图 5.42 所示钛合金材料的平均晶粒尺寸为 55 μm，而试样直径为 600 μm，严格意义上来说还属于一种典型的疲劳短裂纹行为。为此，可以通过选择超细晶粒的轻合金材料来进一步研究疲劳长裂纹的扩展行为，这样也可以采用线弹性断裂力学的概念进行仿真分析[49−51,76]。Buffière 团队的研究发现，与前述微观组织短裂纹相比[60−62]，(微观组织) 长裂纹的空间形貌比较规则，完全符合经典断裂力学中半椭圆或者半圆形裂纹的基本假设，此时微观组织的影响可以忽略不计。图 5.43 给出了两种晶粒度材料的裂纹空间形貌[51]。

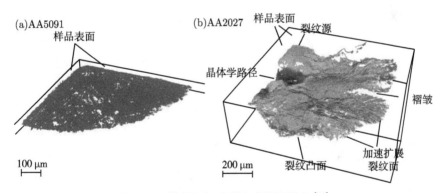

图 5.43　微观组织对裂纹形貌的影响[51]

(a) 细晶材料；(b) 粗晶材料

除了欧洲光源 ID19、ID15A 和 ID11 等线站开展工程材料组织的三维成像外，日本 SPring-8 光源 47XU 和 20XU、美国 APS 光源 1-ID、德国 PETRA-III 光源 P07 等同步辐射装置相继开发了类似成像方法。鉴于微观组织及其演化三维成像在新材料研发及性能评价中的重大科学价值，上海光源 BL13W1 线站也发展了 X 射线衍射层析成像技术，并在多晶材料中得到了应用[77]。

鉴于同步辐射成像机时极为宝贵和有限，目前相关疲劳裂纹萌生和扩展研究均集中于低周疲劳 (循环周次 $1\sim10^4$ 周次) 和高周疲劳 (循环周次 $10^4\sim10^7$) 区间。这类疲劳现象的基本特点是服役载荷普遍大于材料的疲劳极限，并认为据此设计的工程结构具有无限寿命，其主要失效机制是裂纹萌生于表面或者亚表面。然而工程实践表明，很多工程部件 (例如高速铁路车轴) 的服役载荷在小于材料疲劳极限的情况仍有可能会发生疲劳失效现象，服役周次甚至达到了 $10^9 \sim 10^{10}$ 周次。一般把这类新的疲劳问题为超高周疲劳或者超长寿命疲劳。与低周疲劳和高周疲劳不同，这类疲劳问题的疲劳断裂机理是裂纹多萌生于材料内部，这一问题是当前工程材料研究中的热点和前沿课题之一。同步辐射 X 射线成像技术的迅速发展为材料超高周疲劳损伤机理的研究提供了前所未有的可能性。为了能对内部疲劳裂纹萌生和扩展行为进行成像研究，日本学者 Nakamura T 采用加速疲劳试验方法 [65]，研制了一台兼容于日本 SPring-8 光源成像线站 XU20 的原位疲劳试验机 (频率范围 $170 \sim 250$ Hz)，在应力比 $R=0.1$ 和最大应力 $\sigma_{\max}=650$ MPa 条件下对 Ti-6Al-4V合金 (拉伸强度为 943 MPa，延伸率为 17%) 疲劳加载至 1.96×10^7 周次，成功捕捉到疲劳裂纹萌生于亚表面的三维图像 (见图 5.44)，所用 X 射线光子能量为 37.7 keV，空间精度为 3.0 μm。

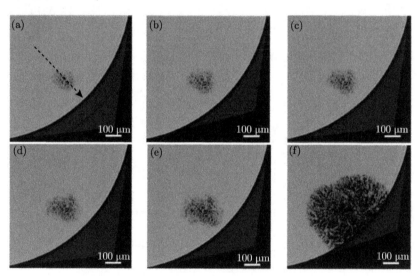

图 5.44　基于同步辐射 X 射线成像的材料内部疲劳开裂行为 [65]

(a) $N=1.60\times10^7$；(b) $N=1.76\times10^7$；(c) $N=1.81\times10^7$；(d) $N=1.83\times10^7$；(e) $N=1.88\times10^7$；

(f) $N=1.93\times10^7$

根据图 5.44，可以建立起裂纹长度与循环周次之间的定量关系，观测到裂纹萌生循环周次 $N=1.60\times10^7$ 对应裂纹长度为 160 μm。为了建立疲劳裂纹扩展速率，采用 Murakami 公式计算应力强度因子幅值 ΔK，即 [78]

$$\Delta K = 0.65\Delta\sigma\sqrt{\pi\sqrt{\text{area}}} \tag{5.3}$$

$$\Delta K = 0.50\Delta\sigma\sqrt{\pi\sqrt{\text{area}}} \tag{5.4}$$

式中：$\sqrt{\text{area}}$ 为萌生裂纹的缺陷在垂直于加载轴方向平面上的投影面积的平方根，

其中式 (5.3) 和 (5.4) 分别对应于表面裂纹和内部裂纹。

分析发现，内部疲劳裂纹扩展速率小于 10^{-10}m/周次，这一数值量级与真空环境下 (氧化膜和化学吸附等影响可忽略不计) 裂纹扩展速率基本一致。为了实现裂纹扩展，外部驱动力需要大于裂纹前缘材料的晶格间距 10^{-10} m。一旦裂纹到达表面，其扩展速率达到 10^{-8} m/周次。造成这一差别的原因可以解释为，真空条件下位错运动顺畅、塑性变形容易，从而使得裂纹尖端塑性区形成较高水平的裂纹闭合。从这一点上来说，图 5.44 所示是典型的超高周疲劳机制。

综上所述，高精度和高亮度的非破坏性同步辐射 X 射线 (透射成像、衍射成像、散射成像等结合) 完美诠释了材料疲劳损伤演化的各种假说，包括韧性材料损伤的孔洞演化、裂纹张开和闭合现象、缺陷对裂纹萌生和扩展的影响及晶体形貌和取向对裂纹萌生和形状的影响等。这就为优化材料制造工艺和改进结构设计提供了可视化的直接证据，而且可以把三维图像数据生成有限元模型，进一步研究含缺陷材料的服役行为。尽管如此，目前研究仍然集中于轻质材料，而工程中应用更加广泛的高强钢、高温合金等大密度材料需要更高能量的同步辐射光源。此外，随着工程结构服役环境愈来愈复杂，开展高周、超高周疲劳条件下和极端复杂环境中材料微观组织–宏观服役行为的高通量研究是重要发展方向。

5.5　增材材料的损伤行为

增材制造 (Additive Manufacturing) 或者 3D 打印，是指基于离散–堆积原理，集 CAD 技术、数控技术、材料科学、机械电子与高能束热源于一体直接制造零件的先进成形技术。与传统的等材制造和减材制造相比，增材制造是一种 "自下而上" 材料逐层累积的加法式制造方法 [80]。其与传统制造方法应是一种相辅相成和相互补充的关系。随着信息技术发展的日新月异及新材料器件的不断涌现，增材制造的内涵不断深化，外延也不断扩大 (见图 5.45)。这使得过去因传统制造方式的约束而无法实现的复杂结构零件的制造成为可能。

然而，增材制造还是一种新的结构成形方法，尤其关于增材制件中的缺陷问题，是增材制件服役可靠性研究中的热点和前沿课题。相关结果表明，增材制件的拉伸力学性能与锻件相当，但疲劳性能差异较大 [79,81]。Leuders 等 [82] 发现气孔是影响激光选区熔化 (Selective Laser Melting, SLM) 制造 Ti-6Al-4V 合金疲劳强度的重要因素。Murakami[83] 认为，气孔的存在引起显著的应力集中，且应力集中系数与缺陷尺寸和位置相关。仿真分析表明，表面缺陷会引起更大的应力集中，这些应力集中往往成为疲劳裂纹的萌生点，从而显著降低增材制件的疲劳性能 [84,85]。Beretta 等 [86] 通过对比传统加工材料和增材制造材料的缺陷敏感性，发现基于经典 Kitagawa-Takahashi 图 (简称为 KT 图) 的缺陷容限评定的思想依然适用于增材制造材料。目前对于增材制造材料中缺陷的数量、尺寸、位置、形貌及其影响仍然欠缺系统的和定量的表征研究。

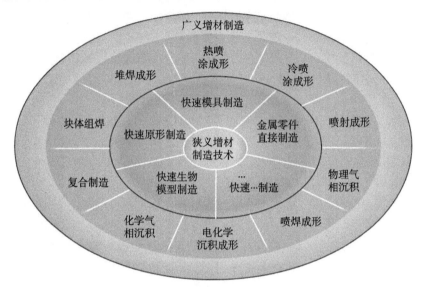

图 5.45　增材制造的发展及技术内涵

5.5.1　增材制造技术

与传统的加工方式相比，增材制造将三维实体加工转化成多层二维平面的加工，最大程度上减少了刀具、夹具等机械加工工序的使用，特别是对于复杂结构、任意形状的部件，更表现出制造方法上的优越性和柔性。根据所用热源类型，可以分为激光束、电子束、等离子束等高能束流增材制造。增材制造的一个里程碑事件是德国成功研制了激光选区熔化的商业设备，可成形高致密度的金属零件，经过后处理工艺，性能可达到锻件水平。

西安交通大学、清华大学及华中科技大学等单位是国内比较早开展增材制造技术研究几家单位。最近，西北工业大学制造出最大尺寸 2.83 m 的机翼缘条，实现了大型钛合金复杂薄壁结构件的精密成形技术，相比现有传统制造技术，大大缩短了制造周期，提高了制造精度。北京航空航天大学在金属直接制造方面开展了长期的研究工作，研制生产出了我国飞机装备中迄今尺寸最大、结构最复杂的钛合金及超高强度钢等高性能关键整体构件，并在大型客机 C919 等多种重点型号飞机研制生产中得到应用。

尽管增材制造在降低加工约束方面具有天然优势，但成品件的力学性能不稳定，尤其疲劳性能是困扰增材制造发展的瓶颈。增材制件力学性能由组织决定，晶粒越细、组织越均匀、致密度越高，力学性能一般就越好。粉末未完全熔化形成的未熔合, 是一类重要缺陷。这类缺陷形状复杂且不规则。另外, 增材制造过程中因气体引入, 凝固过程中气体来不及溢出形成气孔。这类缺陷内壁一般较为平滑, 尺寸很小, 对力学性能的影响程度略小于未熔合缺陷。同时, 增材制造过程也极易形成微裂纹。增材制造还引入了残余应力, 当内应力大于材料的抗拉强度之后, 应力会以裂纹的形式进行释放。未熔合、气孔、微裂纹及微观组织直接影响着制件的力学性能, 是增材制造走向工程应用的重要研究课题。

对于含缺陷增材制件的服役可靠性评价, 更多的是借助疲劳试验方法, 预测疲劳寿命, 进行零部件的定寿和延寿设计。而同步辐射成像技术作为缺陷和裂纹演变的有效表征手段 [87], 已被引入增材制件服役性能的评价研究中。

5.5.2 钛合金材料

钛合金具有密度低、比强度高、抗腐蚀、耐高温等优点, 在航空、航天、医学等领域应用广泛 [88-91]。采用传统成形方法制造钛合金构件, 成本较高、工艺复杂、成品率低, 无法满足设计与整体制造需要。SLM 技术利用高能密度激光熔化金属粉末, 通过逐层铺粉、逐层固化叠加的方式直接成形复杂金属构件, 具有效率高、成本低、柔性好等优势 [92-94]。然而, 在高功率激光熔化过程中, 工艺参数、外部环境、熔池波动, 以及路径变换等不连续和不稳定现象, 可能在沉积层之间、沉积道之间及单一沉积层内部等局部区域产生各种冶金缺陷 (如未熔合、气孔、裂纹等), 并显著影响着钛合金制件的内部质量、力学性能及构件的服役行为, 严重制约和阻碍了 SLM 钛合金构件的工程应用与发展 [87,94]。

一般认为, 增材制件的力学性能与微观组织有关。与锻件相比, 增材制造钛合金微观组织各向异性较大, 从而导致拉伸性能的各向异性。而增材制造钛合金的疲劳性能通常受内部空洞缺陷的控制。对于一个给定组织的部件, 缺陷的存在会明显降低其疲劳强度。这是由于较大缺陷的存在意味着由滑移带变形和微观裂纹组成的疲劳损伤初步阶段被跳过, 即可认为当裂纹从缺陷处萌生时, 疲劳裂纹萌生寿命可以被忽略, 而对于疲劳萌生寿命占据工件疲劳寿命绝大比例的高周疲劳, 疲劳萌生阶段的直接跳过意味着其寿命会大大减少。工艺参数所决定的熔池动力学扰动是形成空洞缺陷的冶金学原因 [95], 除此之外, 对于涉及预沉积粉末层的高能束熔化制造过程, 成形粉末原料的质量是影响构件质量的关键, 粉末颗粒的形状、粒径分布、氧化水平、湿度、静电荷等, 都会对熔池的流动性、堆积密度和沉积粉末层均匀性方面产生影响, 并最终影响加工工艺和成形质量 [96-99]。

近年来, 同步辐射和实验室 X 射线微计算机断层扫描已经成为一种检测和分析增材制造零件内部质量与失效的先进方法, 尤其在尺寸测量和气孔分析方面具有广泛的适用性和较高的准确性及可靠的还原度, 成为增材制造部件无损探伤及损伤标定的主要技术手段之一 [100-102]。Maire 和 Withers 认为, 该方法已经从过去的定性成像发展为一种定量分析技术 [103]。随着同步辐射各种试验装置的搭建，高能 X 射线也逐渐被学者借以进行缺陷形成机理讨论、空洞缺陷表征及疲劳失效过程追踪等方向的研究，形成了独居特色的研究方向。关于利用 X 射线开展气孔形成机理的探讨，Cunningham[104,105] 通过设置不同的制造参数进行实验对比，借助同步辐射 X 射线成像技术分析了缺陷形态，如图 5.46 所示。

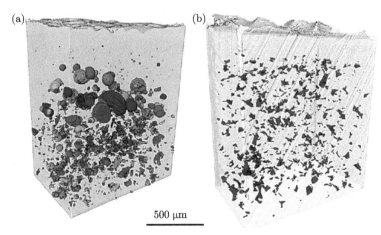

图 5.46　激光选区熔化 Ti-6Al-4V 内部缺陷 [104,105]

(a) 匙孔缺陷；(b) 未熔合缺陷

　　图 5.46(a) 为高激光功率、低激光扫描速度条件下，增材制造钛合金内部的缺陷分布，过高的能量输入，往往会形成图中所示的这种孔洞形态的缺陷 [106]；气孔形貌从近球形到不规则形状，孔洞的最大等效直径可达 162 μm。图 5.46(b) 是一种金属粉末未完全熔合而形成的缺陷，尺寸较大且形貌不规则。这种缺陷的形成与激光扫描路径间距、球化现象及熔池大小有关。当扫描路径间距很大时，扫描路径间的搭接不足，引起扫描道间的金属粉末熔合不足。而当扫描路径间距很小时，较小的熔池宽度同样也会造成熔合不足的现象，这些因素都会导致未熔合缺陷的形成。另外，三维几何结构的设计不合理也会导致缺陷形成，缺陷的尺寸参数与产品的堆积方向存在一定的关联性 [107]。

　　同步辐射技术在增材制造钛合金工艺优化方向上的应用，主要用于热处理工艺的结果检测以及增材制件内部缺陷的统计分析，其中 Tammas-Williams[108,109] 利用计算机断层扫描技术进行了热等静压热处理对其空洞缺陷的影响的讨论。图 5.47(a) 为成形态试样，内部存在较多空洞缺陷，经过标准热等静压处理后内部未发现与探测精度可比的缺陷，如图 5.47(b) 所示。

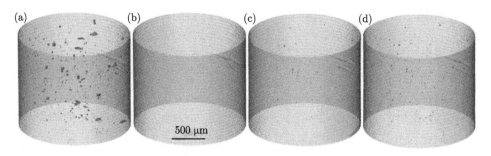

图 5.47 不同工艺条件下增材制造钛合金气孔分布 [108,109]

(a) 成形态；(b) 热等静压；(c) 温度 1035 ℃下保持 10 分钟；(d) 温度 1200 ℃下保持 10 分钟

由图 5.47(c) 和 (d) 可知，后热处理后气孔又出现了再生现象，这主要是由于热等静压作用下，内部的氩气孔收缩，加之氩在钛合金中的低扩散率，形成尺寸不可检且内部具有高压的残留气孔。当再次进行热处理时，由于氩气压力，气孔会发生自动的长大。在生长减缓之前，气孔快速生长，氩气压力随着气孔的扩大而降低，气孔长大变形驱动力降低，随着温度的提高和保温时间的延长，气孔表现明显长大现象。CT 成像结果表明，热等静压后的部件在使用时要注意使用条件，避免二次加热，出现气孔长大的现象，对疲劳寿命形成不利影响。

借助计算机断层扫描技术的气孔表征是众多应用中最基础的方向之一 [110]，已广泛应用于多种材料的缺陷表征。对于多缺陷增材制造材料，更具有得天独厚的优势，越来越多的学者应用该技术对增材构件服役性能展开了研究。例如，Leuders[82]等通过讨论激光选区熔化钛合金成形态、热处理态和热等静压后试样的寿命关系，得出 X 射线断层扫描结果显示气孔尺寸位于 50 μm 以内，经过热等静压处理之后，气孔均小于 22 μm，但是仍存在着裂纹萌生于气孔的现象。他们指出，常规热处理对疲劳寿命的提高十分有限，消除气孔的热等静压处理能够显著提高疲劳性能。疲劳裂纹扩展过程受残余应力的影响比较严重，微观组织的差异仅仅引起裂纹扩展门槛值的波动以及扩展过程中存在的相应的离散性。

同步辐射成像的另一个特殊用处就是能够原位或准原位监测试样同一部位的变化，特别是在构件发生变化或变形之后。通过使用特殊结构设计，允许在微 CT 室中进行压缩、拉伸或疲劳测试。对于原位试验，通常对卸载和加载的样品进行扫描，以分析变形并识别首次破坏的位置。对于准原位实验，首先扫描样品，然后进行某一点的机械测试，测试达到某一条件时停机并对样品进行重新扫描。在这两种情况下，这种 "时间变化" 的 CT 被称为 4D-CT，4D-CT 提供了一种强有力手段来识别材料的对不同响应。该方法已被用于测量增材制造部件静态加载拉伸试验中的变形，揭示气孔对失效行为的影响 [111]。结果发现，孔洞在拉伸条件下发生长大，且尺寸达到扫描分辨率以上，孔洞数量增加。有趣的是，颈缩和断裂并未发生

在该样品 (底部) 中的最高气孔率区域。这表示这些小孔对零件的静强度不起决定性作用，在这种情况下，显微组织在屈服和失效部位仍起着主导作用。

非原位的增材制造钛合金疲劳过程观测，则是通过进行间断疲劳试验和定期 CT 检查，进而识别出裂纹萌生缺陷，图 5.48 中 X-600 a、X-600 b 和 X-600 c 分别对应循环周次为 70 K、100 K 和 120 K 时的裂纹形态，发现疲劳裂纹萌生于气孔处 (红色表示)[85,112]，样品 X-600a 在内部大孔处开裂 (图 5.48(a))，而其他样品则由于表面气孔而引起的失效裂纹，萌生寿命与初始缺陷尺寸存在一定的对应关系。一旦裂纹萌生，裂纹扩展 (5.48(a) 和 (b)) 似乎没有受到相邻气孔的影响，可能是因为气孔的小尺寸的球形形态与裂纹周围的应力集中相比相对较小 [85,112]。值得注意的是，在所有样品中，裂纹都不是从所测量的最大气孔开始的。对于三个样品，CT 可检测到的裂纹萌生寿命分别占总寿命的比例为 75%~88%、87%~97% 和 90%~98%，相对较短的扩展寿命意味着增材制造钛合金疲劳寿命随裂纹萌生所需循环周次的增加而增加。

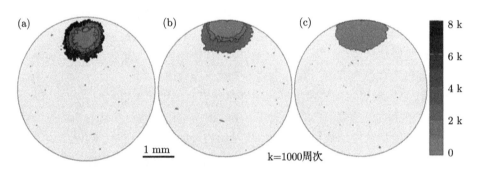

图 5.48　同步辐射 X 射线成像疲劳裂纹萌生，蓝色表示为疲劳裂纹，红色表示为裂纹萌生气孔，其他气孔用绿色表示 [85,112]

(a) N=70000；(b) N=100000；(c) N=120000

著者所在的团队也开展了类似的准原位疲劳同步辐射成像研究，6.2.1 节给出了激光选区熔化钛合金试件在最大应力水平为 1175 MPa 循环加载下，1850 周次时裂纹萌生位置和裂纹扩展的空间形貌。可以看出，裂纹萌生于材料近表面单个较大尺寸的缺陷处，随后稳定扩展，最终发展为典型的半椭圆形貌，相应的疲劳断口形貌上也确认了疲劳源为近表面未熔合缺陷。由于应力水平较高，试样在加载 1970 周次后发生失效，裂纹尺寸与断口形貌上裂纹扩展区尺寸基本一致，可见试样在经过裂纹稳定扩展阶段后，将会快速断裂。另外，从图中可以看出试样内部缺陷数量较多且几何尺寸较小，分布较为均匀，既有形貌较为规则的缺陷，呈球状或椭球状，也有几何形貌复杂的缺陷。缺陷尺寸越大，缺陷存在的频数越低，但疲劳失效最可能发生在材料表面和近表面缺陷。

5.5.3 铝合金材料

目前国内外针对铝合金的增材制造工艺主要有激光增材制造技术、电弧增材制造技术和激光–电弧复合增材制造技术和电子束增材制造技术等 [113]。相比钛合金、不锈钢、镍基高温合金等材料而言，增材制造铝合金起步较晚，工艺成熟度较低，目前主要以基于激光选区熔化技术的研究与应用居多。使用激光作为热源的铝合金增材制造技术多用于铸造铝合金系列或者焊接性较好的铝合金，主要材料有 AlSi10Mg 和 AlSi12 等 [114]。铝合金在增材制造过程中产生的各种缺陷是限制其快速发展和广泛应用的主要原因之一 [115]。

铝合金粉末流动性差，密度低，增材制造过程中，采用铺粉式容易产生团聚，采用同轴送粉式又容易出现堵塞现象，导致制件均匀性与连续性较差。铝合金的激光反射率高、热导率高，导致激光功率过低时不能完全融化铝合金粉末；激光功率过高又使得能量散失过快，熔覆层与基体间出现开裂和脱落现象 [116]。铝合金具有强氧化性，在成形过程中极易形成氧化膜，导致熔覆层与基体的结合变得更加困难。除此之外，铝合金在成形过程中还容易形成如图 5.49 所示中的 3 种缺陷：氢元素在固、液态铝合金中的溶解度不同，导致其在液、固相态转变过程中析出氢气，进而形成氢气孔；铝易氧化，形成的高熔点氧化物附着在熔池表面，影响液态熔池的铺展浸润形成氧化膜缺陷；液态铝表面张力低，熔池中的深熔小孔受熔池波动影响，导致小孔塌陷形成空腔缺陷 [115]。

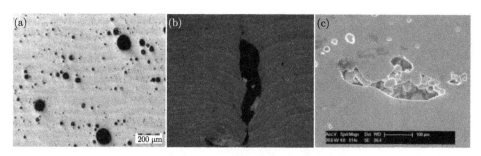

图 5.49 激光选区熔化铝合金缺陷 [115]

(a) 氢气孔 [117]；(b) 氧化膜 [118]；(c) 未熔合 [119]

各类缺陷的存在使得增材制造铝合金构件的力学性能、结构性能有不同程度的降低 [120]。因此如何有效地控制缺陷并对难以消除的缺陷进行合理有效的评价是目前增材制造铝合金研究中的重要课题。三维 X 射线成像技术在材料内部缺陷表征方面具有独特的技术优势。Siddique[121] 等采用 X 射线成像研究基板加热与热等静压对激光选区熔化 AlSi12 合金气孔率的影响。结果表明，采用基板加热与热等静压可以显著降低试样内部气孔 (见图 5.50)。虽然采用基板加热后会降低材料的硬度与抗拉强度，但却可以提高材料裂纹扩展门槛值，显著提高材料的疲劳强度。

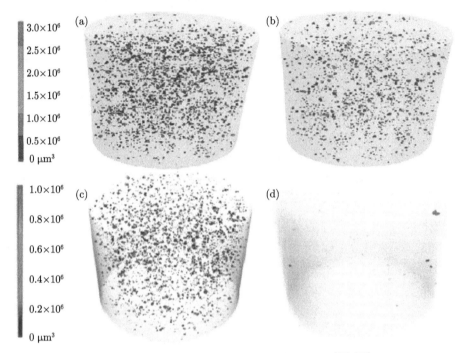

图 5.50　激光选区熔化 AlSi12 铝合金气孔率 [121,122]

(a) 保温 240 ℃去应力；(b) 基板预热 200 ℃+ 保温 240 ℃去应力；(c) 增材态；(d) 热等静压态

　　Maskery 等 [123] 通过改变扫描策略和脉冲宽度获得质量较佳的增材 AlSi10Mg 试样，采用 X 射线成像对热处理前后试样内部气孔缺陷进行定量表征分析。研究发现，热处理前试样中存在较大气孔，可见未完全熔化粉末。而热处理后缺陷明显减小。他们同时比较了热处理前后的材料性能，发现显微组织和硬度发生改变，但气孔的数量、形状、大小和位置基本没有改变，说明增材制造 AlSi10Mg 合金性能和失效主要取决于微观组织和气孔率。

　　此外，Maskery[123] 及 Romano[124] 等采用 X 射线成像技术对气孔缺陷在不同方向的投影面积进行统计，研究发现气孔具有各向异性，且在平行于建造方向的投影尺寸较大。图 5.51 给出了激光选区熔化 AlSi10Mg 试样内气孔三维成像结果。由图 5.51(b) 可知，垂直于堆积方向上的气孔尺寸相对较小且形态更加扁长。研究认为 [123]，气孔明显的各向异性与激光选区熔化分层制造过程密切相关。

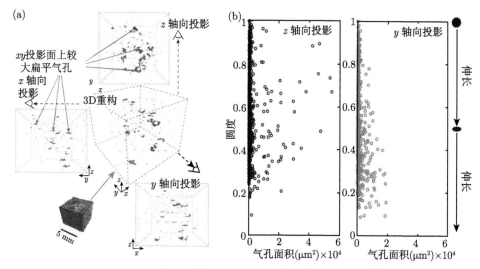

图 5.51　激光选区熔化 AlSi10Mg 铝合金气孔分布 [123]

(a) 气孔在三个主方向上的投影图像；(b) 气孔分别在 xy 和 zx 平面的投影面积与圆度

5.5.4 其他结构材料

除了轻质高强度的钛合金、铝合金和镁合金外，钢材料、镍基合金、硬质合金、钴铬合金等也是增材制造的研究热点 [125]。其中，304 和 316 奥氏体不锈钢是较早用于激光熔化成形的两种结构材料。镍基高温合金能稳定工作在 600 ℃ 以上的高温环境中，是目前飞机和燃气轮机等关键安全部件增材制造的优选材料。尤其对于难熔金属化合物为基的硬质合金，增材制造方式是其理想的成型工艺。然而在打印这些材料的过程中，都不可避免存在气孔和未熔合等缺陷，是增材制件走向工程应用前必须予以解决的关键科学与技术问题。

同步辐射 X 射线成像尤其适用于具有一定体积的缺陷的辨识，例如增材制造中气孔和未熔合等近球形缺陷。Carlton 等 [126] 采用原位拉伸试验机对激光选区熔化成形 316L 不锈钢试样进行原位拉伸试验，采用同步辐射 X 射线成像技术原位观测缺陷致损伤演化行为。试验过程中采用位移控制方式以准静态速率加载，在特定加载条件下，每次成像过程持续 3~5 分钟，试验结果如图 5.52 所示。由图 5.52(a)可知，拉伸过程中，试样平均气孔率逐渐增大，由 2.2 ％增加至 5.3 ％。图 5.52(b)给出了拉伸过程中不同阶段的裂纹扩展形貌，图中白色箭头指出，裂纹在扩展过程中倾向于向内部空腔缺陷偏转并与之桥接相连，以致贯穿整个缺陷导致试样最终失效，清晰展示了缺陷对裂纹扩展的驱动作用。

Zhou[127] 等采用同步辐射 X 射线成像技术对激光选区熔化 Co-Cr-Mo 合金内部缺陷的尺寸、形貌进行精确表征。激光选区熔化成形过程中铺粉层厚度为 30 μm，扫描间距为 125 μm。研究发现，激光选区熔化 Co-Cr-Mo 合金内部多为不规则缺陷，形貌复杂，图 5.53 给出了两种典型缺陷的三维成像结果。

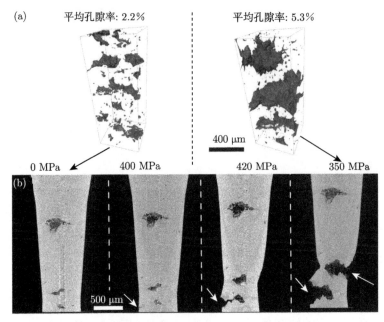

图 5.52　高气孔率增材制造 316L 不锈钢原位拉伸成像 [126]

(a) 试样初始缺陷损伤状态与断裂前损伤状态对比；(b) 不同应力水平下试样损伤状态成像

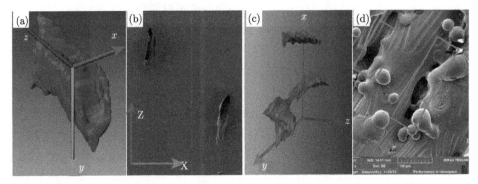

图 5.53　激光选区熔化 Co-Cr-Mo 合金内部缺陷，y 轴为堆积方向 [127]

(a) 和 (b) 为位于单一铺粉层内缺陷；(c) 和 (d) 为贯穿多个铺粉层缺陷

由图 5.53(a) 和 (b) 可知，缺陷在堆积方向尺寸为 48 μm，是一种位于单一铺粉层中的缺陷；图 5.53(c) 和 (d) 中缺陷在建造方向尺寸达 130 μm，是一种跨越多个铺粉层的缺陷。进一步研究表明，通过调整激光选区熔化工艺参数，如采用更高的激光功率、脉冲输出，适当的激光扫描速度和优化分布的 Co-Cr-Mo 合金粉末颗粒，可以有效抑制激光选区熔化过程中熔池的不稳定运动和内部缺陷的形成。

5.6 复合材料的损伤行为

复合材料是指将两种及以上组分混合加工而成的一种新型结构材料，它具有比强度高、比模量高及减振性能好等优点，广泛应用于航空航天、石油化工、医疗器械等领域。随着制备技术的不断进步，人们可以根据预期性能来设计和控制复合材料的微观结构。常见的复合材料包括树脂基复合材料 (Polymer Matrix Composite，PMC)、陶瓷基复合材料 (Ceramic Matrix Composites，CMC) 和金属基复合材料 (Metal Matrix Composite，MMC) 等。在实际服役中，复合材料需要承受拉伸、疲劳、冲击、高温、腐蚀、辐照等极端复杂环境作用。因此，研究复合材料的损伤、疲劳与断裂机理不仅对于发展更优力学性能的新型复合材料具有重要意义，而且可为新结构设计和服役性能评估提供科学支持。

5.6.1 树脂基复合材料

树脂基复合材料，又称为聚合物基复合材料，材料基体有热固性树脂和热塑性树脂两类。树脂基复合材料具有比强度高、比模量高、阻尼减振性好以及抗破损和疲劳能力强等特性，广泛应用于航空航天飞机结构设计与制造中，可有效提升结构轻量化程度，显著提高机体制造先进性。然而，树脂基复合材料也存在一些急需解决的问题，如因加工工艺不稳定导致的构件服役性能分散性较大、抗冲击性能较差、制造过程中存在内部缺陷及易于分层和剥离等。

与金属材料相比，树脂基复合材料失效行为更加复杂。常见的失效模式有，基体开裂、界面脱粘、纤维层裂以及上述多种模式的综合作用。此外，树脂基复合材料的损伤行为影响因素较多，如纤维和树脂性能、叠层顺序、固化过程、环境温度及服役条件等。广义的缺陷通常有气孔、分层、脱胶、夹杂、贫胶或富胶、树脂固化不完全、纤维方向偏离或者变形、铺贴顺序错误等。损伤则是指在使用和维护过程中产生的结构异常，包括低速冲击、高速冲击、鼓包及屈曲等。缺陷与损伤均可成为裂纹的萌生位置，甚至从根本上改变失效模式。

借助实验室 X 射线断层扫描三维成像技术，原位、动态、无损地表征复合材料的失效是近年来备受重视的一种新型研究手段。Withers 等 [128] 总结了实验室 CT 成像在复合材料结构设计和服役评价中的应用，讨论了衬度获取、薄板检查、样本大小/分辨率、缺陷损伤定量表征及基于成像数据的建模等诸多技术细节，阐述了在制造工艺、静态加载及疲劳和冲击损伤等方面的广泛应用。举例来说，Gigliotti 等 [129] 基于实验室 CT 成像揭示了碳/环氧基三维正交编织预成型复合材料的热循环损伤机制，并重建出热循环疲劳裂纹的形态及其演化过程，如图 5.54 所示。

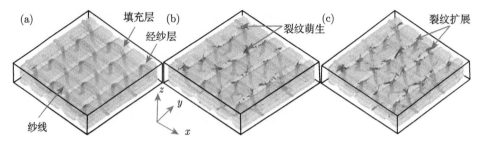

图 5.54   碳/环氧基复合材料的热损伤行为 [129]

(a) $N = 200$；(b) $N = 800$；(c) $N = 1400$

由图可见，在 $N = 200$ 周次时可以观察到裂纹 (蓝色) 首先萌生于试样近表面的经纱层。当热循环达到 800 周次时在近表面基体富集区 Z 形纱线弯曲处形成应力集中和微裂纹，最终在 1400 周次时纱线纵向界面全部开裂，且上下层基体层中的裂纹出现合并现象。Leonard 等 [130] 基于实验室 X 射线成像技术开发了一种可用于碳纤维增强复合材料冲击损伤研究的数据处理方法，能够获取整个厚度方向的损伤分布，并逐层分割和定量评估层间和层内的冲击损伤。

Lau 等 [131] 认为较低的对比度和分辨率难以辨识聚合物组分的密度差，这使得传统的实验室 X 射线成像技术很难准确获取层压板内部薄聚合物的微结构特征图像。与此同时，Nikishkov 等 [132] 也认为传统的实验室 X 射线成像在描述孔隙几何形状和孔隙总体积时容易产生较大误差，尽管存在相应的数据修正方法，但是数据处理过程极为复杂。Garcea 和 Withers 等 [128] 在综述中也谈到了这一问题，并详细对比了实验室 CT 和同步辐射 CT 的优劣性。他们认为，在复合材料的成像表征时，尤其是当需要某一水平的相位对比度或高的时间分辨率时，同步辐射 CT 可以提供更大的灵活性。因此，相比实验室 CT，同步辐射 CT 成为表征复合材料损伤过程更好的选择。Garcea 等 [133] 借助瑞士同步辐射光源成功实现了碳纤维增强复合材料在连续单调拉伸载荷作用下的损伤演化表征。Patterson[134] 等也借助同步辐射 X 射线成像开展了 3D 打印聚酰胺复合材料的单调拉伸原位观测，图 5.55 给出了损伤演化过程。

可见，在增材制造的聚酰胺复合材料拉伸变形过程中，距失效面较远的玻璃微珠的相对位置保持不变，如图中实心箭头标识的密集三颗微粒。然而在失效面附近，特征相对扭曲 (虚线箭头所示)，两个微珠簇从垂直排列转换为水平排列。此外，在颗粒和基体界面之间观察到孔洞，当载荷增大至抗拉强度时发生界面剥离现象。拉伸时，试样在缺口附近出现轻微颈缩，然后出现界面剥离，随之在剥离面之间形成分支基质韧带，最终因基质韧带断裂导致试样失效。

同步辐射 X 射线成像技术还可用于力学参量的测量。Bay 等 [135] 根据重构的微结构数字图像，通过图像纹理进行子体积跟踪和测量，并据此推算出应变场。除此之外，Stamopoulos[136] 等借助人工神经网络模型将 X 射线成像获得的气孔与单向多孔碳纤维增强复合材料的力学性能相关联，给出了气孔率与材料力学性能的函数关系，预测结果与试验数据吻合较好。

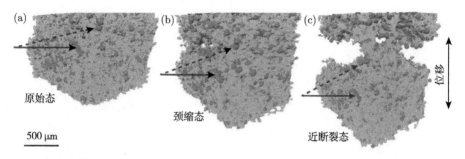

图 5.55 高吸收性硼硅酸盐微珠颗粒 (紫色) 和中度吸收性基质 (绿色) 在单调拉伸作用下的失效过程 [134]

(a) 原始状态；(b) 发生颈缩后的状态；(c) 即将断裂状态

5.6.2 陶瓷基复合材料

陶瓷基复合材料是以陶瓷为基体，以高强度纤维、晶须、颗粒等为增强体，通过适当复合而形成的一类复合材料。其中，基体主要包括氧化物、氮化硅、碳化硅等高温结构陶瓷。现代陶瓷通常具有耐高温、耐磨损、抗腐蚀和重量轻等特性，但脆性大的弱点极大限制了其大规模推广应用。陶瓷基复合材料不仅具有比强度高、比模量高、热导率高、热膨胀系数低以及耐高温等优良特性，还具有基体致密度高、放射活性低、耐热震、耐辐照、抗烧蚀、抗疲劳和抗蠕变等优点。它是一种集结构承载和耐苛刻环境于一体的轻质新型复合材料，在空天飞机隔热/防热系统、航空发动机涡轮叶片、火箭发动机及核能耐高温部件上具有巨大的发展潜力。

然而，陶瓷基复合材料仍存在着若干挑战。例如，在高温和高压条件下制备出的复合材料会对纤维造成一定程度的损伤。但是，降低制备温度和环境压力又会导致气孔率增加。作为一种典型的几何不连续，陶瓷基复合材料中的气孔和微裂纹是服役性能的重要控制因素。因此，越来越多的学者采用原位、动态、无损的高能 X 射线成像技术开展陶瓷基复合材料微结构及损伤机制的研究 [137,138]。艾士刚等 [139] 在获取纤维束微结构的基础上，进一步建立基于真实微结构的有限元模型，为热、械、氧耦合服役环境下的材料损伤行为提供了新的定量研究思路，并提出利用编织结构和缺陷建模的数值方法。

陶瓷基复合材料作为新一代高温结构材料，耐高温特性也是设计和服役评价的关注重点。Bale 等 [137] 结合热氧联合加载装置和 SR-μCT 技术对 SiC 基复合材料进行常温和高温原位拉伸加载并观测，进而对材料内部纤维束和基体的断裂过程进行三维重构及表征，如图 5.56 所示。

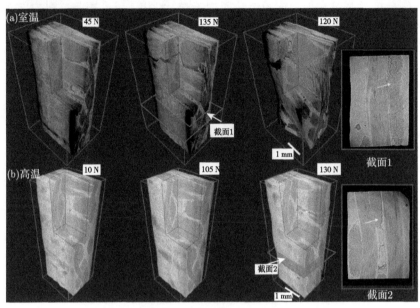

图 5.56　单调拉伸下 SiC 基复合材料损伤行为 [137]

(a) 室温环境；(b) 高温环境

Mazars 等 [140] 通过原位拉伸 X 射线成像考察了 SiC/SiC 复合材料的损伤演化过程，建立了基于真实微结构和损伤演变的仿真模型，用数值仿真的方法在材料尺度上再现了损伤演化过程，如图 5.57 所示。

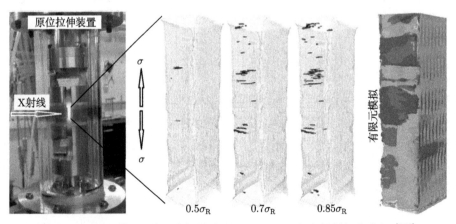

图 5.57　基于原位拉伸同步辐射成像的 SiC/SiC 复合材料损伤表征 [140]

在工程应用方面，美国高超声速材料与结构项目针对高温复合材料开展了虚拟测试，首先基于 SR-μCT 技术获得 C/SiC 编织复合材料内部微观组织的三维结构，进一步统计出纤维束真实分布的几何特征，然后借助真实微观结构几何特征建立三维虚拟试样，开展基于虚拟试样的高保真有限元仿真分析[141]。可见，复合显微 CT 成像技术与数值模拟的研究手段，在陶瓷基复合材料损伤行为的定量分析中得到了广泛运用，其探索具有非常重要的理论和工程价值。

5.6.3　金属基复合材料

金属基复合材料是以金属单质及其合金为基体，与一种或者几种金属或非金属 (如陶瓷、碳化物等) 强化相结合制成的新型结构材料，广泛应用于航空航天等领域中[142]。由于是由金属本体和强化相结合而成，金属基复合材料的综合力学性能要优于单相材料，它既继承了基体材料良好的延展性和韧性，又具备强化相的高强度和硬度。然而，由于强化相易在基体中形成缺陷或者聚合物，导致强化相分布不均匀，显著影响复合材料的力学性能和疲劳强度[143]。因此，探索金属基复合材料的微结构及损伤机制至关重要。在这方面，同步辐射成像技术在定性和定量研究金属基复合材料内部损伤行为等方面展现出了巨大优势。

Babout 等[144]借助原位拉伸同步辐射成像发现，加载过程中强化相与基体材料之间首先减聚并形成孔穴，随之在孔穴处萌生裂纹并扩展，导致材料失效。由强化相、裂纹及孔穴的原位和实时观察发现，损伤主要发生在材料塑性变形之后，裂纹一旦萌生便快速扩展[145]。为了考察基于强化相的聚合效应对金属基复合材料力学性能和疲劳强度的影响，Dastgerdi 等[146]通过同步辐射成像讨论了不同挤压载荷作用下镁基复合材料中强化相 $Ni_{60}Nb_{40}$ 颗粒的分布变化。分析发现，强化相颗粒聚合形态和尺寸随挤压载荷 (从 600 psi 到 750 psi) 增加而变小；在低载荷时聚合物形态近似于球体，而在 750 psi 时，聚合物的球度值变小。由于聚合物是由硬度较高的强化相颗粒聚集而成，因此这种局部硬化成为重要的裂纹萌生源。

强化相的破裂也会形成损伤。在峰值时效铝基复合材料拉伸过程中，损伤主要源于 SiC 颗粒的破裂，而孔穴的影响相对较小[147]。针对强化相颗粒与基体界面的减聚失效和颗粒破裂失效两种损伤机制，Babout 等[148]建立了拉伸加载过程中颗粒增强铝基复合材料内部失效模型，成功揭示了减聚失效和颗粒破裂失效之间的竞争机制。在基体材料的影响方面，通过对较软纯 Al 基体和较硬 2124 基体进行原位拉伸成像发现，前者失效机制为强化相和基体发生减聚形成孔穴为主，而后者主要为强化相破裂所致[149]。外加载荷也会对金属基复合材料的损伤行为产生影响，基体与强化相的界面减聚和强化相破裂会受到施加载荷的影响[150]，同时发现因界面减聚形成的孔穴也主要沿着加载方向扩展[151]。Babout 等[152]通过铝基复合材料裂纹演化成像发现，损伤类型与基体的应力状态有关，低应力状态下以强化相与基体之间发生减聚而损伤, 高应力状态主要以强化相破裂而失效为主。

　　金属基复合材料通常要承受交变载荷的作用, 疲劳性能是结构设计的一个重要指标, 因此需要进一步分析强化相、气孔和夹杂的形态、尺寸和分布对疲劳强度的影响[153]。强化相的添加使得金属基复合材料的疲劳性能要优于单相材料, 疲劳性能的改善受多种因素的影响, 如强化相的体积分数和尺寸大小、基体和界面的微观结构、制造过程中引入的夹杂和缺陷等。针对强化相对金属基复合材料疲劳行为的影响, Hruby 等[154] 结合同步辐射成像与原位疲劳加载机构开展了一系列的研究工作。原位疲劳试验分析了两种应力比 $R=0.1$ 和 $R=0.6$ 条件下疲劳裂纹与强化相之间的相互作用, 发现在 $R=0.1$ 时, 疲劳裂纹主要以绕过强化相的方式进行扩展, 当 $\Delta K > 7.5$ MPa·m$^{1/2}$ 时, 裂纹尖端出现穿过强化相的现象; 而在 $R=0.6$ 条件下, 疲劳裂纹主要以穿过强化相的方式进行扩展 (见图 5.58) 为特征。

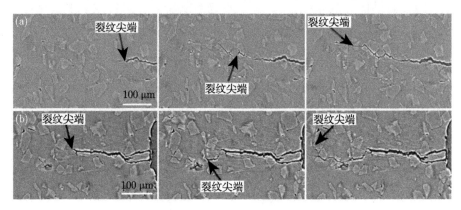

图 5.58　疲劳裂纹与强化相之间的相互作用[154]

(a) $R = 0.1$; (b) $R = 0.6$

　　强化相颗粒的强度以及颗粒与基体的界面结合强度对于颗粒增强铝基复合材料的疲劳损伤行为有重要影响。疲劳失效通常发生在材料强度较低的位置, 且易断裂于基体与强化相颗粒的界面弱强度区[155]。对于金属基复合材料, 疲劳强度不仅受强化相的影响, 富铁夹杂物和铸造气孔也是不容忽视的因素。Silva 等[156] 基于原位疲劳同步辐射成像技术分析了富铁夹杂物和气孔的形态和尺寸, 结果表明富铁夹杂物和气孔分布均呈现出高度的不均匀性, 富铁夹杂物体积分数为 0.07%, 气孔体积分数为 0.23%。由于金属基复合材料是由金属基体和强化相复合而成, 在加热过程中两相材料的热膨胀率是不同的。当金属基复合材料在一定温度范围内加热和冷却时, 不同的材料热膨胀会产生较大的内部孔穴, 并认为这些具有较高应力集中程度的孔穴会成为疲劳裂纹萌生点[157]。Chapman 等[158] 研究了 SiC 强化铝基复合材料在热循环加载中材料内部的损伤演变, 并指出孔穴体积分数为循环周次的函数，当循环周次为 1050 周时，孔穴体积分数约为加载前的 5 倍。此外，针状的孔穴逐渐聚合成为较大的孔穴进而萌生裂纹致材料失效 [159]。

5.7 本章小结

同步辐射光源已经成为众多学科前沿领域不可或缺的大科学装置，是国家战略新材料研发和实现跨越式发展的核心装备。它一经出现，就受到工程科学与技术各领域科学家的重视，是开展学科交叉和进行原始创新的超级显微镜。然而要想快速有效使用同步辐射光源开展科学研究，尤其是应用 X 射线成像精确表征材料微结构演化和准确预测材料服役性能并不容易。与传统的扫描电子显微镜和光学显微镜相比，同步辐射 X 射线成像很难立即实现"试验即结果"的研究模式。同步辐射 X 射线成像中产生海量数据，虽然用户可以在完成一个阶段的试验后预览结果，但得到最终定量的疲劳损伤图像可能需要花费数天甚至数月的时间，这也是同步辐射 X 射线成像技术让人望而却步的重要原因。

本章针对同步辐射 X 射线成像研究材料疲劳损伤，详解了海量试验数据的后处理问题。以两款三维图像数据重构软件 Mimics 和 Amira 为例，指导用户在拿到试验数据后开展二维切片的快速读取和导入、感兴趣特征的提取和分割以及最终数据的可视化。尤为重要的是，这些图像处理软件都提供了兼容于大型商业有限元软件的文件格式，在完成缺陷特征标定后，可以把整个材料模型导入到仿真软件中，这样就实现了实验研究与仿真模拟的完美结合，大大扩充了人们对材料疲劳损伤行为的研究手段，显著提升了科学研究的效率与质量。

随后简要论述了国内外在同步辐射装置上开展的工程材料服役行为研究进展及主要成果，包括铝合金熔焊接头、增材制造材料和三类复合材料的基于 X 射线成像的损伤行为。需要指出的是，增材制件和复合材料具有天然几何不连续特征(如气孔、未熔合、微裂纹、界面等)，因此采用同步辐射 X 射线开展多尺度力学性能和疲劳损伤研究具有巨大应用前景。乐观估计认为，基于先进光源成像开展材料疲劳损伤的微观—介观—宏观力学行为及服役性能评价将成为未来重要研究方向，在结合传统的表面测量方法 (如数字图像相关法、声发射法) 和散裂中子源后，对于先进工程材料的疲劳损伤表征将更为全面和系统。

参 考 文 献

[1] Bathias C, Pineau A. 吴圣川，李源，王清远，译. 材料与结构的疲劳. 北京: 国防工业出版社，2016.

[2] 吴圣川，朱宗涛，李向伟. 铝合金的激光焊接及性能评价. 北京: 国防工业出版社，2014.

[3] Luo Y, Wu S C, Hu Y N, et al. Cracking evolution behaviors of lightweight materials

based on in situ synchrotron X-ray tomography: A review. Front Mech Eng, 2018, 13(4): 461-481.

[4] 许峰, 胡小方. 基于先进光源的内部力学行为实验研究进展. 中国科学: 物理学、力学、天文学, 2018, 48(9): 094611.

[5] 吴圣川, 徐晓波, 张卫华, 等. 激光 - 电弧复合焊接 7075-T6 铝合金疲劳断裂特性. 焊接学报, 2012, 33(10): 45-49.

[6] 张亮, 方洪渊, 王林森, 等. A7N01 铝合金焊接接头的不均匀特性. 焊接学报, 2012, 33(11): 97-100.

[7] Wu S C, Hu Y N, Song X P, et al. On the microstructural and mechanical characterization of hybrid laser-welded Al-Zn-Mg-Cu alloys. J Mater Eng Perform, 2015, 24(4): 1540-1550.

[8] 薛华. 高速列车用 A6N01S 和 A7N01S 铝合金焊接接头疲劳裂纹扩展速率研究. 天津: 天津大学硕士学位论文, 2007.

[9] Tsay L W, Shan Y P, Chao Y H, et al. The influence of porosity on the fatigue crack growth behavior of Ti-6Al-4V laser welds. J Mater Sci, 2006, 41(22): 7498-7505.

[10] 杨文, 张立峰, 任英, 等. 利用高分辨同步辐射 Micro-CT 定量三维表征含 Ti 铁素体不锈钢铸坯中氧化物夹杂. 金属学报, 2016, 52(2): 217-223.

[11] Nizery E, Proudhon H, Buffière J Y, et al. Three-dimensional characterization of fatigue-relevant intermetallic particles in high-strength aluminum alloys using synchrotron X-ray nanotomography. Phil Mag, 2015, 95(25): 2731-2746.

[12] 胡雅楠, 吴圣川, 张思齐, 等. 基于三维 X 射线成像的激光复合焊接 7020 铝合金的组织与力学特性演变. 中国激光, 2016, 43(1): 1-9.

[13] 屈升. 高速列车车体疲劳强度研究. 成都: 西南交通大学硕士学位论文, 2013.

[14] Cam G, Kocak M. Microstructural and mechanical characterization of electron beam welded Al-alloy 7020. J Mater Sci, 2007, 42(17): 7154-7161.

[15] Hu B, Richardson I M. Microstructure and mechanical properties of AA7075 (T6) hybrid laser/GMA welds. Mater Sci Eng A, 2007, 459(1): 94-100.

[16] Yan J, Zeng X, Gao M, et al. Effect of welding wires on microstructure and mechanical properties of 2A12 aluminum alloy in CO_2 laser-MIG hybrid welding. Appl Surf Sci, 2009, 255(16): 7307-7313.

[17] 吴圣川, 张卫华, 焦汇胜, 等. 激光—电弧复合焊接 7075-T6 铝合金接头软化行为. 中国科学: 技术科学, 2013, 43(7): 785-792.

[18] 喻程, 吴圣川, 胡雅楠, 等. 铝合金熔焊微气孔的三维同步辐射 X 射线成像观测. 金属学报, 2015, 51(2): 159-168.

[19] 吴圣川, 胡雅楠, 付亚楠, 等. 铝合金焊缝疲劳开裂的原位同步辐射 X 射线成像. 焊接学报, 2015, 36(12): 5-8.

[20] Wu S C, Yu C, Yu P S, et al. Corner fatigue cracking behavior of hybrid laser AA7020 welds by synchrotron X-ray computed microtomography. Mater Sci Eng A, 2016, 651:

604-614.

[21] Wu S C, Yu C, Zhang W H, et al. Porosity induced fatigue damage of laser welded 7075-T6 joints investigated via synchrotron X-ray microtomography. Sci Technol Weld Join, 2015, 20(1): 11-19.

[22] 胡雅楠. 高速列车用 7020 铝合金激光复合焊接头的抗疲劳断裂行为. 成都: 西南交通大学硕士学位论文, 2017.

[23] 喻程. 高速列车铝合金熔焊接头疲劳开裂同步辐射成像及表征. 成都: 西南交通大学硕士学位论文, 2015.

[24] Kamp N, Gao N, Starink M J. Influence of grain structure and slip planarity on fatigue crack growth on low alloying artificially aged 2xxx aluminum alloys. Int J Fatigue, 2007, 29(5): 869-878.

[25] Putra I S, Schijve J. Crack opening stress measurements of surface cracks in 7075-T6 alluminium alloy plate specimen through electron fractography. Fatigue Fract Eng Mater Struct, 1992, 15(4): 323-338.

[26] Chang T, Guo W. A model for the through-thickness fatigue crack closure. Eng Fract Mech, 1999, 64(1): 59-65.

[27] Yu P, She C, Guo W L. Equivalent thickness conception for corner cracks. Int J Solids Struct, 2010, 47(16): 2123-2130.

[28] 于陪师. 含曲线裂纹结构的三维断裂与疲劳裂纹扩展模拟研究. 南京: 南京航空航天大学博士学位论文, 2010.

[29] Tao W, Han B, Chen Y. Microstructural and mechanical characterization of aluminum-lithium alloy 2060 welded by fiber laser. J Laser Appl, 2016, 28(2): 022409.

[30] Han B, Chen Y, Tao W, et al. Nano-indentation investigation on the local softening of equiaxed zone in 2060-T8/2099-T83 aluminum-lithium alloys T-joints welded by double-sided laser beam welding. J Alloy Compd, 2018, 756: 145-162.

[31] Chen L, Hu Y N, He E G, et al. Microstructural and failure mechanism of laser welded 2A97 Al-Li alloys via synchrotron tomography. Int J Lightweight Mater Manufact, 2018, 1(3): 169-178.

[32] Padilla E, Jakkali V, Jiang L, et al. Quantifying the effect of porosity on the evolution of deformation and damage in Sn-based solder joints by X-ray microtomography and microstructure-based finite element modeling. Acta Mater, 2012, 60: 4017-4026.

[33] Guo B F, Kunwar A, Jiang C G, et al. Synchrotron radiation imaging study on the rapid IMC growth of Sn–xAg solders with Cu and Ni substrates during the heat preservation stage. J Mater Sci: Mater Electron, 2018, 29: 589-601.

[34] Schlacher C, Pelzmann T, Béal C, et al. Investigation of creep damage in advanced martensitic chromium steel weldments using synchrotron X-ray micro-tomography and EBSD. Mater Sci Technol, 2014, 31(5), 516-521.

[35] Aucott L, Huang D, Dong H B, et al. Initiation and growth kinetics of solidification cracking during welding of steel. Sci Rep, 2017, 7: 40255.

[36] 涂善东. 高温结构完整性原理. 北京：科学出版社，2013.

[37] Buffière J Y, Savelli S, Jouneau P H, et al. Experimental study of porosity and its relation to fatigue mechanisms of model Al-Si7-Mg0.3 cast Al alloys. Mater Sci Eng A, 2001, 316: 115-126.

[38] Ludwig W, Buffière J Y, Savelli S, et al. Study of the interaction of a short fatigue crack with grain boundaries in a cast Al alloy using X-ray microtomography. Acta Mater, 2003, 51(3): 585-598.

[39] Dezecot S, Buffière J Y, Koster A, et al. In situ 3D characterization of high temperature fatigue damage mechanisms in a cast aluminum alloy using synchrotron X-ray tomography. Scripta Mater, 2016, 113: 254-258.

[40] Zhang H, Toda H, Hara H, et al. Three-dimensional visualization of the interaction between fatigue crack and micropores in an aluminum alloy using synchrotron X-ray microtomography. Meta Mater Trans A, 2007, 38(8): 1774-1785.

[41] Le Viet-Duc, Saintier N, Morel F, et al. Investigation of the effect of porosity on the high cycle fatigue behaviour of cast Al-Si alloy by X-ray micro-tomography. Int J Fatigue, 2018, 106: 24-37.

[42] Qian L, Toda H, Uesugi K, et al. Three-dimensional visualization of ductile fracture in an Al-Si alloy by high-resolution synchrotron X-ray microtomography. Mater Sci Eng A, 2008, 483: 293-296.

[43] Li P, Lee P D, Maijer D M, et al. Quantification of the interaction within defect populations on fatigue behavior in an aluminum alloy. Acta Mater, 2009, 57(12): 3539-3548.

[44] Toda H, Masuda S, Batres R, et al. Statistical assessment of fatigue crack initiation from sub-surface hydrogen micropores in high-quality die-cast aluminum. Acta Mater, 2011, 59(12): 4990-4998.

[45] Toda H, Yamamoto S, Kobayashi M, et al. Direct measurement procedure for three-dimensional local crack driving force using synchrotron X-ray microtomography. Acta Mater, 2008, 56(20): 6027-6039.

[46] Zhang H, Toda H, Qu P, et al. Three-dimensional fatigue crack growth behavior in an aluminum alloy investigated with in situ high-resolution synchrotron X-ray microtomography. Acta Mater, 2009, 57(11): 3287-3300.

[47] Toda H, Sinclair I, Buffière J Y, et al. A 3D measurement procedure for internal local crack driving forces via synchrotron X-ray microtomography. Acta Mater, 2004, 52: 1305-1317.

[48] Toda H, Maire E, Yamauchi S, et al. In situ observation of ductile fracture using X-ray tomography technique. Acta Mater, 2011, 59: 1995-2008.

[49] Ferrié E, Buffière J Y, Ludwig W, et al. Fatigue crack propagation: In situ visualization using X-ray microtomography and 3D simulation using the extended finite element method. Acta Mater, 2006, 54(4): 1111-1122.

[50] Buffière J Y, Ferrié E, Proudhon H, et al. Three-dimensional visualisation of fatigue cracks in metals using high resolution synchrotron X-ray micro-tomography. Mater Sci technol, 2006, 22(9): 1019-1024.

[51] Proudhon H, Moffat A, Sinclair I, et al. Three-dimensional characterisation and modelling of small fatigue corner cracks in high strength Al-alloys. Comptes Rendus Physique, 2012, 13(3): 316-327.

[52] Shen Y, Morgeneyer Thilo F, Garnier J, et al. Three-dimensional quantitative in situ study of crack initiation and propagation in AA6061 aluminum alloy sheets via synchrotron laminography and finite-element simulations. Acta Mater, 2013, 61: 2571-2582.

[53] Gupta C, Toda H, Fujioka T, et al. Micro-pore development phenomenon in hydrogen pre-charged aluminum alloy studied using synchrotron X-ray micro-tomography. Appl Phy Lett, 2013, 103: 171902.

[54] Singh S S, Williams J J, Stannard T J, et al. Measurement of localized corrosion rates at inclusion particles in AA7075 by in situ three dimensional (3D) X-ray synchrotron tomography. Corros Sci, 2016, 104: 330-335.

[55] Vallabhaneni R, Stannard T J, Kaira C S, et al. 3D X-ray microtomography and mechanical characterization of corrosion-induced damage in 7075 aluminium (Al) alloys. Corros Sci, 2018, 139: 97-113.

[56] Singh S S. Microstructural Characterization and Corrosion Behavior of Al 7075 Alloys Using X-ray Synchrotron Tomography. Phoenix: Arizona State University Doctoral Dissertation, 2015.

[57] Stannard T J, Williams J J, Singh S S, et al. 3D time-resolved observations of corrosion and corrosion-fatigue crack initiation and growth in peak-aged Al 7075 using synchrotron X-ray tomography. Corros Sci, 2018, 138: 340-352.

[58] Williams J J, Yazzie K E, Padilla E, et al. Understanding fatigue crack growth in aluminum alloys by in situ X-ray synchrotron tomography. Int J Fatigue, 2013, 57: 79-85.

[59] Marrow T J, Buffière J Y, Withers P J, et al. High resolution X-ray tomography of short fatigue crack nucleation in austempered ductile cast iron. Int J Fatigue, 2004, 26: 717-725.

[60] Ludwig W, Reischig P, King A, et al. Three-dimensional grain mapping by X-ray diffraction contrast tomography and the use of Friedel pairs in diffraction data analysis. Rev Sci Instrum, 2009, 80: 033905.

[61] Babout L, Jopek L, Preuss M. 3D characterization of trans- and inter-lamellar fatigue crack in (α+β) Ti alloy. Mater Character, 2014, 98: 130-139.

[62] Herbig M, King A, Reischig P, et al. 3-D growth of a short fatigue crack within a polycrystalline microstructure studied using combined diffraction and phase-contrast X-ray tomography. Acta Mater, 2011, 59: 590-601.

[63] Lauridsen E M, Schmidt S, Suter R M, et al. Tracking: a method for structural characterization of grains in powders or polycrystals. J Appl Crystall, 2001, 34: 744-750.

[64] Fu X, Poulsen X F, Schmidt S, et al. Non-destructive mapping of grains in three dimensions. Scripta Mater, 2003, 49: 1093-1096.

[65] Yoshinaka F, Nakamura T, Nakayama S, et al. Non-destructive observation of internal fatigue crack growth in Ti-6Al-4V by using synchrotron radiation μCT imaging. Int J Fatigue, 2016, 93: 397-405.

[66] 张军利, 鲁法云, 王昭, 等. SEM 原位观察 3104 铝合金板材的断裂行为简. 金属热处理, 2016, 41(10): 34-37.

[67] 张丽, 黄新跃, 吴学仁, 等. 镍基高温合金 GH4169 小裂纹早期扩展的原位疲劳试验. 航空动力学报, 2014, 29(4): 901-906.

[68] 常丽艳, 宋西平, 张敏, 等. 基于原位 SEM 的激光 -MIG 复合焊接 7075-T6 铝合金疲劳裂纹扩展行为. 焊接学报, 2016, 37(5): 85-88.

[69] 张敏, 宋西平, 林均品, 等. 利用原位观察技术测定 TC4 钛合金的疲劳裂纹扩展门槛值. 理化检验 (物理分册), 2012, 48(4): 224-227.

[70] Wu S C, Zhang S Q, Xu Z W, et al. Cyclic plastic strain based damage tolerance for railway axles in China. Int J Fatigue, 2016, 93: 64-70.

[71] Wu S C, Xu Z W, Yu C, et al. A physically short fatigue crack growth approach based on low cycle fatigue properties. Int J Fatigue, 2017, 103(6): 185-195.

[72] 王玉光, 吴圣川, 李忠文, 等. 一种基于低周疲劳特征的含缺陷车轴剩余寿命预测模型. 铁道学报, 2018, 40(11): 1-6.

[73] Shi K K, Cai L X, Chen L, et al. Prediction of fatigue crack growth based on low cycle fatigue properties. Int J Fatigue, 2014, 61: 220-225.

[74] Shi K K, Cai L X, Bao C, et al. Structural fatigue crack growth on a representative volume element under cyclic strain behavior. Int J Fatigue, 2015, 74: 1-6.

[75] Buffière J Y, Maire É, Adrien J, et al. In situ experiments with X-ray tomography: an attractive tool for experimental mechanics. Exper Mech, 2010, 50: 289-305.

[76] Lachambre J, Rethore J, Weck A, et al. Extraction of stress intensity factors for 3D small fatigue cracks using digital volume correlation and X-ray tomography. Int J Fatigue, 2015, 71: 3-10.

[77] 杨一鸣. X 射线衍射层析成像及其合金晶粒三维定量研究. 上海: 中国科学院大学博士学位论文, 2017.

[78] Murakami Y, Kodama S, Konuma S. Quantitative evaluation of effects of nonmetallic inclusions on fatigue strength of high strength steels. I: basic fatigue mechanism and evaluation of correlation between the fatigue fracture stress and the size and location of non-metallic inclusions. Int J Fatigue 1989, 11: 291-298.

[79] 席明哲, 吕超, 吴贞号, 等. 连续点式锻压激光快速成形 TC11 钛合金的组织和力学性能. 金属学报, 2017, 53(9): 1065-1074.

[80] 林鑫, 黄卫东. 高性能金属构件的激光增材制造. 中国科学: 信息科学, 2015, 45(9): 1111-1126.

[81] 任永明, 林鑫, 黄卫东. 增材制造 Ti-6Al-4V 合金组织及疲劳性能研究进展. 稀有金属材料与工程, 2017, 46(10): 3160-3168.

[82] Leuders S, Thöne M, Riemer A, et al. On the mechanical behaviour of titanium alloy TiAl6V4 manufactured by selective laser melting: Fatigue resistance and crack growth performance. Int J Fatigue, 2013, 48: 300-307.

[83] Murakami Y. Material defects as the basis of fatigue design. Int J Fatigue, 2012, 41: 2-10.

[84] 万志鹏, 王宠, 蒋文涛, 等. 孔洞缺陷对 3D 打印 Ti-6Al-4V 合金疲劳试样应力分布的影响. 实验力学, 2017, 32(1): 1-8.

[85] Tammas-Williams S, Withers P J, Todd I, et al. The influence of porosity on fatigue crack initiation in additively manufactured titanium components. Sci Rep, 2017, 7: 7308.

[86] Beretta S, Romano S. A comparison of fatigue strength sensitivity to defects for materials manufactured by AM or traditional processes. Int J Fatigue, 2017, 94: 178-191.

[87] Maskery I, Aboulkhair N T, et al. Quantification and characterisation of porosity in selectively laser melted Al-Si10-Mg using X-ray computed tomography. Mater Charact, 2016, 111: 193-204.

[88] 王华明. 高性能大型金属构件激光增材制造: 若干材料基础问题. 航空学报, 2014, 35(10): 2690-2698.

[89] Boyer R R. An overview on the use of titanium in the aerospace industry. Mater Sci Eng A, 1996, 213(1-2): 103-114.

[90] 梁朝阳, 张安峰, 梁少端, 等. 高性能钛合金激光增材制造技术的研究进展. 应用激光, 2017, 37(3): 452-458.

[91] 周梦, 成艳, 周晓晨, 等. 基于增材制造技术的钛合金医用植入物. 中国科学: 技术科学, 2016, 46(11): 1097-1115.

[92] 高飘, 魏恺文, 喻寒琛, 等. 分层厚度对选区激光熔化成形 Ti-5Al-2.5Sn 合金组织与性能的影响规律. 金属学报, 2018, 54(7): 999-1009.

[93] 张升, 桂睿智, 魏青松, 等. 选择性激光熔化成形 TC4 钛合金开裂行为及其机理研究. 机械工程学报, 2013, 49(23): 21-27.

[94]   Yadollahi A, Shamsaei N. Additive manufacturing of fatigue resistant materials: Challenges and opportunities. Int J Fatigue, 2017, 98: 14-31.

[95]   Khairallah S A, Anderson A T, Rubenchik A, et al. Laser powder-bed fusion additive manufacturing: Physics of complex melt flow and formation mechanisms of pores, spatter, and denudation zones. Acta Mater, 2016, 108: 36-45.

[96]   Yadroitsau I. Selective Laser Melting: Direct Manufacturing of 3D-objects by Selective Laser Melting of Metal Powders. New York: Lambert Academic Publishing, 2009.

[97]   Cacace S, Demir A G, Semeraro Q. Densification mechanism for different types of stainless steel powders in selective laser melting. Procedia Cirp, 2017, 62: 475-480.

[98]   Chen H, Wei Q, Wen S, et al. Flow behavior of powder particles in layering process of selective laser melting: Numerical modeling and experimental verification based on discrete element method. Int J Mach Tools Manufact, 2017, 123: 146-159.

[99]   Tan J H, Wong W L E, Dalgarno K W. An overview of powder granulometry on feedstock and part performance in the selective laser melting process. Add Manufact, 2017, 18: 228-255.

[100]   Plessis A D, Yadroitsev I, Yadroitsava I, et al. X-Ray microcomputed tomography in additive manufacturing: a review of the current technology and applications. 3D Print Add Manufact, 2018, 5(3): 227-247.

[101]   Thompson A, Maskery I, Leach R K. X-ray computed tomography for additive manufacturing: a review. Measure Sci Technol, 2016, 27(7): 072001.

[102]   Wu S C, Xiao T Q, Withers P J. The imaging of failure in structural materials by synchrotron radiation X-ray microtomography. Eng Fract Mech, 2017, 182: 127-156.

[103]   Maire E, Withers P J. Quantitative X-ray tomography. Int Mater Rev, 2017, 59(1): 1-43.

[104]   Cunningham R, Narra S P, Montgomery C, et al. Synchrotron-based X-ray microtomography characterization of the effect of processing variables on porosity formation in laser power-bed additive manufacturing of Ti-6Al-4V. JOM, 2017, 69(3): 479-484.

[105]   Cunningham R, Nicolas A, Madsen J, et al. Analyzing the effects of powder and postprocessing on porosity and properties of electron beam melted Ti-6Al-4V. Mater Res Letter, 2017: 1-10.

[106]   Kasperovich G, Haubrich J, Gussone J, et al. Correlation between porosity and processing parameters in TiAl6V4 produced by selective laser melting. Mater Des, 2016, 105: 160-170.

[107]   Plessis A D, Roux S G L, Booysen G, et al. Directionality of cavities and porosity formation in powder-bed laser additive manufacturing of metal components investigated using X-ray tomography. 2016, 3(1): 48-55.

[108]   Tammas-Williams S, Withers P J, Todd I, et al. Porosity regrowth during heat treatment of hot isostatically pressed additively manufactured titanium components. Scripta

Mater, 2016, 122: 72-76.

[109] Tammas-Williams S, Withers P J, Todd I, et al. The effectiveness of hot isostatic pressing for closing porosity in titanium parts manufactured by selective electron beam melting. Metal Mater Trans A, 2016, 47(5): 1939-1946.

[110] Hermanek P, Zanini F, Carmignato S, et al. X-Ray computed tomography for additive manufacturing: Accuracy of porosity measurements//Aspe/euspen 2016 Summer Topical Meeting: Dimensional Accuracy and Surface Finish in Additive Manufacturing, 2016: 146-150.

[111] Yadroitsev I, Krakhmalev P, Yadroitsava I, et al. Qualification of Ti-6Al-4V ELI alloy produced by laser powder bed fusion for biomedical applications. JOM, 2018, (12): 1-6.

[112] Tammas-Williams S, Donoghue J, Withers P J, et al. Predicting the Influence of Porosity on the Fatigue Performance of Titanium Components Manufactured by Selective Electron Beam Melting// Proceedings of the 13th World Conference on Titanium. John Wiley & Sons, Inc. 2016.

[113] 苗秋玉, 刘妙然, 赵凯, 等. 铝合金增材制造技术研究进展. 激光与光电子学进展, 2018, (1): 52-60.

[114] 陈伟, 陈玉华, 毛育青. 铝合金增材制造技术研究进展. 精密成形工程, 2017, 9(5): 214-219.

[115] 董鹏, 李忠华, 严振宇, 等. 铝合金激光选区熔化成形技术研究现状. 应用激光, 2015, (5): 607-611.

[116] Viscusi A, Leitão C, Rodrigues D M, et al. Laser beam welded joints of dissimilar heat treatable aluminium alloys. J Mater Processing Tech, 2016, 236: 48-55.

[117] Weingarten C, Buchbinder D, Pirch N, et al. Formation and reduction of hydrogen porosity during selective laser melting of AlSi10Mg. J Mater Process Tech, 2015, 221, 112-120.

[118] Delroisse P, Jacques P J, Maire É, et al. Effect of strut orientation on the microstructure heterogeneities in AlSi10Mg lattices processed by selective laser melting. Scripta Mater, 2017, 141: 32-35.

[119] Everton S, Dickens P, Tuck C, et al. The use of laser ultrasound to detect defect in laser melted paerts. In: TMS 2017, 146th Annual Meeting & Exhibition Supplemental Proceedings, edited by TMS, 105-116, 2017. San Diego, California, USA.

[120] 李帅, 李崇桂, 张群森, 等. 铝合金激光增材制造技术研究现状与展望. 轻工机械, 2017, 35(3): 98-101.

[121] Siddique S, Imran M, Walther F. Very high cycle fatigue and fatigue crack propagation behavior of selective laser melted AlSi12 alloy. Int J Fatigue, 2017, 94: 246-254.

[122] Siddique S, Imran M, Rauer M, et al. Computed tomography for characterization of fatigue performance of selective laser melted parts. Mater Des, 2015, 83: 661-669.

[123] Maskery I, Aboulkhair N T, Corfield M R, et al. Quantification and characterisation of porosity in selectively laser melted AlSi10Mg using X-ray computed tomography. Mater

Charact, 2016, 111: 193-204.

[124] Romano S, Brandão A, Gumpinger J, et al. Qualification of AM parts: extreme value statistics applied to tomographic measurements. Mater Des, 2017, 131: 32-48

[125] 赵剑峰, 马智勇, 谢德巧, 等. 金属增材制造技术. 南京航空航天大学学报, 2014, 46(5): 675-683.

[126] Carlton H D, Haboub A, Gallegos G F, et al. Damage evolution and failure mechanisms in additively manufactured stainless steel. Mater Sci Eng A, 2016, 651: 406-414.

[127] Zhou X, Wang D, Liu X, et al. 3D-imaging of selective laser melting defects in a Co–Cr–Mo alloy by synchrotron radiation micro-CT. Acta Mater, 2015, 98: 1-16.

[128] Garcea S C, Wang Y, Withers P J. X-ray computed tomography of polymer composites. Compos Sci Technol, 2017, 156: 305-319.

[129] Gigliotti M, Pannier Y, Gonzalez R A, et al. X-ray micro-computed-tomography characterization of cracks induced by thermal cycling in non-crimp 3D orthogonal woven composite materials with porosity. Compos Part A-Appl S, 2018, 112: 100-110.

[130] Léonard F, Stein J, Soutis C, et al. The quantification of impact damage distribution in composite laminates by analysis of X-ray computed tomograms. Compos Sci Technol, 2017, 152: 139-148.

[131] Raghavan J, Lau S H, Asadi A, et al. 3D microstructural and damage analysis of polymer matrix composites using X-ray computed tomography with high contrast and submicron voxel resolution. Micros Soc Am, 2009, 15(2): 578-579.

[132] Nikishkov Y, Airoldi L, Makeev A. Measurement of voids in composites by X-ray computed tomography. Compos Sci Technol, 2013, 89: 89-97.

[133] Garcea S C, Sinclair I, Spearing S M, et al. Mapping fibre failure in situ in carbon fibre reinforced polymers by fast synchrotron X-ray computed tomography. Compos Sci Technol, 2017, 149: 81-89.

[134] Mertens J C E, Henderson K, Cordes N L, et al. Analysis of thermal history effects on mechanical anisotropy of 3D-printed polymer matrix composites via in situ X-ray tomography. J Mater Sci, 2017, 52(20): 12185-12206.

[135] Bay B K, Smith T S, Fyhrie D P, et al. Digital volume correlation: Three-dimensional strain mapping using X-ray tomography. Exp Mech, 1999, 39(3): 217-226.

[136] Stamopoulos A G, Tserpes K I, Dentsoras A J. Quality assessment of porous CFRP specimens using X-ray computed tomography data and artificial neural networks. Compos Struct, 2018, 192: 327-335.

[137] Bale H, Blacklock M, Begley M R, et al. Characterizing three-dimensional textile ceramic composites using synchrotron X-ray micro-computed-tomography. J Am Cer Soc, 2012, 95(1): 392-402.

[138] Vanaerschot A, Cox B N, Lomov S V, et al. Stochastic framework for quantifying the geometrical variability of laminated textile composites using micro-computed tomography.

Compos Part A-Appl S, 2013, 44: 122-131.

[139] Ai S G, Zhu X L, Mao Y Q, et al. Finite element modeling of 3D orthogonal woven C/C composite based on micro-computed tomography experiment. Appl Compos Mater, 2013, 21(4): 603-614.

[140] Mazars V, Caty O, Couégnat G, et al. Damage investigation and modeling of 3D woven ceramic matrix composites from X-ray tomography in-situ tensile tests. Acta Mater, 2017, 140: 130-139.

[141] 王龙, 冯国林, 李志强, 等. X 射线断层扫描在材料力学行为研究中的应用. 强度与环境, 2017, (6): 43-56.

[142] Lloyd D J. Particle reinforced aluminum and magnesium matrix composites. Int Mater Rev, 1994, 39(1): 1-23.

[143] Deng X, Chawla N. Modeling the effect of particle clustering on the mechanical behavior of SiC particle reinforced Al matrix composites. J Mater Sci, 2006, 41(17): 5731-5734.

[144] Babout L, Maire É, Buffière J Y, et al. Characterization by X-ray computed tomography of decohesion, porosity growth and coalescence in model metal matrix composites. Acta Mater, 2001, 49: 2055-2063.

[145] Nellesen J, Laquai R, Muller B R, et al. In situ analysis of damage evolution in an Al/Al$_2$O$_3$ MMC under tensile load by synchrotron X-ray refraction imaging. J Mater Sci, 2018, 53: 6021-6032.

[146] Dastgerdi J N, Miettinenm A, Parkkonen J, et al. Multiscale microstructural characterization of particulate-reinforced composite with non-destructive X-ray micro- and nanotomography. Compos Struct, 2018, 194: 292-301.

[147] Williams J J, Chapman N C, Jakkali V, et al. Characterization of damage evolution in SiC particle reinforced Al alloy matrix composites by in-situ X-ray synchrotron tomography. Metallurgical and Materials Transactions A, 2011, 42(10): 2999-3005.

[148] Babout L, Brechet Y, Maire É, et al. On the competition between particle fracture and particle decohesion in metal matrix composites. Acta Mater, 2004, 52(15): 4517-4525.

[149] Babout L, Maire É, Fougeres R. Damage initiation in model metallic materials: X-ray tomography and modeling. Acta Mater, 2004, 52(8): 2475-2487.

[150] Maire É, Babout L, Buffière J Y, et al. Recent results on 3D characterization of microstructure and damage of metal matrix composites and a metallic foam using X-ray tomography. Mater Sci Eng A, 2001: 216-219.

[151] Weck A, Wilkinson D S, Maire É. Observation of void nucleation, growth and coalescence in a model metal matrix composite using X-ray tomography. Mater Sci Eng A, 2008: 435-445.

[152] Babout L, Ludwing W, Maire É, et al. Damage assessment in metallic structural materials using high resolution synchrotron X-ray tomography. Nucl Instrum Meth B, 2003, 200: 303-307.

[153] Chawla N, Williams J J, Saha R. Mechanical behavior and microstructure characterization of sinter-forged SiC particle reinforced aluminum matrix composites. Light Metals, 2002, 2(4): 215-227.

[154] Hruby P, Singh S S, Williams J J, et al. Fatigue crack growth in SiC particle reinforced Al alloy matrix composites at high and low R-ratios by in situ X-ray synchrotron tomography. Int J Fatigue, 2014, 68(11): 136-143.

[155] Williams J J, Flom Z, Amell A A, et al. Damage evolution in SiC particle reinforced Al alloy matrix composites by X-ray synchrotron tomography. Acta Mater, 2010, 58(18): 6194-6205.

[156] Silva F D A, Williams J J, Muller B R, et al. Three-dimensional microstructure visualization of porosity and Fe-rich inclusions in SiC particle-reinforced Al alloy matrix composites by X-ray synchrotron tomography. Metall Mater Trans A, 2010, 41(8): 2121-2128.

[157] Chawla K K. Thermal cycling of copper matrix-tungsten fiber composites: A metallographic study. Metallography, 1973, 6(2): 155-169.

[158] Chapman N C, Silva J, Williams J J, et al. Characterization of thermal cycling induced cavitation in particle reinforced metal matrix composites by three-dimensional (3D) X-ray synchrotron tomography. Mater Sci Technol, 2015, 31(5): 573-577.

[159] Gupta C, Agarwal A K, Singh B, et al. Cracking in a hot deformed SiCP/A6061 composite investigated using synchrotron microtomography. Mater Sci Eng A, 2017, 704: 292-301.

第6章 基于成像数据的损伤评价

在某点或局部区域承受反复变化的外部应力和应变，并在足够多的往复加载之后形成裂纹或者完全断裂的材料中发生的一种永久性的变化过程，这种现象就称为疲劳。疲劳损伤或者疲劳裂纹萌生行为是工程结构设计及服役评价中一个极其重要的方面。自 19 世纪中叶以来，科学家通过测量材料表面裂纹长度和辨识疲劳断口揭示小试件的破坏机理，并依此预测大块材料的疲劳损伤行为，奠定了工程结构抗疲劳断裂设计的科学基础和评价体系。近二十年来，以第三代同步辐射光源为代表的先进光源为研究金属材料损伤提供了全新的研究手段。借助同步辐射 X 射线三维成像获得的海量图像数据，在商业仿真软件中重建部件几何特征以及缺陷的尺寸、形貌、位置及分布，可以模拟真实工况下材料中损伤累积及演化全过程，是目前材料缺陷与疲劳损伤研究的全新表征方法。同时，基于细观损伤力学，以 X 射线成像测量的气孔率为损伤变量，也可以开展熔焊接头失效机制研究。本章将主要就著者已经取得的相关成果进行总结和简要介绍。

6.1 缺陷行为预测方法

作为一种典型的几何不连续，缺陷 (或称裂纹) 是服役性能的重要控制因素和指标。然而与部件几何尺寸相比，缺陷往往比较小，是大型结构断裂力学仿真计算及剩余寿命评价的难点与关键节点，尤其是在数值模拟研究中。例如，对于含有众多缺陷的熔焊铝合金、增材材料及铸造合金等，缺陷的尺寸、形貌、位置及分布都表现出很强的随机性。因此，缺陷的提取、表征、统计及规则化不仅是建立含缺陷模型的首要课题，也是当前缺陷致疲劳行为研究的核心内容。基于同步辐射 X 射线的海量成像数据解析出一个与损伤演变有关的临界缺陷，是开展材料疲劳损伤评价中非常有理论和工程意义的课题。

6.1.1 临界缺陷的定义

铸造合金、熔焊接头和增材材料有着基本相似但略有差别的热循环过程，均含有气孔这一共性缺陷。虽然优化的工艺参数和合适的后热处理能降低气孔水平，但至今尚无有效方法完全消除。气孔的存在减小了构件的有效承载面积，造成材料局部应力集中，成为主要的疲劳裂纹源；而气孔尺寸、位置和形貌等分布的不确定性导致疲劳寿命存在离散性。因此，如何对服役部件进行缺陷评价已成为当前材料与结构疲劳的前沿研究课题。

图 6.1 给出了缺陷几何特征 $\sqrt{\text{area}}$(定义见图 6.2) 与疲劳寿命之间的关系。注意图 6.1 中气孔 (包括规则和不规则形貌) 是位于疲劳断口裂纹源上的缺陷, 其中实心圆和空心圆分别代表表面气孔和近表面气孔。

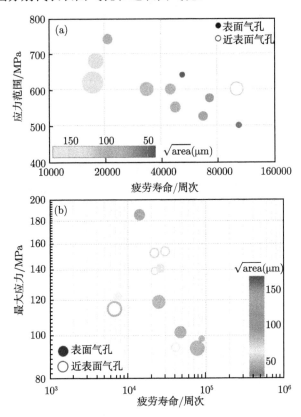

图 6.1　增材材料和熔焊接头中的气孔与疲劳寿命关系

(a) 电子束熔化 Ti-6Al-4V[1]; (b) 激光复合焊接 7020-T651 铝合金

图 6.1(a) 是电子束熔化 Ti-6Al-4V 中缺陷与疲劳寿命的关系 [1], 与近表面气孔相比, 表面气孔更易于萌生疲劳裂纹, 是导致疲劳裂纹萌生的主要因素。随着表面缺陷尺寸的增大, 疲劳寿命逐渐降低。图 6.1(b) 是激光复合焊接 7020-T651 铝合金中气孔与疲劳寿命的关系, 与图 6.1(a) 中有类似趋势。发现采用缺陷尺寸这一参数很难准确表征缺陷对疲劳行为的影响, 即使存在较大尺寸气孔, 也未必导致疲劳裂纹萌生, 表明气孔尺寸、位置、数量和分布在开裂行为上存在竞争关系。

对于钢铁和铝合金等金属结构材料, 当缺陷尺寸达到 0.1~0.5 mm[2,3], 可应用断裂力学方法进行剩余强度和寿命评估。传统的工程结构设计方法是采用代表性区域的一组材料试样得到疲劳寿命曲线，每个数据点实际上都包含了裂纹萌生和扩展寿命。日本学者把名义应力评估方法 (根据疲劳 S-N 曲线得到疲劳极限 $\Delta\sigma_w$) 与线弹性断裂力学理论 (检测得到缺陷尺寸 $\sqrt{\mathrm{area}}$ 或者裂纹长度 a) 结合起来进行分析，这就是著名的 Kitagawa-Takahashi 图，简称为 KT 图 (见图 6.2)。其中 $\sqrt{\mathrm{area}}$ 为缺陷在垂直于最大主应力方向平面上投影面积的平方根 [4-6]。

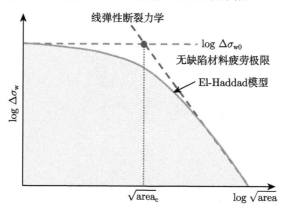

图 6.2　材料疲劳强度与缺陷或裂纹尺寸的关系

根据图 6.2，可由代表性的材料疲劳极限确定出允许的最大缺陷/裂纹尺寸，或由已探测到的缺陷尺寸，估算其相应的材料疲劳极限。当外加载荷小于疲劳极限时 (包络线以内)，认为材料或结构可以安全服役，而当外加载荷大于疲劳极限时，材料或结构将面临失效断裂的风险，此时可利用疲劳 P-S-N 曲线求解服役寿命或者利用断裂力学方法计算剩余寿命。随着经典的 KT 图在含缺陷部件疲劳强度评价中的应用与发展，学者们进一步提出了修正的 KT 图 [2,7,8]。修正的 KT 图不仅将缺陷致短裂纹行为考虑了进来 (El-Haddad 模型)，而且还考虑了缺陷尺寸、形貌及位置分布的随机性 (概率 KT 图)。

必须指出对于含有大基数气孔的熔焊铝合金或铸造铝合金来说，并不是所有气孔都会诱导疲劳裂纹的萌生，而只有当气孔大到某种尺度时，才会对疲劳性能有影响。目前，国内外学者广泛开展了铸造合金气孔与疲劳性能之间关系的研究，定义了临界气孔尺寸。例如，在考察微观组织与气孔的关系中，发现当铸造 357 铝合金中的二次枝晶间距 (SDAS) 小于 40 μm 时，临界气孔应与晶粒尺度相当，否则应在 SDAS 尺寸范围内，据此得到临界气孔尺寸为 155 μm[9]。类似研究也发现 [10]，气孔尺寸大于 80~100 μm 时，疲劳裂纹优先从气孔处萌生，反之则从近表面的较大共晶组织处萌生。一些学者还率先借助同步辐射 X 射线三维成像技术研究了热等静压铸造合金的疲劳行为，给出了铸造 Al-Si7-Mg0.3 和铸造 A356-T6 合金中的临界气孔尺寸分别为 50 μm[11] 和 25 μm[12]。

　　临界缺陷尺寸的确定对于工艺改进和性能预测具有重要意义, 尤其是在进行缺陷建模 (与网格尺寸有关) 及损伤评价 (与计算效率有关) 中可以过滤掉那些数量众多的小尺寸气孔。如果把图 6.2 中横坐标上 $\sqrt{area}_c$ 定义为临界缺陷尺寸, 并认为当缺陷尺寸小于这一临界尺度时, 缺陷对材料的疲劳性能没有影响。研究认为 [5,13], 组织特征长度和气孔缺陷尺寸均可作为材料疲劳行为表征的重要指标, 即当缺陷尺寸接近和小于材料平均晶粒尺寸时, 其对疲劳强度的影响可忽略不计, 如图 6.3 所示, 因此可以近似将合金平均晶粒尺度视为临界缺陷尺寸。

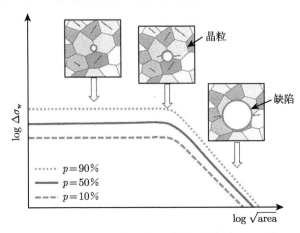

图 6.3　表征晶粒与缺陷尺寸关系的概率 KT 图

　　近年来 3D 打印技术 (或者增材制造技术) 的迅速发展及其在航空航天和轨道交通中的广阔应用前景, 使得人们对于增材制造材料中典型缺陷与疲劳损伤行为之间的定量关系也产生了浓厚的兴趣。众所周知, 微观组织、残余应力、表面质量及内部缺陷是增材制件服役行为四大控制因素, 其中前面三类都可以通过工艺优化或者机械加工予以消除, 但缺陷是目前无法根除的技术问题, 直接关系到增材制件的服役安全及寿命可靠性。由此可见, 临界缺陷的准确定义对于增材制件无损探伤周期和运维方案制定以及服役性能评价具有重要的工程意义。

6.1.2　应力集中效应

　　同步辐射 X 射线原位疲劳试验发现, 无论是铸造合金、熔焊接头还是增材制件, 材料表面或近表面单个大气孔、链式气孔和团簇小气孔往往成为应力集中及疲劳裂纹萌生的主要区域。而工程疲劳强度评价中, 通常仅关注最大缺陷, 即只考虑缺陷尺寸因素, 而忽略位置、形貌及取向的影响。同时, 实验和理论研究均发现, 最大气孔未必一定导致疲劳裂纹萌生, 根据被检最大缺陷尺寸参考 KT 图进行疲劳强度评估往往会给出过保守估计。此外还发现 [14], 当气孔与自由表面相切时, 萌生疲劳裂纹的可能性最大, 即使表面气孔仅为内部气孔尺寸的十分之一, 同样会导致最终失效断裂, 可见缺陷位置对于疲劳强度影响的重要性。

根据前述微观组织与临界气孔之间关系的讨论, 以激光 - 电弧复合焊 7020-T651 铝合金接头为例, 借助电子背散射衍射技术 (EBSD) 对焊缝区域晶粒取向和尺寸分布进行统计分析, 分别如图 6.4(a) 和 (b) 所示。统计发现, 焊缝区的平均晶粒尺寸约为 36.2 μm, 而前文铸造铝合金缺陷研究中认为临界气孔与合金晶粒尺寸相当, 因此定义平均直径 40 μm 作为焊缝的临界气孔尺度。

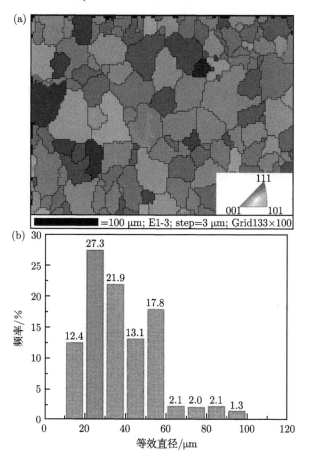

图 6.4 激光复合焊 7020-T651 铝合金组织

(a) 晶粒取向; (b) 晶粒尺寸

为证明临界气孔尺寸推论的合理性, 再看焊缝中气孔分布。图 6.5(a) 和 (b) 分别给出了同步辐射 X 射线三维成像获得的焊缝气孔分布及尺寸统计。从图 6.5(b) 中可以清楚地看出, 焊缝内部约 99.5% 的气孔尺寸都小于 40 μm, 且数量巨大、分布复杂。从分布规律上看, 左右两边靠近母材或者熔合线附近的气孔尺寸较小, 焊缝下部的气孔一般小于焊缝上部，并且大致呈现出对称分布。

　　同步辐射 X 射线成像原位疲劳试验发现，萌生裂纹的表面和近表面气孔等效直径一般大于 64 μm，这就意味着如图 6.5(b) 中直径为 80 μm 的最大气孔不是疲劳裂纹萌生源。本书把直径大于 40 μm 的球形气孔作为研究对象，也就是假设焊缝中临界气孔尺寸为 40 μm，来定量探讨气孔位置与气孔处应力集中程度的关系，进而确定容易诱发疲劳裂纹的危险气孔位置及其对疲劳行为的影响。

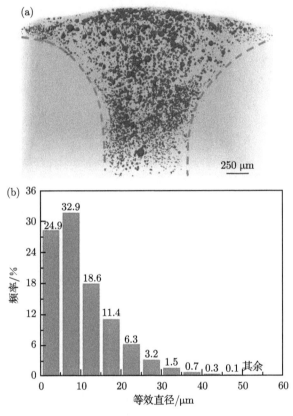

图 6.5　激光复合焊 7020-T651 铝合金气孔
(a) 气孔分布；(b) 气孔尺寸

　　从图 6.5(a) 还可以看出，即使过滤掉 99.5%(等效直径小于 40 μm) 的气孔，仍有约 0.5% 的 15 个气孔弥散分布于焊缝中，焊缝厚度 1.8 mm 与气孔直径 40 μm 比值达到 45。如果采用临界气孔直径为 32 μm，则大约有 2.5% 的 70 个气孔，厚度与气孔直径比值增加到 57。可见，临界气孔的定义至关重要，总的气孔数将直接决定仿真模型规模。在有限元分析中，若在焊缝区采用四面体单元 C3D4 进行自由网格剖分，模型总节点规模将接近百万级；而且由于三维图像数据重构中出现了面不连续现象, 计算精度和收敛性得不到保证。考虑到裂纹前缘应力场的奇异性以及载荷和边界条件对气孔附近应力分布的影响, 这里首先确定直径为 40 μm 的最小气孔附近的网格尺寸, 以便决定在远离气孔的多大材料区域采用较大尺寸的单元网格。

为了简化分析, 考虑几何中心含有一个直径 40 μm 的球形气孔的特征模型, 应用 ABAQUS 软件对比气孔周围应力集中程度及最大 Mises 应力和最大主应力, 确定特征模型长度约为缺陷直径 8 倍, 即特征模型尺寸约为 $0.32 \times 0.32 \times 0.16$ mm^3。首先对气孔表面的网格进行敏感性测试, 单元类型选用三维实体 C3D4 单元, 采用六种网格尺寸, 分别为 1 μm、2 μm、4 μm、6 μm、8 μm 和 10 μm。将直径为 40 μm 的空心球形气孔置于特征模型中心, 如图 6.6(a) 所示。在 $x=0$ 的平面上施加位移约束, 在上端面上施加 $\sigma=200$ MPa 的拉力 (小于焊缝抗拉强度, 可确保在气孔处形成应力集中), 焊缝材料弹性模型 E 和泊松比 ν 分别为 73.4 GPa 和 0.3。根据线弹性断裂力学理论, 应力集中将在图 6.6(b) 中气孔边缘处形成。

从 A 点起始沿着图 6.6(b) 中 y 轴逐次提取加载方向上的节点应力 σ_{11}, 绘制如图 6.7 所示的应力衰减曲线。由图可知, 在气孔前缘区域, 随着网格尺寸的减小, 应力迅速增加, 当气孔表面网格尺寸为 1 μm 和 2 μm 时, σ_{11} 分布基本一致, 气孔处的应力集中系数约为 2.0, 据此选定气孔表面网格尺寸 2 μm。即使如此, 2 μm 单元尺寸在 A 点处应力值显然比 1 μm 要低很多, 表明采用应力进行损伤标定存在较大误差。另外, 当 AB 两点距离约为临界气孔尺寸时, 应力逐渐达到平衡状态, 与远端施加载荷相等。为此, 在进行网格剖分时, 建议远离 3 倍临界气孔直径的材料区域采用更大尺寸网格, 这样就可以显著降低计算规模。

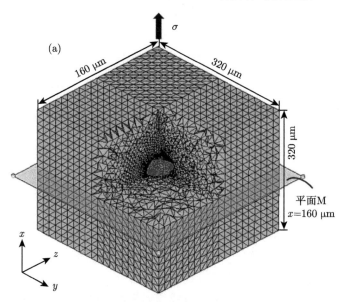

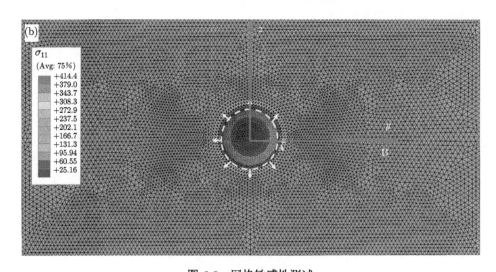

图 6.6　网格敏感性测试

(a) 含气孔的特征模型；(b) $x=160\ \mu m$ 平面示意图

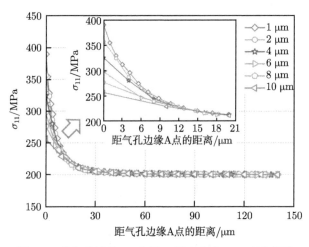

图 6.7　从气孔边缘 A 点沿 y 轴方向上 σ_{11} 变化规律

为进一步确认气孔位置对气孔处应力集中的影响，建立不同气孔位置的焊缝有限元仿真模型。图 6.8 给出了气孔与焊缝自由表面之间的位置关系，气孔分布设计覆盖从材料表面、近表面直至内部。假设气孔中心到焊缝自由表面的距离为 s，气孔半径为 r，后文采用 s/r 比值对气孔位置的影响进行描述。

根据同步辐射 X 射线原位疲劳成像试验中熔焊接头试样真实受载和边界约束等条件，得到有限元模型载荷施加方式及边界条件，如图 6.9 所示。其中，所用本构关系为均匀各向同性弹性模型和双线性弹塑性模型，弹性模量 $E=73.4$ GPa，

泊松比 $\nu=0.3$；施加的远场应力 $\sigma=200$ MPa，即略低于激光复合焊接接头的屈服强度。

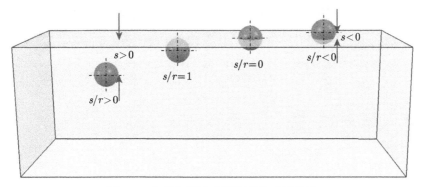

图 6.8 气孔与焊缝表面位置关系示意图

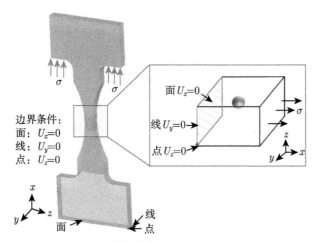

图 6.9 施加载荷及边界约束示意图

图 6.10 为完全相同加载条件下，气孔处的 σ_{11} 应力分布云图，其中图 6.10 (a)～(c) 分别对应于 $s/r = -0.25$、0 和 2.75 情况下平行于 y-z 平面过气孔中心截面的应力分布。可见，三种气孔位置下气孔处会形成明显的应力集中，且最大应力值 (应力集中程度) 相接近。通常用应力集中系数 $K_t = \sigma_{\max}/\sigma_0$ 来表示应力集中程度，其中 $\sigma_{\max}$ 为最大应力，σ_0 为远场应力。为进一步描述气孔位置导致的应力集中程度，此处计算了 25 种气孔位置的 K_t。

图 6.11 为气孔位置与应力集中系数之间的关系。由图可知，无论是采用弹性模型还是弹塑性模型，应力集中系数随气孔相对位置具有基本一致的变化规律。当 $s/r=1$ 时，此时气孔与焊缝表面相切，应力集中系数迅速增加至最大值，应力集

中最为严重，可以认为当气孔刚好位于自由表面之下时，萌生疲劳裂纹的可能性最大 [1,15]。随着气孔向焊缝内部的移动，应力集中系数逐渐减小，直至 $s/r > 1.8$ 之后趋于稳定值，应力集中系数趋近于 1.7，这说明内部所有气孔引起的应力集中相同。而当 $s/r < 1$ 时，随着气孔中心逐渐趋近于焊缝表面，气孔与自由表面相交处

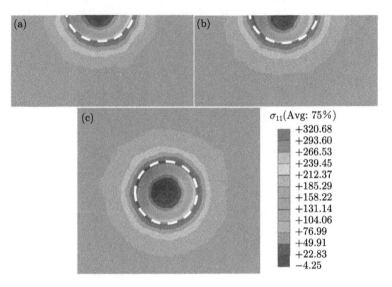

图 6.10   直径为 40 μm 气孔处 σ_{11} 分布

(a) $s/r = -0.25$; (b) $s/r = 0$; (c) $s/r = 2.75$

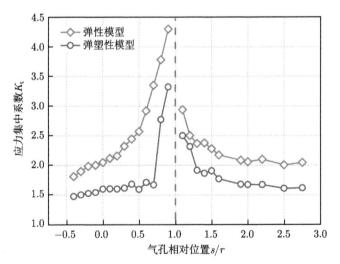

图 6.11   应力集中系数随气孔相对位置的演变规律

的过渡角变大，应力集中程度减小，因而应力集中系数逐渐降低。据此推算，当存在另外一个气孔且气孔中心距离约等于 $3r$ 时，两个气孔应视为一个气孔。

依据材料内部气孔的定义，即 $h \geqslant \sqrt{area}$，其中 h 为裂纹萌生气孔边界至试样自由表面的最小距离，$\sqrt{area}$ 为缺陷在垂直于最大主应力方向上投影面积的平方根[13]。折算可知当 $s/r \geqslant 2.75$ 时，可认为气孔属于内部缺陷，应力集中系数将趋于 1.7，远小于近表面气孔引起的应力集中。Serrano 等[14] 认为在高周疲劳范围内，即使内部气孔尺寸为表面气孔十倍，疲劳裂纹很少从内部气孔处萌生。具有相似几何形貌的缺陷，应力集中系数与内部缺陷尺寸无关[16]。

综上所述，对于激光复合焊 7020-T651 铝合金接头，认为应力集中系数小于 1.7 且直径小于 40 μm 的内部气孔对接头的疲劳性能几乎无影响。在铸造合金和增材制件的缺陷研究中也发现与图 6.11 类似的结果[1,15]。虽然在材料种类、气孔大小、气孔形貌以及外加应力上存在差异，但总体变化趋势基本一致，表明在进行缺陷建模中可以采用相同的缺陷过滤算法。尽管上述研究基于静力学模拟，但一般认为裂纹萌生与应力集中有关，因此分析结果仍具有普适性。

6.1.3 缺陷扩展区

应力集中系数有效地表征了含缺陷材料的局部应力状态，它显然与缺陷位置和几何形状密切相关。应力集中系数虽然在一定程度上反映了易诱发疲劳裂纹的临界缺陷，但还无法直接建立应力集中与疲劳强度之间的关系。

为定量描述缺陷与疲劳强度的关系，Murakami 提出了 $\sqrt{area}$ 概念[16,18]，如图 6.12 点划线包围的面积所示。经典 $\sqrt{area}$ 概念的引入解决了不规则缺陷的尺寸表征问题，巧妙地将缺陷与材料疲劳性能联系了起来，即材料疲劳性能与垂直于载荷方向平面上缺陷的投影有关，而并非缺陷的三维形貌。然而这一概念是基于静态力学行为提出的，实际上并非存在缺陷一定会导致裂纹萌生的假设。为此，进一步提出了扩展面积概念 (Extended $\sqrt{area}$)，如图 6.12 中虚线包围区域。

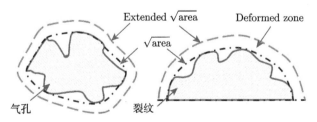

图 6.12　不规则缺陷或裂纹的几何表征方法

Vanderesse 等在研究铸造铝合金气孔与裂纹萌生关系时把应力集中致变形后气孔体积作为裂纹萌生的重要表征指数[19]。或者说，应力集中效应会导致在气孔周围形成一个 Mises 应力大于材料屈服强度的区域，这就意味着在外部加载条件下此区域发生了塑性变形行为。一旦微裂纹在该塑性变形区内形成，则该区域将类似于图 4.20 中的疲劳过程区，如图 6.13 所示。由图可知，疲劳加载后气孔周边形成了一个环形塑性区，并且多次加载后萌生裂纹。由于图 6.13(a) 是卸载后照片，因此白色区域应为残余塑性区，而非塑性区全貌。本书将应力集中致缺陷变形后体积定义为缺陷扩展区 (Extended Defect Volume，EDV)，并采用仿真方法探索缺陷扩展区体积与材料疲劳损伤行为之间的半定量关系，分为单缺陷和多缺陷两类。注意此处缺陷一般具有一定体积或者空间形状，例如气孔、疏松、夹杂等。

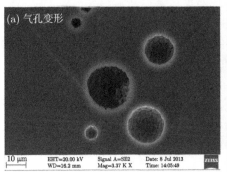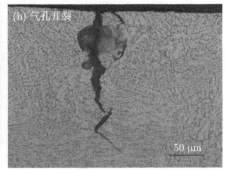

图 6.13　原位 SEM 疲劳下气孔致损伤

(a) 气孔变形区形貌；(b) 气孔处萌生裂纹

参照 6.1.2 节中应用的特征模型尺寸、缺陷表面网格大小、缺陷位置分布以及载荷施加方式和边界条件，以激光选区熔化 Ti-6Al-4V 合金中缺陷为研究对象。有限元计算的材料本构关系为弹性模型和双线性弹塑性模型，弹性模量为 110 GPa，泊松比为 0.3，外加载荷为 1000 MPa。借助 ABAQUS 软件获取缺陷周围应力云图，利用 Mimics 或 ImageJ 软件估算缺陷扩展区体积，即缺陷周围 Mises 应力大于屈服强度 1200 MPa 的区域体积。

EDV 的估算方法如下：首先利用有限元 ABAQUS 软件收集 EDV 切片图像，然后通过专业图像 Photoshop 软件对切片进行处理，再把切片图像直接导入 Mimics 或 ImageJ 等重构软件中计算 EDV，如图 6.14 所示。

具体来说，在 ABAQUS 软件中将 Options->Contour->Limits 选项卡的 Max 设置为增材制造钛合金的屈服强度值，即 1200；随后选择 Plot Contours on Undeformed Shape，在未变形的模型上绘制出 Mises 应力云图；打开剖视图 View Cut Manager，依次收集含 EDV 的所有切片图像，如图 6.14(a) 所示。再打开专业图形处理 Photoshop 软件，将前景色和背景色分别调整为纯黑和纯白，利用**魔棒工具** (确定合适的容差) 选择 EDV，并将之设置为背景色白色，而其他部位设置成前景色黑色，如图 6.14(b) 所示。最后将所有图像保存为一系列 tiff 文件，导入重构软件 Mimics 或者 ImageJ，经过阈值分割后生成实体，进而计算出缺陷扩展区体积。

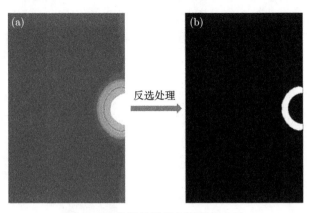

图 6.14 估算缺陷扩展区体积方法

(a) 基于有限元 ABAQUS 软件的 EDV 收集；(b) 基于图像软件 Photoshop 的 EDV 反选

根据上述流程，采用线弹性和弹塑性本构讨论了图 6.8 所示缺陷位置对 EDV 的影响。图 6.15 给出了缺陷扩展区 (此处为气孔扩展区) 与气孔位置之间的关系。从图中可以清楚地看出，气孔扩展区体积与应力集中系数具有基本相似的发展趋势。随着气孔中心向焊缝自由表面以下移动，尤其是当气孔与自由表面相切附近时，气孔扩展区的体积最大，而图 6.11 中应力集中系数也最大。这一分析结果表明，缺陷扩展区是一个能够度量缺陷位置的损伤指标。

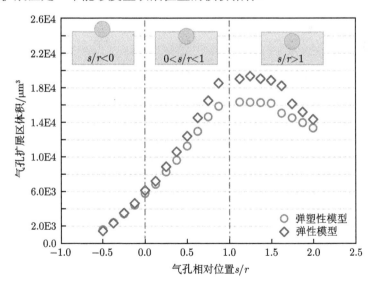

图 6.15 气孔扩展区体积随气孔相对位置的演变规律

从气孔扩展区体积的变化可知, 尽管某些气孔分布于材料近表面, 但其扩展区已与材料表面相交 (见图 6.16), 因此需将气孔视为表面气孔进行评价。统计发现, 所有 $s/r \leqslant 1.375$ 的近表面气孔的扩展区与材料表面相交, 表明此类气孔都应该视为表面气孔进行处理, 从而给出安全可靠的疲劳估计。

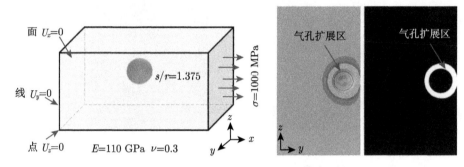

图 6.16　$s/r=1.375$ 位置的气孔扩展区形貌

对于含气孔的无限大体 (平面应变状态), 改变气孔直径, 应力集中系数始终为一个恒定值, 约等于 2.0。应力集中系数与气孔位置和形貌密切相关。根据 EDV 概念, 将气孔布置于特征模型中心 (视为内部气孔), 考虑到 EDV 对气孔位置几乎不敏感, 建立不同气孔尺寸的有限元模型。图 6.17 给出了气孔等效半径 r_{eff} 随气孔原始尺寸 r 的演变规律, 此处气孔的等效半径为 EDV 半径大小。由此可见, 气孔等效半径随着气孔尺寸变大而单调增加, 两者之间的关系近似满足 $r_{\text{eff}} = 1.39r - 0.47$, 进一步说明缺陷扩展区是一个能够合理反映缺陷尺寸的损伤指标。

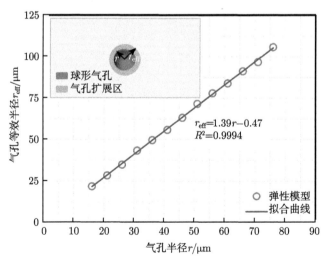

图 6.17　气孔扩展区随气孔尺寸的演变规律

除了材料表面和近表面单个大尺寸气孔外，两个相邻气孔或者团簇气孔也可能成为疲劳裂纹萌生的重要区域。假设两个气孔半径为 r_1 和 r_2 (此处 $r_1 = r_2$)，气孔球心之间的距离为 D。本书进一步探讨不同位置条件下两个气孔的交互作用机制，即气孔扩展区的连通与合并问题，如图 6.18 所示。

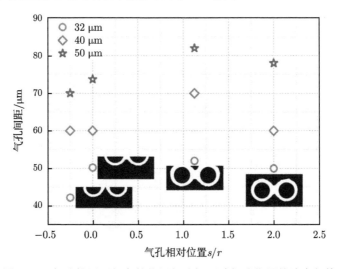

图 6.18 气孔扩展区相交的临界气孔间距随气孔位置的演变规律

分析发现，两个气孔扩展区相交的气孔间距随气孔相对位置的演变规律与图 6.15 所示的气孔扩展区变化基本相似。当两个气孔位于与材料表面相切位置时，较大的气孔间距可使其扩展区连通，此时应将两个气孔等效为一个气孔进行评价。另外发现，当气孔相对位置 $s/r \geqslant 0$ 时，使气孔扩展区相交的气孔间距差异较小。举例来说，对于 $s/r \leqslant 1.375$ 两个直径为 $32\,\mu m$ 的近表面气孔，当其间距为 $50{\sim}52\,\mu m$ 时 (即气孔间距与气孔半径之比小于 1.594)，需要将其等效为一个大气孔进行裂纹萌生判定和疲劳性能评估。

6.2 缺陷致开裂行为

工程材料及结构在制造过程中不可避免形成缺陷，比如增材制造和熔化焊接中的气孔、夹杂、未熔合等，以及部件在实际运用中可能受到异物接触等引起的损伤。这些损伤作为天然缺口源，在疲劳加载条件下会形成裂纹，最终导致结构失效。为了应用断裂力学方法进行服役可靠性评价，首先需要对各类缺陷进行规则化处理。例如在高铁车轴的断裂力学分析中，一般采用半圆形和半椭圆形来规则化各种表面缺陷 (见图 6.19)。研究发现，无论采用半椭圆还是半圆形初始裂纹，最后都会演变为典型的半椭圆形貌。但仿真计算表明，采用半圆形裂纹预测的剩余寿命要高出半椭圆 20% 左右 [20]，尤其是在短裂纹扩展阶段。

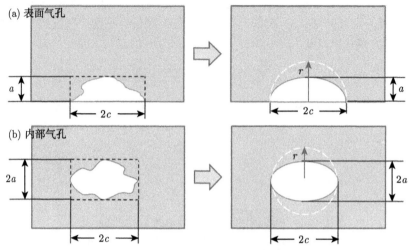

图 6.19　　实际缺陷的两种工程规则化方法

(a) 表面缺陷；(b) 内部缺陷

应该指出，图 6.19 中所指的缺陷往往已大于 0.1~0.5 mm，这是一般金属材料应用断裂力学的最小缺陷尺寸。本书所述缺陷一般属于疲劳短裂纹尺度范畴，采用圆形或者半圆形相对简单，而很少采用半椭圆形或者椭圆形这种相对复杂的初始裂纹形貌进行研究。另外，实际无损探伤中也以检测到的最大尺寸作为缺陷合乎使用的判别标准，因此采用半圆形或者圆形也是比较保守的选项。由于本书侧重于缺陷表征，重点不在于疲劳长裂纹扩展行为，因此或者采用等效的圆形来代替真实复杂形貌缺陷，或者直接使用从同步辐射 X 射线成像数据提取的真实缺陷形貌。必须指出，采用真实的缺陷形貌虽然是研究者致力于实现的目标，但在仿真计算中必然需要缺陷前缘的网格足够精细，不仅会导致海量的计算工作，而且需要反复调整缺陷前缘网格，反而不利于高效地获取预期的结果。

6.2.1　增材制造缺陷

6.1 节模拟中以相对简单的球形气孔为研究对象。然而众所周知，增材成型过程中会产生各种缺陷，形成机制复杂、控制困难，且数量众多、尺寸不一、分布不均，形状多样。粉末熔化的增材制件中主要有气孔和未熔合等两类缺陷：前者为气体未及时溢出所致，尺寸较小、形貌规则；后者为粉末熔化不良所致，尺寸较大，形貌复杂，是力学中一个典型的奇异性问题。因此，采用基于同步辐射 X 射线成像获得的真实缺陷形貌进行有限元仿真计算对于探索疲劳损伤的可靠性评价指标以描述裂纹萌生部位和评价疲劳强度具有重要意义。

如图 6.20 所示,以基板所在面作为 x-y 平面,成型方向为 z 向。材料均沿着圆柱长轴方向堆积,圆柱直径为 16 mm,高度为 72 mm。然后利用制造态 Ti-6Al-4V 合金圆柱加工成准原位的 X 射线成像疲劳试样和高周疲劳试样。为避免组织各向异性的影响,需要保证试样疲劳加载过程中加载力与试样堆积方向平行。为消除表面粗糙度的影响,还需对机加工后的试样进行打磨抛光处理。

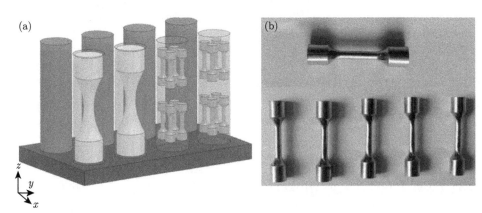

图 6.20 增材 Ti-6Al-4V 试样

(a) 试样预制方法;(b) 原位成像疲劳试样

基于图像数据的有限元模拟流程如下:① 对初始态试样的缺陷进行同步辐射 X 射线成像;② 统计缺陷特征,包括缺陷尺寸、形貌及位置等;③ 原位疲劳加载捕捉裂纹萌生位置和扩展演化行为;④ 借助扫描电镜观察疲劳断口以进一步确定萌生裂纹的气孔尺寸;⑤ 应用有限元仿真分析萌生裂纹缺陷处的应力集中效应,从应力集中系数和缺陷扩展区两个角度对比分析。

以激光选区熔化 Ti-6Al-4V 合金为研究对象,由于具有较高的拉伸强度和疲劳性能,所研制的微型疲劳试验机尚无法满足最大载荷要求。因此采用准原位同步辐射 X 射线疲劳试验方法:首先利用 MTS Bionix 858 微力拉扭材料试验机对试样进行疲劳加载,应力比为 0.1,加载频率为 0.5 Hz。疲劳加载至一定循环周次,准确记录载荷和位移后卸载,将试样转至上海光源 BL13W1 成像线站的原位疲劳试验机上并施加恒定载荷,为避免产生二次加载造成损伤,选择载荷大小为该试样离线疲劳载荷的 90%。随后对试样进行断层扫描成像,优化 X 射线光子能量为 60 keV,试样距离探测器为 18 cm,像素尺寸为 3.25 μm,曝光时间为 4 s。重复以上过程,可完成准原位 X 射线成像的疲劳试验。这种方法虽然成本较高,但也是目前一种非常有效和常用的大载荷原位疲劳成像试验方法。图 6.21 为激光选区熔化 Ti-6Al-4V 试样在疲劳加载下气孔成像及断口形貌。

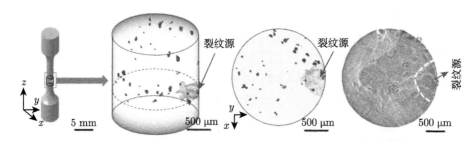

图 6.21　激光选区熔化 Ti-6Al-4V 合金气孔及疲劳裂纹三维成像重构结果

由图可知，疲劳裂纹从增材试样近表面气孔处萌生，红色气孔代表裂纹穿过的气孔，图像重构和提取过程详见 5.1 节。进一步在疲劳断口裂纹源上确认了缺陷为不规则的亚表面气孔，$\sqrt{\text{area}}$ 大小约为 79.5 μm，等效为球形气孔直径为 89.7 μm。根据图 6.17，则气孔扩展区的等效直径约为 123.6 μm。

将由图像软件 Mimics 得到的初始态真实气孔几何特征导入 SolidWorks 软件中，建立含真实缺陷的有限元计算模型。其中，气孔面网格在 3-matic 软件中获取，基于 HyperMesh 软件进行体网格划分，网格类型选用 C3D4 三维实体线性单元，根据图 6.7 设定气孔表面的单元尺寸为 2 μm。利用 ABAQUS 软件对网格模型进行应力分析。材料性能假设为各向同性弹性模型，其中弹性模量为 110 GPa，泊松比为 0.3，施加载荷和边界约束情况如图 6.22 所示。

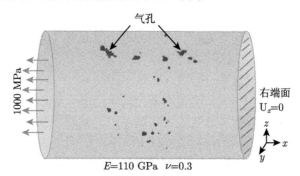

图 6.22　含真实气孔分布的计算模型载荷施加及边界约束条件

图 6.23 给出了激光选区熔化 Ti-6Al-4V 合金气孔附近 Mises 应力分布。由图可见，表面气孔周围的应力集中程度最大，部分气孔扩展区已连通材料表面。鉴于增材制件缺陷形貌十分复杂，以缺陷真实形貌的有限元仿真模拟网格质量难以保证，因此网格单元尺寸需要非常小，从而导致计算成本大幅提高。仿真研究发现，试样中应力集中系数最大的气孔不是萌生裂纹，而是尺寸较大、形貌复杂及接近表面的气孔，此时单一的应力集中系数难以准确预测疲劳开裂位置。

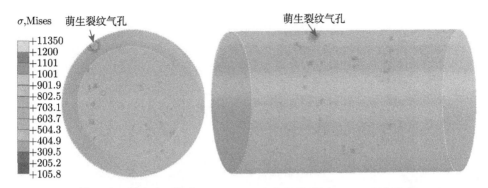

图 6.23 激光选区熔化 Ti-6Al-4V 合金气孔附近 Mises 应力分布

对于如图 6.23 中众多近表面的气孔中, 仅有萌生裂纹的近表面气孔扩展区较大, 约为 101578.6 μm³, 并已达到材料表面。结合断口观察和有限元模拟, 初步判断只有具有较大缺陷扩展区体积的气孔, 同时应力集中系数较大的部位才是萌生疲劳裂纹的临界缺陷。因此, 需要结合缺陷扩展区和应力集中系数两个指标对萌生裂纹部位进行综合评价。

6.1.1 节中提到, 经典 KT 图和 El-Haddad 模型是目前表征含缺陷部件疲劳强度的有效方法, 本质上属于名义应力设计框架。但正如图 6.2 所示, 经典的 KT 图仅考虑了缺陷尺寸因素, 通常 KT 图的横坐标为缺陷在垂直于最大主应力方向上投影面积的平方根 $\sqrt{\text{area}}$。基于缺陷扩展区与缺陷位置和尺寸的有限元模拟发现, 缺陷扩展区与缺陷位置和尺寸密切相关, 能够表征相邻气孔间的交互作用; 此外对于某些近表面气孔, 其扩展区已达到材料表面, 此时应将这类气孔视为表面气孔进行疲劳强度评价。

为此, 基于缺陷扩展区这一综合反应缺陷位置和尺寸的新损伤评价指标, 可以建立以垂直于最大主应力方向上缺陷扩展区投影面积的平方根为横坐标的修正 KT 图对含缺陷部件进行疲劳性能评定。根据图 6.17 中有关缺陷扩展区与原始 $\sqrt{\text{area}}$ 之间的对应关系, 可以把图 6.2 中横坐标用 $\sqrt{(2 \cdot \text{area})}$ 来表示。

6.2.2 铝合金焊接缺陷

焊接母材选用高速列车受电弓和枕梁用中强度 7020-T651 铝合金, 其主要合金成分的质量分数为 4.22%Zn、1.21%Mg、0.10%Cu 及 Al 余量。为了观测到整个焊缝区域, 选取铝合金母材的板厚为 2 mm。选用直径为 1.2 mm 的高镁含量的 ER5356 焊丝, 利于补充焊接过程中接头 Mg 元素的烧损。在光纤激光 - 脉冲电弧复合焊接平台上, 对经过化学清洗和钢丝刷打磨的 Al 板进行对接焊接。考虑到我国车辆结构的接头区通常要进行光滑过渡处理, 因此对焊缝余高进行打磨, 去除余高后自然时效 3 个月, 然后对接头进行力学性能测试 (见图 6.24)。测得激光复合焊接 7020-T651 铝合金的屈服强度和抗拉强度分别为 209.8 MPa 和 255.9 MPa。

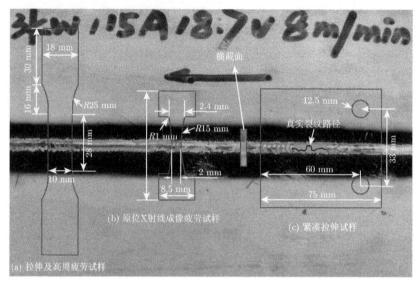

图 6.24　拉伸、高周、紧凑拉伸及原位 X 射线疲劳成像试样

　　除了开展基于真实缺陷图像的疲劳损伤分析，还可以根据真实裂纹形貌进行模拟计算。借助上海光源 BL13W1 线站 X 射线三维成像技术，采用自主研发的疲劳试验机，对激光复合焊接 7020-T651 铝合金接头进行原位疲劳加载并实时观测裂纹萌生和扩展过程。试验参数如下：试验机的加载频率为 8 Hz，应力比为 0.2，最大载荷为 230 N，X 射线光子能量为 26 keV，试样距离探测器为 18 cm，像素尺寸为 3.25 μm，曝光时间为 500 ms。图 6.25 为由 Amira 三维图像重构软件获取的垂直于加载方向上的裂纹演化三维形貌，图像重构和量化过程详见 5.1 节。

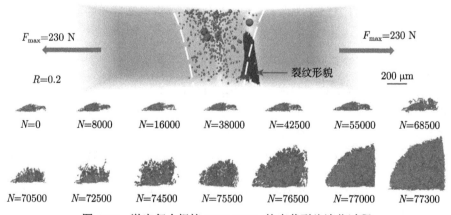

图 6.25　激光复合焊接 7020-T651 的疲劳裂纹演化过程

由图可知，疲劳裂纹萌生于接头熔合线附近深约 103 μm 的缺口处，这一缺陷显然会成为疲劳裂纹的萌生源。分析发现，从该缺口萌生裂纹直至短裂纹稳定扩展的寿命约为 55000 循环周次，占试样总疲劳寿命的 71%。另外，在短裂纹扩展的初期，裂纹前缘呈现出高度非线性的随机生长形貌，这完全符合微观组织短裂纹扩展的基本特征。当循环周次达到 70500 周时裂纹扩展明显加速，表明微结构对裂纹扩展阻力迅速减弱，裂纹呈现出近似半椭圆形貌。当循环周次为 77000 周时，裂纹已扩展至试样边缘，呈现出明显的四分之一椭圆形裂纹。而长裂纹稳定扩展寿命区间为 55000~70500 循环周次。也就是说，当接头上下表面存在明显的大尺寸缺口时，焊缝气孔对疲劳裂纹萌生影响甚微。但焊缝中气孔的存在对整个接头的承载性能有一定影响，下面进行对比仿真分析。

为研究焊缝气孔对其承载能力的影响，由原位疲劳同步辐射 X 射线成像得到三维裂纹演变和气孔分布，以图 6.25 中裂纹扩展最后一阶段即 77300 循环周次下的接头试样为例进行应力分析。由于该阶段疲劳裂纹几何形貌相对规则且长度较大，十分有利于后续单元网格剖分及仿真计算。

由于成像空间精度和阈值分割导致的气孔形貌不完整，将 Mimics 图像重构得到的真实气孔分布及裂纹形貌导入 SolidWorks 软件中，重新建立含真实缺陷分布的熔焊接头几何模型。然后把新接头模型导入 3-matic 软件进行气孔与裂纹面网格的优化处理，在 HyperMesh 软件中选用 C3D4 线性单元进行体网格划分。再把网格模型导入 ABAQUS 软件，施加边界条件和载荷，进行应力分析。其中，材料类型为各向同性双线性弹塑性模型，材料参数取自图 6.24(a) 中激光复合焊接 7020-T651 铝合金单调拉伸应力–应变关系，弹性模量为 69 GPa，泊松比为 0.3；塑性部分则输入接头真实应力–塑性应变关系，载荷施加和边界约束如图 6.9 所示。

图 6.26 给出了循环周次为 77300 时含真实缺陷的接头裂纹前缘应力分布 [21]，其中图 6.26(a) 所示为裂纹尖端理论应力分布，图 6.26(b) 为裂纹尖端应力分布仿真结果。可见，裂纹前沿发生了显著的应力集中，蝴蝶型区域内应力值远大于材料的屈服应力，属于典型裂尖塑性区，仿真结果与理论塑性区基本一致。

图 6.27(a) 和 (b) 分别给出了含真实气孔分布和去除真实气孔的焊接接头裂纹尖端的应力分布云图，后者通过在 SolidWorks 软件建立的几何模型中去掉气孔可以实现无缺陷下接头承载能力的模拟分析。从图中清楚地看出，含气孔接头试样中的裂纹尖端应力值明显大于无气孔模型，其中图 6.27(a) 中裂尖塑性区最大应力已达到材料真实应力的极值，说明试样将面临断裂的危险，承载能力较差。实际原位疲劳同步辐射 X 射线成像试验中该接头试样再经历 40 循环周次后发生断裂，可见仿真结果与试验结果相吻合。图 6.27(b) 中裂纹尖端塑性区的最大应力小于断裂极限，说明无气孔试样在该条件下仍可继续安全服役，承载能力良好。对于即将失稳断裂的接头试样，裂纹长度已达到 0.85 mm，占试样厚度的 78%，裂

纹所在截面材料厚度显著减小。在裂纹扩展的最后阶段，裂纹前缘附近等效直径为 $100\,\mu m$ 的大气孔和密集分布的小气孔会进一步降低裂纹尖端区域的有效承载面积，裂尖产生更为明显的应力集中，导致裂纹更易向薄弱部位扩展直至试样破坏。

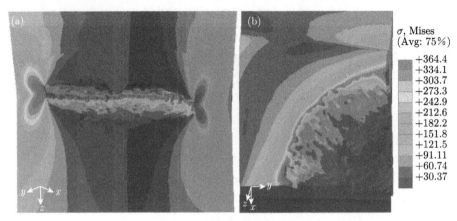

图 6.26　裂纹尖端应力场

(a) 裂纹前缘图；(b) 裂纹剖面图

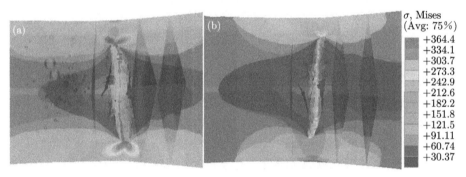

图 6.27　循环周次 77300 时应力分布

(a) 含有气孔；(b) 不含有气孔

由图中可以看出，基于真实缺陷接头中裂纹尖端应力场的有限元模拟清晰地揭示了激光复合焊接 7020-T651 铝合金在疲劳加载过程中的真实力学响应，充分证明了接头中气孔会明显降低疲劳裂纹萌生和扩展的阻力。

6.3　细观损伤力学行为

前面章节通过定义一个临界缺陷来过滤数量巨大的微气孔，在确保损伤计算可靠性与准确性的基础上，一定程度上降低了损伤模型的求解规模。如果材料中不存在相对较大尺寸的缺陷，上述分析方法的有效性将难以得到保证。例如图 6.27 中就指出大量微气孔的存在显著降低了接头的静承载能力，尤其是对于缺陷均匀分布的金属材料，此时就需要采用细观损伤力学的方法进行考察。

为了预测含大量微缺陷的材料损伤行为，金属学家和力学家分别从微缺陷演化机理和连续介质力学角度预测材料的疲劳损伤行为，断口学和断裂力学就是这方面的有效工具和成果。然而断口学属于后验推证，无法追溯由缺陷形成至失效破坏的全过程；而断裂力学面对的是一个相对较大尺度的裂纹体问题。一般来说，疲劳裂纹萌生 (从微缺陷到长裂纹) 构成了工程材料及部件的主要寿命区间，也是进行结构设计及服役性能预测的主要基础。

基于连续介质力学和热力学理论，损伤力学采用固体力学的方法论，研究材料从固有缺陷直至形成宏观可见裂纹及断裂破坏过程，包括微裂纹萌生和扩展以及长裂纹形成、稳定扩展和断裂过程。损伤理论旨在建立含缺陷材料的本构关系、建立损伤的演变方程、揭示材料的破坏机理、评估材料的损伤程度，从而达到预测剩余寿命或者评价介质稳定性的目的。它是经典固体力学的重要发展和补充，把材料科学与固体力学两个学科有机地衔接起来 [22]。

6.3.1 损伤力学概念

损伤是指在外载或环境作用下，材料内部产生微缺陷 (如孔洞、裂纹等) 导致内部粘聚力减弱，从而引起材料力学性能劣化的现象 [23-25]。这一概念最早是由前苏联力学家 Kachanov 在研究蠕变断裂时提出，他通过引入 "连续因子" 和 "有效应力" 来描述低应力脆性蠕变损伤过程 [26]。1963 年，Rabotnov 进一步提出了 "损伤因子" 的概念 [27]。根据这一概念，就能够应用连续介质力学的宏观方法，引入确定性的宏观损伤参量来表征微裂纹和微孔洞的演化过程。1970 年以后，Lemaitre[28]，Chaboche[29]、Hult[30]、Murakami[31] 和 Krajcinovic[32] 等学者相继引入内变量理论和不可逆热力学的概念，逐步形成 "损伤力学" 这一分支学科。

损伤力学研究的基本内涵有三个方面：

(1) 引入适当损伤变量表征内部缺陷。损伤变量可以与刚度和质量有关，也可以与微裂纹或微孔洞的密度相关，还可以与有效应力相关，其物理含义可由单独的定义式来表达，也可由其在本构方程中的位置反推出来；

(2) 建立材料损伤的本构关系。通常是指包括损伤演化规律在内的对各状态变量之间关系的定量或者定性描述。其建模原则可以是经验性的，也可以是由热力学或者从细观力学的角度出发所得到的。对于一个损伤本构模型的评价，应包括其适用范围、操作可行性及与实验的吻合程度等指标；

(3) 损伤力学的计算架构实现。这包括对该非线性耦合初始边界问题一般性算法的研究，以及针对某一类型损伤过程的特定计算模型的选取。损伤参数的获取

(如采用拟合方法) 也可以划归为这方面的内容。

按照损伤模型的特征尺寸及研究方法的不同, 损伤力学分为微观损伤力学、细观损伤力学和宏观损伤力学。微观损伤力学主要从分子、原子层次上研究材料损伤的物理过程, 用量子力学和统计力学等方法确定损伤对微观结构的影响。微观方法侧重于微观结构的物理机制, 目前较难将微观结构变化与宏观力学响应之间建立关系。因此, 微观方法很少用于工程结构宏观力学分析中。

细观损伤力学的尺度范围介于连续介质力学与微观力学之间。它回避了复杂的微观力学过程和微观统计力学的计算, 通过考虑材料的细观几何或物理特征, 如微裂纹、微孔洞和孔洞聚合等问题, 来研究损伤的形态、分布及其演化, 从而预测宏观力学行为, 是一种多尺度的连续介质理论。一般认为, 细观损伤模型为损伤变量和损伤演化赋予了较为真实的几何演变和物理过程, 并为宏观损伤理论提供较高层次的实验基础, 有助于对损伤过程本质的认识。因此, 20 世纪 80 年代中后期, 细观损伤力学成为损伤力学的主要发展方向之一。

宏观损伤力学把含缺陷的材料视为一种连续体, 认为损伤变量连续分布, 唯象地推出损伤材料的本构方程及演化方程。这种方法从宏观现象出发来模拟宏观力学行为, 方程参数具有明确的物理意义, 可直接反映结构的受力状态。因此, 采用宏观方法建立的损伤本构方程便于应用于结构设计、寿命计算及安全分析中。但该方法不能从细、微观结构层次上揭示损伤的具体形态及其变化。

6.3.2 细观损伤力学模型

材料的损伤机制有两类: 一是微裂纹的形成、扩展及汇合, 并最终导致宏观断裂; 二是微孔洞形核、长大及孔洞群片状聚合的韧性损伤, 钢、铝合金及钛合金等韧性材料就属于这一类。从微观角度来看, 由材料内部夹杂或者第二相粒子所诱发的孔洞形核、长大、聚合及最终形成宏观裂纹是导致材料破坏的重要原因。因此, 准确表征金属材料内部的损伤演化是表征韧性损伤的关键。断口组织结果显示, 韧性破坏一般分为三个阶段, 如图 6.28 所示。

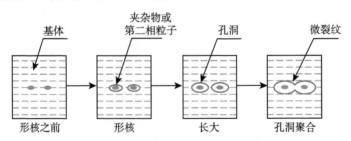

图 6.28 韧性材料的典型损伤破坏机制

微孔洞的形核: 由于材料结构的不均匀性, 微孔洞在夹杂或第二相粒子附近形核，或源于第二相粒子的开裂，或源于第二相粒子与基体的界面脱粘。

微孔洞的长大：在载荷和外界环境的作用下，微孔洞周围材料的塑性变形逐渐增大，微孔洞也随之扩张和长大。

微孔洞的聚合：微孔洞附近的塑性变形到某一临界值后，发生了塑性失稳，形成了局部剪切带，二级孔洞片状聚合成为宏观裂纹。

基于这一假设，Gurson 首先建立了有限大体中含微孔洞的材料模型，经 Tvergaard 和 Needleman 进一步完善后，形成了著名的 Gurson-Tvergaard-Needleman (GTN) 细观损伤力学模型，开启了韧性材料细观损伤力学研究的新篇章。Mcclintock 从粘性材料中椭圆孔变形的解析解出发，通过分析等轴横向应力下圆孔的生长，给出了孔洞体积膨胀率方程 [33]。之后，Rice 和 Tracey 通过变分原理描述弹性体和具有内部孔洞的不可压缩材料的流场，计算非硬化材料中球形孔洞的长大，提出了孔洞评价半径 R 的增长率公式 [34]。Gurson 抛弃了无限大体假设，创造性地提出了含微孔洞的有限大体的体胞模型，考虑微孔洞的形核、长大及聚合的细观损伤特征，提出了多孔延性材料的屈服准则。结合 Von Mises 屈服准则，Gurson 详细考察了四种孔洞损伤模型 [35]，并对四种孔洞模型构造了各自运动的细观场。图 6.29 是一个带有球形孔洞的球形体胞单元，体胞单元和球形孔洞的半径分别为 a 和 b，采用如图所示的球体坐标，体胞单元的基体是指除去孔洞后的部分。

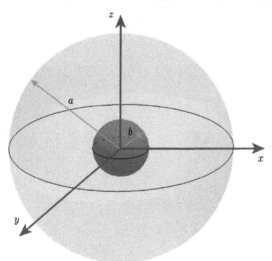

图 6.29　含球形孔洞的球形体胞单元损伤模型

根据球形体胞单元的力学响应，可以建立含孔洞材料的屈服函数：

$$\Phi = \left(\frac{\sigma_{\mathrm{eq}}}{\sigma_{\mathrm{y}}}\right)^2 + 2f\cosh\left(\frac{3\sigma_{\mathrm{H}}}{2\sigma_{\mathrm{y}}}\right) - \left(1 + f^2\right) = 0 \tag{6.1}$$

式中，σ_{eq} 为 Von Mises 等效应力，σ_y 为基体材料的屈服应力，σ_H 为静水压力，f 为材料中孔洞的体积百分数。

当 $f=0$ 时，式 (6.1) 就退化为经典塑性理论的 Von Mises 屈服条件，这一条件可对应于图 6.27(b) 所示的无气孔熔焊接头，也就是均质材料。随着 f 的增大，材料屈服面逐渐减小，材料呈现出损伤软化；$f=1$ 时，屈服面成为一个点。因此，微孔洞的形核与长大可认为是屈服面缩小和体积膨胀引起的。

然而 Gurson 模型没有考虑细观剪切带与孔洞扩展的交互作用，导致局域应变的过高估计。为此，Tvergaard[36-38] 和 Needleman[39] 在 Gurson 模型的基础上，考虑了孔洞间的耦合作用，引入一个等效孔洞体积分数 f^* 和三个拟合参数 q_1、q_2、q_3，得到与试验数据基本一致的结果，修正 GTN 损伤模型为 [36]：

$$\Phi = \left(\frac{\sigma_{eq}}{\sigma_m}\right)^2 + 2q_1 f^* \cosh\left(\frac{3q_2\sigma_H}{2\sigma_m}\right) - (1+q_3 f^{*2}) = 0 \tag{6.2}$$

设损伤为各向同性，因此等效孔洞体积分数 f^* 被定义为

$$f^* = \begin{cases} f, & f \leqslant f_c \\ f_c + \dfrac{f_u^* - f_c}{f_F - f_c}(f - f_c), & f > f_c \end{cases} \tag{6.3}$$

式中，$f_u^* = 1/q_1$ 表示应力承载能力为零时的极限孔洞体积分数，f_c 为孔洞发生聚合时的临界孔洞体积分数，f_F 是在材料破裂时的孔洞体积分数 (有 $f_F=0.15+2f_0$)，f_0 是初始孔洞体积分数，当孔洞合并且 $f > f_c$ 时，f^* 将替换上式中的 f。

损伤演化包括两部分，即孔洞长大和孔洞形核引起的损伤：

$$df = df_{gro} + df_{nuc} \tag{6.4}$$

假设基体材料具有不可压缩性能，孔洞增长率可表示为

$$df_{gro} = (1-f)\,d\varepsilon^p : \mathbf{I} \tag{6.5}$$

式中，$d\varepsilon^p$ 是塑性应变张量，$\mathbf{I}$ 是二阶单元张量。

孔洞的形核过程可以由应力或应变控制：

$$df_{nuc} = M_1 d\sigma_m + M_2\left(\frac{1}{3}d\boldsymbol{\sigma} : \mathbf{I}\right) \tag{6.6}$$

式中，M_1 和 M_2 分别是孔洞形核与基体流动应力和静水应力相关的参数。

孔洞形核率由 Chu 和 Needleman[40] 提出的统计方法给出：

$$df_{nuc} = M_1 d\sigma_y = A d\varepsilon_y^p \tag{6.7}$$

$$A = \frac{f_{\mathrm{N}}}{S_{\mathrm{N}}\sqrt{2\pi}} \exp\left[-\frac{1}{2}\left(\frac{\varepsilon_{\mathrm{y}}^{\mathrm{p}} - \varepsilon_{\mathrm{N}}}{S_{\mathrm{N}}}\right)^2\right] \tag{6.8}$$

式中, $\mathrm{d}\varepsilon_{\mathrm{p}}^{\mathrm{p}}$ 为基体材料累积等效塑性应变增量, ε_{N} 为孔洞形核平均等效塑性应变, f_{N} 为形核粒子的体积分数, S_{N} 为形核应变的标准差。

与其他的连续介质损伤模型相比, GTN 模型具有如下特点:

(1) 抛弃了 Mcclintock 等的无限大基体的假设, 采用了含微孔洞的有限大基体的体胞模型, 能够更准确地反映出材料内部的真实结构;

(2) 与 Chaboche 和 Lemaitre 的损伤理论不同, GTN 模型将损伤与材料的塑性变形相关联, 而不考虑与弹性模量之间的关系;

(3) 引入了等效孔洞体积分数 f^* 作为损伤变量, 更准确表达了微孔洞的形核、长大和聚合过程, 提供了一整套完整的塑性损伤本构关系。

6.3.3 熔焊接头的损伤机制

铝合金作为一种高强度、强韧性、耐腐蚀和易于加工成形的有色结构金属, 已广泛应用于汽车、船舶、高速列车、航空航天及机械制造等多个领域。但是铝及铝合金的焊接性能较差, 容易在焊接过程中产生多种焊接缺陷, 其中最常见的是气孔及裂纹。焊接缺陷的存在会导致严重的应力集中, 在缺陷附近引起塑性变形, 形成早期裂纹, 从而严重降低了整个结构的强度及寿命 [41]。

传统的孔洞测算方法仅能够获得材料一个表面上的损伤情况 [42,43], 无法准确得到整个材料中的损伤分布及其变化。第三代同步辐射 X 射线光源具有高能量、高亮度、高准直和高分辨率等显著优势, 能够非破坏性和快速有效地获取大块金属材料中的微结构分布特征 [44]。同步辐射 X 射线三维成像是迄今实测孔洞体积百分数最准确的试验方法, 本书拟采用该方法测量熔焊接头气孔率。

然而 GTN 模型涉及到 9 个复杂参数, 这些参数的准确确定直接决定着模型预测的准确性、合理性和可靠性。一般地, 通过金相观测和有限元模拟相结合的方法来得到 GTN 模型参数。为此, Zhang 等把 GTN 损伤模型和 Thomason 塑性极限载荷模型相结合, 提出了完备 Gurson 模型 [45-47]。该模型认为临界孔洞体积分数 f_{c} 仅与应力三轴度有关, 并且可由塑性极限载荷模型自动确定。

Nègre 等 [48] 对激光焊接铝合金的母材区、热影响区和焊缝区进行微平面拉伸试验及断裂韧性试验, 并用 GTN 模型进行损伤模拟计算, 预测结果与试验结果基本一致。最近, Shen 等 [49] 基于欧洲同步辐射光源对 6061 铝合金的裂纹萌生及扩展过程进行三维成像研究 (见图 6.30), 确定出 GTN 模型中各项参数, 并导入有限元软件中进行模拟计算验证, 是一次成功的尝试。

同步辐射 X 射线原位成像中试样需要旋转至少 180°, 所以一般要求成像区域的长宽比不宜过大。为此, 欧洲光源 ID19 成像线站发展了一种同步辐射层析成像方法，能够对图 6.30 中的紧凑拉伸试样开展疲劳损伤演化研究。从图中看出，随着拉伸变形的增加，裂纹前缘的孔洞开始萌生或者长大，并最终与裂纹尖端连为一体成为长裂纹。材料中的粗大相 Mg_2Si 和富 Fe 化合物作为孔洞中心的形核粒子，从而清晰揭示了韧性材料基于孔洞演化的裂纹萌生和扩展全过程。通过测量裂纹前缘局域的孔洞演化分数，建立了损伤演化和预测的 GTN 模型。

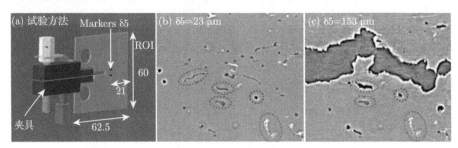

图 6.30   基于欧洲光源 ID19 成像线站的铝合金原位拉伸

同样地，可把熔焊铝合金中弥散分布的微气孔作为形核粒子，开展接头原位拉伸条件下失效机制的研究。为了进行细观损伤行为分析，首先根据图 6.24(a) 进行拉伸试样制备，获取表 6.1 所列的力学性能。与 6.2.2 节中所用焊板不同，此处所用的焊接参数为：激光功率为 3.5 kW，电流为 140 A，电压为 19.7 V，焊接速度为 9 m/min，氩气流量 1.5 l/min，因此拉伸性能略有差别。考虑到焊接热影响区较窄 (约为 50 μm)，同时此区含有非常少的气孔 (见图 6.25 和图 6.33)，因此在之后的试验和细观损伤力学行为仿真时不对此区进行建模。

表 6.1   激光复合焊 7020 铝合金焊缝及母材的力学性能

	弹性模量/GPa	屈服强度/MPa	抗拉强度/MPa
焊缝	73.4	206	262
母材	68.7	327	363

为了建立准确的熔焊接头细观损伤力学模型，首先通过金相分析得到如图 6.31 所示含余高接头的宏观形貌。由图可见，焊缝下部窄小，上端宽大，熔合线近似一条双曲线，整个接头呈漏斗形，表明焊接质量良好。虽然肉眼可见一些气孔，但呈现出任意分布形态，并且最大气孔尺寸不超过 60 μm。

根据图 6.31 所示的接头金相图建立有限元模型，针对含余高和无余高两种接头，采用含缺陷二维平面模型预测应力分布情况，而采用含缺陷三维实体模型模拟内部孔洞演化情况，模型结构如图 6.32 所示。在建立含余高接头模型时，需要保持焊缝形貌与金相图完全一致，而无余高接头只需要打磨掉即可。这样建立的模型更接近实际焊缝形貌，最大程度确保计算结果的有效性与可靠性。

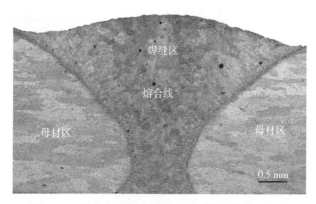

图 6.31   激光电弧复合焊接 7020 接头的宏观形貌

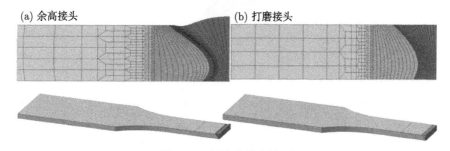

图 6.32   铝合金接头模型

(a) 余高接头的单元网格；(b) 打磨接头的单元网格

首先按照图 6.24(b) 中的试样尺寸切割出原位成像试样，为防止试样表面存在异物导致阈值分割及孔洞体积分数误差，对试样表面进行精抛光。然后基于上海光源 BL13W1 成像线站，对激光复合焊 7020 铝合金中的气孔进行三维成像，对其尺寸、位置、形貌、分布、球度及总体气孔率等几何信息进行统计表征，以获得接头附近区域的孔洞体积分数真实数据，具体步骤如下。

(1) 首先进行 X 射线显微断层扫描，试验参数为：光子能量为 19 keV，试样与探测器探头间距为 15 cm，曝光时间为 2.0 s，空间分辨率为 3.7 μm，每个体素的体积约为 6.33 μm^3。

(2) 使用 BL13W1 成像线站的 PITRE 和 PITRE_BM 软件对断层照片进行相位恢复、重构及灰度转换等处理，获得试样的 8 位切片数据。

(3) 基于三维重构软件 Amira 和开源软件 ImageJ 对切片上气孔进行标记、分割和三维特征参数的测量，主要参数为气孔体积 V，表面积 S 及椭球拟合参数等，通过测算得到接头的气孔率，作为初始孔洞体积百分数 f^*。

(4) 对气孔形貌及分布特征进行辨识和统计分析。为减少因同步辐射成像灰度值噪音所致误差，集中反映出气孔分布的主要特征，在对气孔几何特征的统计分析时仅考虑含 21 个体素 (约为 $21 \times 6.33\ \mu m^3$) 以上的微气孔。

图 6.33 为典型接头内部气孔的形貌及分布图。统计发现, 气孔总数约为 3332 个, 形貌多为规则的球形。总体上来看, 接头中的气孔大小不一, 分布左右对称, 上部稀疏而尺寸较大, 下部密集但尺寸较小。注意由于 GTN 模型为宏观唯象关系, 因此气孔形貌、尺寸及分布越弥散, 计算结果越准确。

图 6.33　激光电弧复合焊接 7020 接头中三维气孔分布

对于无余高接头则需要将相同的断层扫描照片上部含余高区域切除, 以模拟去除余高接头, 之后再使用软件测得无余高模型的初始孔洞体积分数 f_0。则含余高和打磨接头各区的初始孔洞体积分数 f_0 见表 6.2 所示。

表 6.2　余高和打磨接头各区的初始孔洞体积比

	余高接头	接头母材	打磨焊缝	打磨母材
$f_0/\%$	0.26	0.24	0.32	0.24

熔焊接头三维模型中的网格单元类型为高精度 C3D8 实体单元, 二维模型中的网格单元类型为高精度 CPE4 平面单元。为确保计算的合理性, 在焊缝与母材相交处需采用细密网格以模拟组织梯度导致的性能梯度变化, 在母材及其他区域可采用较为粗大的网格。以上模型均采用半模型结构, 故在焊缝中心处施加对称的固定约束, 试样夹持端施加一定的位移量载荷。最后, 使用完备 Gurson 模型的 UMAT 子程序在有限元分析软件 ABAQUS 中进行模拟计算。

图 6.34 给出了余高接头和打磨接头的第一主应力分布。由图可知, 在含余高的熔焊接头中, 从焊缝上部到下部的应力逐渐降低, 应力峰值位于焊趾处, 靠近熔合线, 约为 297 MPa。由于含余高接头的焊趾处存在明显的应力集中现象, 此处更易于形成裂纹, 这与工程实践和理论研究相符。

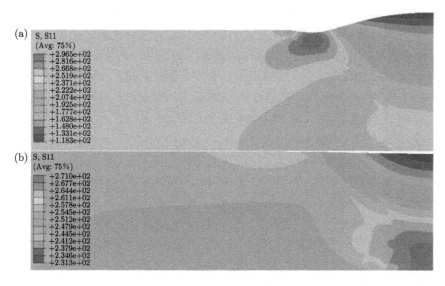

图 6.34　拉伸条件下的主应力云图

(a) 余高接头；(b) 打磨接头

对于打磨的熔焊接头，从母材到焊缝的应力值逐渐增大，最大值约位于焊缝偏下侧或者焊根部位，峰值应力约为 271 MPa，已大于试验测得焊缝的抗拉强度 262 MPa，表明在拉伸条件下易于在此处形成裂纹。

在定义初始孔洞体积分数 f_0 时，焊缝的孔洞体积分数比母材区大。相应的，在模拟拉伸试验过程中，接头区域的整体孔洞分布也必然遵循这一趋势。图 6.35 给出了含余高接头与打磨后接头的孔洞体积分数云图。

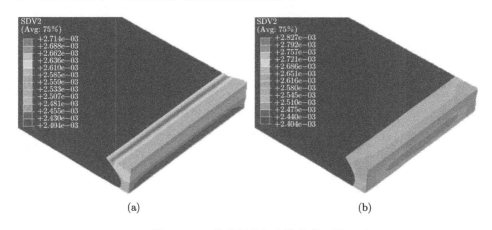

图 6.35　三维孔洞体积分数分布云图

(a) 余高接头；(b) 打磨接头

由图 6.35 可知，母材区的孔洞体积分数基本与初始孔洞体积分数接近，即在拉伸过程中，母材内部的微孔洞未发生明显变化。而焊缝区的孔洞体积分数有增长现象，说明微孔洞发生了形核、长大和聚合等损伤行为。

对于含余高的熔焊接头，拉伸后孔洞体积分数较高的区域同样集中在焊缝附近，峰值位于焊趾处和焊缝下侧这两个部位。其中，焊趾处的孔洞体积分数相对较大，约为 0.27%。与图 6.34(a) 的含余高接头的应力分布云图相比，孔洞体积峰值分布情况与最大应力分布基本吻合。

而对于打磨接头，焊缝区已发生较为明显的颈缩现象。孔洞体积分数较高的区域同样分布在焊缝附近，而且峰值位于焊缝下侧部位，数值约为 0.28%。与图 6.34(b) 中的去除余高接头的应力云图相比，两者位置接近。

综上分析，在去除余高的接头中，其应力集中区是在焊缝下侧或焊根附近，表明该处容易产生裂纹萌生现象。而在含余高接头中，虽然焊缝中心是接头硬度最低的区域 [50,51]，但缺陷对接头失效行为的影响更大，导致焊趾成为应力集中区及最易萌生裂纹的位置。Sato 等的研究也证实了这一结论 [52]，即当焊缝表面气孔和接头余高同时存在时，疲劳裂纹更易于从焊趾处或者热影响区萌生和扩展，这种现象可理解为裂纹萌生的竞争机制。

为了验证基于完备 Gurson 模型的预测结果，基于自主研制的原位加载机构在上海光源 BL13W1 成像线站开展高强度 7050 和中强度 7020 的损伤失效机制研究。其中图 6.36(a) 为含余高的航空用 7050 铝合金的激光复合焊接头 (厚度为 1.54 mm，X 射线光子能量为 28 keV，分辨率为 6.5 μm，曝光时间为 0.5 s，疲劳试验频率为 8 Hz，应力比为 0.2，最大力为 430 N)，图 6.36(b) 为铁路车辆结构用 7020 铝合金的激光复合焊接头。

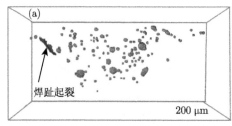

图 6.36　铝合金熔焊接头的失效位置

(a) 焊趾；(b) 焊根

由图可知，在图 6.36(a) 所示保留余高的激光复合焊 7050 铝合金接头中，虽然焊缝中存在气孔，但仍在焊趾处起裂，表明了完备 Gurson 模型预测的正确性。同样地，在图 6.36(b) 所示去除余高的激光复合焊 7020 铝合金接头中，疲劳裂纹在焊缝下部或者说焊根处产生。注意双面打磨接头后焊缝根部出现了一个较大尺寸气

孔 (约为 80 μm)，这可能加速了裂纹从根部萌生。必须指出的是，完备 Gurson 细观损伤力学模型所针对的是试样中缺陷相对均匀分布，尤其是表面和亚表面不存在尺寸较大的缺陷。这是由于，表面/亚表面一旦存在较大尺寸的固有缺陷，应力集中会优先于此处形成，此时需要运用前面章节中缺陷表征方法进行研究 [53]。从这个角度来看，实际熔焊铝合金接头并不建议进行焊缝打磨，因为余高去除后不仅会降低整个接头的有效承载能力，反而会把内部气孔显露在表面上，成为可能的裂纹萌生源。总之，控制余高和优化焊趾形貌是有效控制裂纹萌生的可行手段。

6.4　本章小结

同步辐射 X 射线成像能够非破坏性穿透大块金属材料，快速获取材料内部准确的缺陷形貌、尺寸、位置、数量及分布。借助自主研制的基于上海光源 BL13W1 成像线站的原位拉伸和疲劳加载装置，开展增材制造 Ti-6Al-4V 与熔焊铝合金接头的疲劳损伤行为研究。通过准确解析出真实气孔的尺寸和位置，结合数值模拟方法对缺陷与疲劳损伤之间的关系进行了探索。一是根据微观组织和气孔分布规律，提出了临界气孔的概念，即有临界气孔与平均晶粒具有相似的尺寸关系。在含缺陷的材料疲劳损伤行为仿真计算中，据此可以过滤掉绝大部分的与损伤行为无关的微气孔。二是提出了缺陷扩展区的概念，认为应对经典 KT 图的横坐标进行修正，即在工程实际中用缺陷尺寸 $\sqrt{(2 \cdot area)}$ 来代替 $\sqrt{area}$。通过对缺陷扩展区的仿真分析，提出应把亚表面缺陷作为表面缺陷进行研究的新思路。与此同时，采用完备 Gurson 细观损伤力学模型对含有余高和去除余高的熔焊铝合金接头的疲劳失效机制进行了分析，分析表明预测结果与实验数据吻合较好。

近年来，同步辐射 X 射线高精度成像技术受到材料与力学等领域内学者的重视，他们结合世界各地著名的同步辐射装置，研发能够探索高温、极寒、大载荷、高频率及多气氛环境条件下材料微结构及疲劳损伤演变规律的专用加载机构。原位加载试验机的研发一方面加速推动了人们对新材料内部损伤演化及失效机制的认识与理解，另一方面又引导着人们对材料损伤规律的认识从表面向材料内部推进，同时结合先进的数值仿真技术，把对材料服役性能劣化的认识从定性推向定量。随着北京高能同步辐射光源的加速推进，迫切需要更多的国内学者针对共性科学问题开展多学科交叉研究，这也是提高大科学装置使用效能的必然要求。此外，在充分利用国内已有同步辐射的情况下，还要积极申请国际著名大科学装置的机时项目，这不仅能拓展研究视野，而且能为我国大科学装置积累经验。

另外，作为一种高通量实验技术，以同步辐射光源为代表的先进光源尤其适合开展高通量实验，用户可以对材料进行宏观–细观–微观等多尺度力学响应建模和性能预测研究，是先进光源的重要应用方向。

参 考 文 献

[1] Tammas-Williams S, Withers P J, Todd I, et al. The influence of porosity on fatigue crack initiation in additively manufactured Titanium components. Sci Rep, 2017, 7: 7308.

[2] Bathias C, Pineau A. 吴圣川, 李源, 王清远, 译. 材料与结构的疲劳. 北京: 国防工业出版社, 2016.

[3] Schijve J. Fatigue of Structures and Materials (2th ed.). New York: Spinger, 2008.

[4] Zerbst U, Madia M, Vormwald M. Fatigue strength and fracture mechanics. Procedia Structural Integrity, 2017, 5: 745-752.

[5] Pessard E, Bellett D, Morel F, et al. A mechanistic approach to the Kitagawa-Takahashi diagram using a multiaxial probabilistic framework. Eng Fract Mech, 2013, 109: 89-104.

[6] Ciavarella M, Monno F. On the possible generalizations of the Kitagawa–Takahashi diagram and of the El Haddad equation to finite life. Int J Fatigue, 2006, 28: 1826-1837.

[7] Le V C, Morel F, Bellett D, et al. Simulation of the Kitagawa-Takahashi diagram using a probabilistic approach for cast Al-Si alloys under different multiaxial loads. Int J Fatigue, 2016, 93: 109-121.

[8] Liu Y M, Mahadevan S. Probabilistic fatigue life prediction using an equivalent initial flaw size distribution. Int J Fatigue, 2009, 31: 476-487.

[9] Brochu M, Verreman Y, Ajersch F, et al. High cycle fatigue strength of permanent mold and rheocast aluminum 357 alloy. Int J Fatigue, 2010, 32: 1233-1242.

[10] Zhang B, Chen W, Poirier D R. Effect of solidification cooling rate on the fatigue life of A356.2-T6 cast aluminum alloy. Fatigue Fract Engng Mater Struct, 2000, 23: 417-423.

[11] Buffière J Y, Savelli S, Jouneau P H, et al. Experimental study of porosity and its relation to fatigue mechanisms of model Al-Si7-Mg0.3 cast Al alloys. Mat Sci Eng A, 2001, 316: 115-126.

[12] Wang Q G, Apelian D, Lados D A. Fatigue behavior of A356-T6 aluminum cast alloys. Part I. Effect of casting defects. J Light Metals, 2001, 1: 73-84.

[13] Mu P, Nadot Y, Nadot-Martin C, et al. Influence of casting defects on the fatigue behavior of cast aluminum AS7G06-T6. Int J Fatigue, 2014, 63(4): 97-109.

[14] Serrano-Munoz I, Buffière J Y, Mokso R, et al. Location, location and size defects close to surfaces dominate fatigue crack initiation. Sci Rep, 2017, 7: 45239.

[15] Xu Z Q, Wen W, Zhai T G. Effects of pore position in depth on stress/strain concentration and fatigue crack initiation. Metal Mater Trans A, 2012, 43(8): 2763-2770.

[16] Murakami Y. Metal Fatigue: Effects of Small Defects and Nonmetallic Inclusions. Oxford: Elsevier, 2002.

[17] Benedetti M, Fontanari V, Bandini M, et al. Low- and high-cycle fatigue resistance

of Ti-6Al-4V ELI additively manufactured via selective laser melting: Mean stress and defect sensitivity. Int J Fatigue, 2018, 107: 96-109.

[18] Günther J, Krewerth D, Lippmann T, et al. Fatigue life of additively manufactured Ti-6Al-4V in the very high cycle fatigue regime. Int J Fatigue, 2017, 94: 236-245.

[19] Vanderesse N, Maire É, Chabod A, et al. Microtomographic study and finite element analysis of the porosity harmfulness in a cast aluminium alloy. Int J Fatigue, 2011, 33: 1514-1525.

[20] Madia M, Beretta S, Zerbst U. An investigation on the influence of rotary bending and press fitting on stress intensity factors and fatigue crack growth in railway axles. Eng Fract Mech, 2008, 75(8): 1906-1920.

[21] Withers P J. Fracture mechanics by three-dimensional crack-tip synchrotron X-ray microscopy. Phi Trans Roy Soc A, 2015, 373: 20130157.

[22] 刘宝琛. 实验断裂、损伤力学测试技术. 北京: 机械工业出版社, 1994.

[23] 谢和平. 岩石、混凝土损伤力学. 徐州: 中国矿业大学出版社, 1990.

[24] 唐雪松, 郑健龙, 蒋持平. 连续损伤理论与应用. 北京: 人民交通出版社, 2006.

[25] 张行. 断裂与损伤力学. 北京: 北京航空航天大学出版社, 2009.

[26] Kachanov L M. On the time to failure under creep condition. Izv Akad Nauk USSR, Ocd. Techn Nauk, 1958, 8: 31-36.

[27] Rabotnov Y N. On the equation of state for creep. Progress Appl Mech, 1963, 178(31): 117-122.

[28] Lemaitre J. A continuous damage mechanics model for ductile fracture. J Eng Mater Technol, 1985, 107: 83-89.

[29] Chaboche J L. Continuum damage mechanics: Present state and future trends. Nuclear Eng Des, 1987, 105(1): 19-33.

[30] Hult J. CDM-Capabilities, limitations and promises, mechanisms of deformation and fracture. Mech Deform Fract, 1979: 233-247.

[31] Murakami S. Mechanical modelling of material damage. J Appl Mech, 1988, 55(2): 280-286.

[32] Krajcinovic D, Fonseka G U. The continuous damage theory of brittle materials, Part I: general theory. J Appl Mech, 1981, 48(4): 809-815.

[33] Mcclintock F A. A criterion for ductile fracture by the growth of holes. J Appl Mech, 1968, 35(2): 363-371.

[34] Rice J R, Tracey D M. On the ductile enlargement of voids in triaxial stress fields. J Mech Phy Solids, 1969, 17(3): 201-217.

[35] Gurson A L. Continuum theory of ductile rupture by void nucleation and growth: part 1-Yield criteria and flow rules for porous ductilr media. J Eng Mater Technol, 1977, 99(1): 2-15.

[36] Tvergaard V. Influence of voids on shear band instabilities under plane strain conditions. Int J Fracture, 1981, 17(4): 389-407.

[37] Tvergaard V. On localization in ductile materials containing spherical voids. Int J Fracture, 1982, 18(4): 237-252.

[38] Tvergaard V, Needleman A. Analysis of the cup-cone fracture in a round tensile bar. Acta Metal, 1984, 32(1): 157-169.

[39] Needleman A, Tvergaard V. An analysis of ductile rupture in notched bars. J Mech Phy Solids, 1984, 32(6): 461-490.

[40] Chu C C, Needleman A. Void nucleation effects in biaxially stretched sheets. J Eng Mater Technol, 1980, 102(3): 249-256.

[41] 莫德锋, 何国求, 胡正飞, 等. 孔洞对铸造铝合金疲劳性能的影响. 材料工程, 2010, (7): 92-96.

[42] Steglich D, Siegmund T, Brocks W. Micromechanical modeling of damage due to particle cracking in reinforced metals. Comput Mater Sci, 1999, 16(1-4): 404-413.

[43] Rakin M, Cvijovic Z, Grabulov V, et al. Prediction of ductile fracture initiation using micromechanical analysis. Eng Fract Mech, 2004, 71(4): 813-827.

[44] 王绍刚, 王苏程, 张磊. 高分辨透射 X 射线三维成像在材料科学中的应用. 金属学报, 2013, 49(8): 897-910.

[45] Zhang Z L, Niemi E. A new failure criterion for the Gurson-Tvergaard dilational constitutive model. Int J Fracture, 1994, 70(4): 321-334.

[46] Zhang Z L, Thaulow C, Ødegård J. A complete Gurson model approach for ductile fracture. Eng Fract Mech, 2000, 67(2): 155-168.

[47] Thomason P F. A three-dimensional model for ductile fracture by the growth and coalescence of micro-voids. Acta Metal, 1985, 33(6): 1087-1095.

[48] Nègre P, Steglich D, Brocks W. Crack extension in aluminium welds: a numerical approach using the Gurson-Tvergaard-Needleman model. Eng Fract Mech, 2004, 71: 2365-2383.

[49] Shen Y, Morgeneyer T F, Garnier J, et al. Three-dimensional quantitative in situ study of crack initiation and propagation in AA6061 aluminum alloy sheets via synchrotron laminography and finite-element simulations. Acta Mater, 2013, 61(7): 2571-2582.

[50] 吴圣川, 朱宗涛, 李向伟. 铝合金的激光焊接及性能评价. 北京: 国防工业出版社, 2014.

[51] Wu S C, Yu X, Zuo R Z, et al. Porosity, element loss, and strength model on softening behavior of hybrid laser arc welded Al-Zn-Mg-Cu alloy with synchrotron radiation Analysis. Weld J, 2013, 92(3): 64-71.

[52] Sato S, Matsumoto J, Okoshi N. Effects of porosity on the fatigue strength of 5083 alloy butt-welds. J Japan Inst Light Metals, 1976, 26(8): 393-405.

[53]   Wu S C, Yu C, Yu P S, et al. Corner fatigue cracking behavior of hybrid laser AA7020 welds by synchrotron X-ray computed microtomography. Mater Sci Eng A, 2016, 651: 604-614.

附　录　I

```
% 凸轮轮廓计算模型MATLAB代码
clc;
A=5; % 从动件运动幅值
r=10; % 基圆半径
rr=6; % 滚子半径
L=75; % 长度参数1
l=55; % 长度参数2
e=9; % 偏心距
w=0.1; % 频率比: w1/w2(w1为从动件频率, w2为电机频率)
C1=-10; % 积分常数1: 从动件初始位移
%C2=(L-67.8)*C1; % 积分常数2: 满足积分的初值条件
l2=power((r+rr)^2-e^2,0.5); % 长度参数3
C2=(L-l-l2)^2-(e+C1)^2; % 积分常数2:满足积分的初值条件
i=1;
for o=0:0.1:2*pi; % 凸轮转角
    s=L-l-sqrt((e+C1+A*sin(w*o))^2+C2);
    % dS=C2./((A.*sin(w.*o)+C1).*(A.*sin(w.*o)+C1)).*cos(w.*o).*w.*A
    % 能够保证sin(w*o)始终大于零的情况
    % Xa=L-C2./(A.*sin(w.*o)+C1);
    dS=-A*w*power((e+C1+A*sin(w*o))^2+C2,-0.5)*(e+C1+A*sin(w*o))*cos(w*o);
    dx=-e*cos(o)-sin(o)*(power(r*r-e*e,0.5)+s)+cos(o)*dS; %dx/do
    dy=-e*sin(o)+cos(o)*(power(r*r-e*e,0.5)+s)+sin(o)*dS; %dy/do
    x=-e*sin(o)+cos(o)*(power(r*r-e*e,0.5)+s); % 尖底凸轮轮廓
    y=e*cos(o)+sin(o)*(power(r*r-e*e,0.5)+s);
    x1=x-rr*dy*power((dy*dy+dx*dx),-0.5); % 滚子内包络轮廓
    y1=y+rr*dx*power((dy*dy+dx*dx),-0.5);
    l2=s; % 长度参数3
    C2=(L-l-l2)^2-(e+C1)^2; % 积分常数2: 满足积分的初值条件
    X1(i,1)=x1;
    Y1(i,1)=y1;
    i=i+1;
end
```

```
figure(1);
plot(X1,Y1,'-');
a=(max(X1)-min(X1))/2; % 近似椭圆长轴
b=(max(Y1)-min(Y1))/2; % 近似椭圆短轴
```

附　录　II

```
% (x-x-x-x)型数据的参数搜索过程
n1=[318082 252354]; % 1级应力级下疲劳寿命数据
n2=[498929 634104]; % 2级应力级下疲劳寿命数据
n3=[1215090 863540]; % 3级应力级下疲劳寿命数据
n4=[2027360 1869300 2133340]; % 4级应力级下疲劳寿命数据
s1=[450 425 400 375]; % 各级应力下的应力值大小
n=[318082 252354 498929 634104 1215090  863540 2027360 1869300 2133340];
    % 将所有疲劳寿命数据生成一个行矩阵
s=[450 450 425 425 400 400 375 375 375]; % 补充各级应力值与实验寿命行矩阵对应
u=length(n); u1=length(n1); u2=length(n2); u12=u1+u2; u3=length(n3);
    u23=u12+u3; u4=length(n4);
us1=length(s1); % 计算各行矩阵长度
m=zeros(1,us1); % 给定各级应力下的寿命均值存储空间
xe=zeros(1,u); % 给定等效寿命的存储空间
Error=0.001; % 给定误差范围
for i=1:u
    x(i)=log10(n(i)); y(i)=log10(s(i)); % 计算对数寿命和各级应力的对数值
end
x1=0; x12=0; y1=0; y12=0; xy=0; % 设定最小二乘法的参量
% 下面10行代码用于计算中值SN曲线的截距和斜率
for i=1:u
    x1=x1+x(i);
    x12=x12+x(i)^2;
    y1=y1+y(i);
    xy=xy+x(i)*y(i);
    y12=y12+y(i)^2;
end
Lxx=x12-x1^2/u; Lxy=xy-x1*y1/u;
B=Lxy/Lxx; x2=x1/u; y2=y1/u;
A=y2-B*x2;
    % 计算相关性系数 r
Lyy=y12-y1^2/u; r=Lxy/(Lxx*Lyy)^0.5 for i=1:us1
```

```
        m(i)=(log10(s1(i))-A)/B; % 计算各级应力下对数寿命中值
end
for i=1:1000
    w=0.0001*i; % 给定 α 的搜索范围
    d1=m(1)*w; % 计算各 α 对应的最高阶应力下的标准差
    for c=1:55
    k=0.0055-0.0001*c; % 给定 K 的搜索范围
        % 以下3行代码用于求解各应力下标准差
        d2=d1+k*(s1(1)-s1(2));
        d3=d1+k*(s1(1)-s1(3));
        d4=d1+k*(s1(1)-s1(4));
        % 以下12行代码计算其他应力级下寿命向最高阶等效过程
        for t=1:u1
            xe(t)=x(t);
         end
         for f=u1+1:u12
             xe(f)=m(1)+(x(f)-m(2))*d1/d2;
         end
         for q=(u12+1):u23
             xe(q)=m(1)+(x(q)-m(3))*d1/d3;
         end
         for l=u23+1:u
             xe(l)=m(1)+(x(l)-m(4))*d1/d4;
         end
         d0=std(xe); % 对于最高阶对数寿命数据的标准差求解
         p=abs((d0-d1)/d1); % 等效寿命标注差与设定标注差的比较
         if (p<Error)
             break
         end
    end
    if (p<Error)
        break
    end
 end
```

附　录　III

```
% the follow paraments are for QT steel 25CrMo4
format long
x=[5.04870752,5.007796163,5.04870752,5.04870752,5.04870752,5.007796163,
    4.967216325,5.131535643,5.04870752,5.007796163,5.04870752,5.04870752,
    5.04870752,5.007796163,4.967216325,5.131535643,5.131535643,5.131535643;
    8.361062774,8.429368753,8.293310301,8.293310301,8.361062774,8.361062774,
    8.361062774,8.429368753,8.429368753,8.361062774,8.429368753,8.293310301,
    8.293310301,8.361062774,8.361062774,8.361062774,8.429368753,8.429368753;
    11.86328454,12.35585467,12.66116003,12.9740093,13.51269734,13.95970771,
    14.42150553,15.02029441,15.77174907,16.42660081,17.38932344,18.55885748,
    19.80704955,21.48599533,23.88316466,28.10368383,23.88316466,28.10368383];
y=[6.2591E-08,4.36049E-08,2.58697E-08,2.11632E-08,1.59767E-08,1.06923E-08,
    9.4786E-09,2.95754E-09,6.2591E-08,4.36049E-08,2.58697E-08,2.11632E-08,
    1.59767E-08,1.06923E-08,9.4786E-09,2.95754E-09,2.95754E-09,2.95754E-09;
    2.47842E-07,1.592E-07,1.0646E-07,5.15966E-08,3.73952E-08,7.18308E-09,
    5.00068E-09,4.08931E-09,3.34404E-09,2.47842E-07,1.592E-07,1.0646E-07,
    5.15966E-08,3.73952E-08,7.18308E-09,5.00068E-09,4.08931E-09,3.34404E-09;
    6.2534E-07,7.05576E-07,7.96106E-07,8.28794E-07,1.1905E-06,1.1905E-06,
    1.23938E-06,1.3984E-06,1.71005E-06,2.17703E-06,2.35948E-06,3.12713E-06,
    3.52836E-06,4.31471E-06,5.71849E-06,9.26809E-06,5.71849E-06,9.26809E-06];
% 调整各组实验个数使矩阵内每行元素个数相完成矩阵的定义, 但后面的计算会取
% 实验个数进行循环运算
[m1,n1]=size(x); % 取x的行数和列数
p1=[8,9,16]; % 定义各组真实实验个数
a0=0.812; % 初始裂纹长度
a10=[0.853 0.94 1]; % 实验开始时的裂纹长度
b10=[5.04 8.19 9.27]; % 实验开始时的应力强度因子
k1=2.5; % k1 为 ΔK_{th,in}
    k2=14.66025567; % k2 为 ΔK_{th,lc}
    U1=0.407606536; % U1 为 U_{lc}
da=[linspace(0.853-a0,0.86-a0,100000);
linspace(0.94-a0,1.3-a0,100000);
```

```
% 对于裂纹扩展长度的划分，每个裂纹扩展长度范围划分为100000节点
linspace(1.5-a0,15-a0,100000)];
    [m2,n2]=size(da); % 取 da 的行数和列数
```

p=2110726.902; % p 表示 L_P 中的 $4\pi(n'+1)\sigma_{yc}^2$ 部分值

n=2429.620972; % n 表示 ΔN 中的 $\dfrac{1}{2}\left(\dfrac{K'\cdot\varepsilon_{yc}^{n'+1}}{(\sigma_f'-\sigma_m)\varepsilon_f'}\right)^{1/(b+c)}$ 值

e=1; % e 表示 $1-\displaystyle\sum_{i=1}^{n}v_i\cdot\exp\left(-\dfrac{\Delta a}{l_i}\right)$ 值

```
x2=ones(m1,n1); % 定义应力强度因子范围矩阵
Error=0.001; % 裂纹扩展速率的相对误差限
pc=zeros(1,m1); % 定义应力强度因子范围的平方差矩阵
g=zeros(1,m1); % 定义应力强度因子范围的标准差矩阵
for o1=1:m1 % 取实验数据矩阵行循环
    Y=b10(o1)/sqrt(pi*a10(o1)*0.001)   % 循环求解试验中应力强度因子中
    % 常数 $Y_\sigma = \Delta K/(\pi a)$
    for o=1:p1(o1) % 取实验数据矩阵列循环，循环次数为每组实验的真实实验个数
    for i=1:n2 %da 矩阵列循环
            % 循环选取裂纹长度值，计算参数e
            e=1-0.45*exp(-da(o1,i)/0.08)-0.55*exp(-da(o1,i)/1.55);
    Kt=k1+(k2-k1)*e; % 循环选取裂纹长度值，求解裂纹扩展门槛值 $\Delta Kth$
    U=1-(1-U1)*e; %循环选取裂纹长度值，求解裂纹扩展速率因子
    K=Y*sqrt(pi*(a0+da(o1,i))*0.001);
        %循环选取裂纹长度值，计算应力强度因子范围
    q=K^2/Kt^2; %循环选取裂纹长度值，计算参数K^2与Kt^2比值
Lp=Kt^2*(q-1)/p; % 循环选取裂纹长度值，计算参数 $L_p$
N=(q*log(q)/(q-1)∧(1/(-0.762))); % 循环选取裂纹长度值，计算参数 $\Delta N$
    s=1000*U^2*Lp/N; %循环选取裂纹长度值，计算裂纹扩展速率
    r=abs((s-y(o1,o))/y(o1,o));
        %循环选取裂纹长度值，比较相应裂纹扩展速率的相对误差
    if  (r<Error) %比较相对误差与误差限之间的关系
        x2(o1,o)=K; %输出相应的应力强度因子范围
        break
        end
        end
    end
end
for j3=1:m1 % 实验数据行矩阵循环
    for j=1:p1(j3) % 实验数据列循环，循环次数为各组的实验数据个数
```

```
        pc(j3)=pc(j3)+(x(j3,j)-x2(j3,j))^2;
        % 计算相应的应力强度因子范围的方差
    end
    g(j3)=(pc(j3)/(p1(j3)-1))^0.5; % 各组应力强度因子范围的标注差
end
```